Personalauswahl im Mittelstand

Nicht die Besten sind die Besten, sondern die Geeignetsten

von

Prof. Dr. Daniela Lohaus
Hochschule für Technik, Stuttgart

Dr. Wolfgang Habermann
H&L Karriereberatung

Oldenbourg Verlag München

Bibliografische Information der Deutschen Nationalbibliothek

Die Deutsche Nationalbibliothek verzeichnet diese Publikation in der Deutschen Nationalbibliografie; detaillierte bibliografische Daten sind im Internet über http://dnb.d-nb.de abrufbar.

Rosenheimer Straße 145, D-81671 München
Telefon: (089) 45051-0
www.oldenbourg-verlag.de

Lektorat: Dr. Stefan Giesen
Herstellung: Constanze Müller
Titelbild: www.thinkstockphotos.de
Einbandgestaltung: hauser lacour
Gesamtherstellung: Books on Demand GmbH, Norderstedt

Dieses Papier ist alterungsbeständig nach DIN/ISO 9706.

ISBN 978-3-486-73445-4
eISBN 978-3-486-75408-7

Vorwort

Mit Personalauswahl für den Mittelstand legen wir den dritten Band unserer personalwirtschaftlichen Empfehlungen für kleinere und mittlere Unternehmen vor. Nach Weiterbildung im Mittelstand und Führung im Mittelstand haben wir das Thema Personalauswahl aufgegriffen, weil es gerade in Anbetracht des sich beschleunigenden demografischen Wandels von wachsender Bedeutung für mittelständische Unternehmen geworden ist. Wir haben keine Zweifel, dass die Aufgabe der Personalauswahl vor dem Hintergrund des zunehmenden Fachkräftemangels sowohl im Hinblick auf den Ersatz ausscheidender Mitarbeiter als auch unter dem Gesichtspunkt, Chancen der Geschäftsausweitung zu nutzen, anspruchsvoller werden wird. Langjährige Mitarbeiter mit großer Berufserfahrung, die altersbedingt ausscheiden, lassen sich nicht ohne weiteres ersetzen. Ihre Nachfolger können nicht aus einem großen Reservoir von Arbeitsuchenden mit entsprechender Qualifikation „gefischt" werden, sondern müssen in Zukunft aus einer Menge von Bewerbern mit sehr unterschiedlicher Vorbildung, Berufserfahrung und kulturellem Hintergrund „herausgefunden" werden. Zusätzliche Mitarbeiter und Auszubildende sollten zumindest das Potenzial mitbringen, in nicht zu ferner Zukunft die Qualifikationsanforderungen des Unternehmens voll zu erfüllen. Um die zur mittelständischen Betriebsstruktur passenden Kräfte werden sich aber viele Unternehmen bemühen, darunter auch große mit Arbeitsbedingungen und finanziellen Konditionen, die die Möglichkeiten kleinerer und mittlerer Unternehmen übersteigen. Eine Gelegenheit für letztere, dieses Handicap auszugleichen, besteht darin, sich in und mit einem fairen und angenehmen Auswahlprozess als Unternehmen mit attraktiven Arbeitsplätzen zu präsentieren. Neben der Chance, sich als durchaus wettbewerbsfähiger Arbeitgeber zu erweisen, existiert aber auch das Risiko, um überhaupt jemand zu bekommen, Personen einzustellen, die fachlich und persönlich nicht geeignet sind. Von diesen kann natürlich nicht erwartet werden, dass sie in der erhofften Weise zum Unternehmenserfolg beitragen.

Wir beschreiben ausführlich, welche Möglichkeiten moderne Methoden der Personalauswahl bieten, um die für das jeweilige Unternehmen am besten geeigneten Mitarbeiter auszuwählen und die erwähnten Klippen zu umschiffen. Die regelmäßige Bezugnahme auf jüngere und neueste Studien zur Thematik bietet wissenschaftlich interessierten Angehörigen der Personalabteilung und Führungskräften eine Fülle von Anregungen, ihre bisherigen Auswahlprozesse zu überprüfen und zu optimieren. Mit dem Einbau von zahlreichen Abbildungen, Fallstudien, Beispielen aus der Praxis und Checklisten tragen wir darüber hinaus unserem mittelständischen Schwerpunkt und dem Wunsch vieler Firmeninhaber Rechnung, direkt umsetzbare Handlungsempfehlungen zu finden. Dabei konzentrieren wir uns auf die für mittelständische Unternehmen besonders wichtigen Personengruppen der Fachkräfte und Auszubildenden.

Die Verbindung von wissenschaftlichen Standards und von Beispielen praktischer Umsetzung bietet außerdem beträchtliche Lernvorteile und macht unser Buch auch für alle Studierenden mit personalwirtschaftlichem Schwerpunkt attraktiv. Eine Vielzahl von Verweisen erleichtert das schnelle Auffinden besonders interessierender Abschnitte und macht das Buch auch als spezielles Nachschlagewerk nützlich. Wir haben der demografischen Entwicklung in Deutschland und den sich für das Angebot an Arbeitskräften daraus ergebenden Konsequenzen viel Platz eingeräumt, um für die rechtzeitige Planung des Nachwuchsbedarfs und das Einstellen auf wachsenden Wettbewerb, insbesondere um Auszubildende und Fachkräfte, zu sensibilisieren. Ohne Bewusstsein für den Ernst dieser Situation werden es KMU noch schwerer haben, das geeignete und passende Personal für die Sicherung ihrer geschäftlichen Zukunft zu finden.

Die Kapitelstruktur des Buches orientiert sich nach den einleitenden Ausführungen über die demografische Entwicklung an den Phasen des Auswahlprozesses. Die nachstehende Grafik bildet sowohl den Aufbau des Buches als auch die aufeinanderfolgenden Schritte professioneller Personalauswahl ab. Aus Gründen der besseren Lesbarkeit haben wir die männliche

Form verwendet. Bei allen Ausführungen sind jedoch Frauen und Männer in gleicher Weise gemeint.

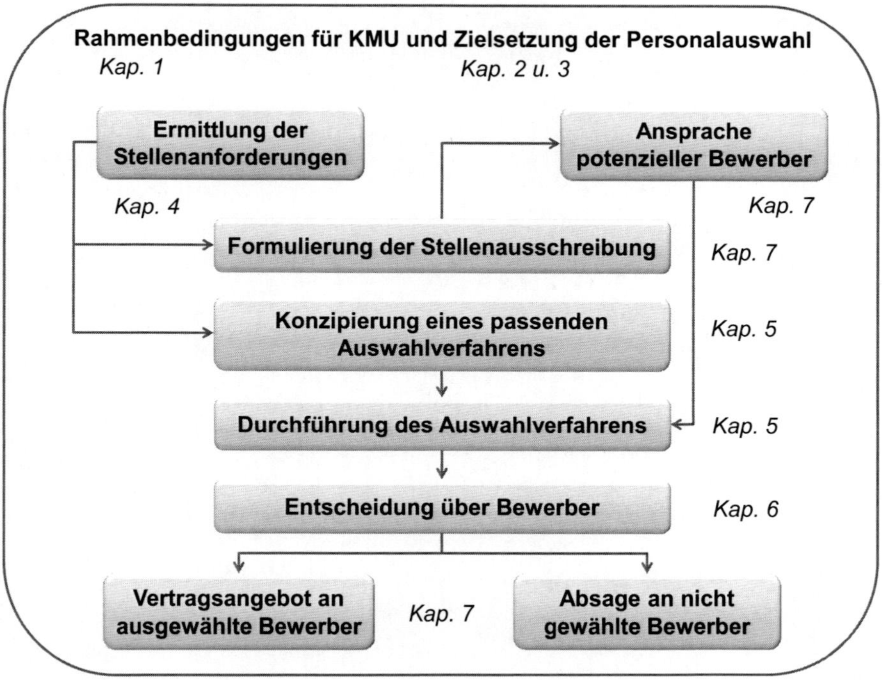

Abb.: Prozess der Personalauswahl und Aufbau des Buches

Lautertal, Juni 2013 Wolfgang Habermann und Daniela Lohaus

Inhaltsverzeichnis

Vorwort V

1 Rahmenbedingungen 1

1.1 Demografische Entwicklung 1
1.1.1 Trends 1
1.1.2 Faktoren, die die Entwicklung des Arbeitskräfteangebots bestimmen 4
1.1.3 Das Ausbildungsverhalten der Schulabgänger 7

1.2 Personalbedarf der KMU 15
1.2.1 Gründe für Personalbedarf 15
1.2.2 Personalstruktur der KMU 16
1.2.3 Bedarfsentwicklung 25

2 Zielsetzung der Personalauswahl 31

2.1 Erfolgreiche Mitarbeiter gewinnen 31

2.2 Stellen und Personen in Übereinstimmung bringen 34

2.3 Erfolg von Bewerbern vorhersagen 37

2.4 Richtige Entscheidungen treffen und Fehlentscheidungen vermeiden 38

3 Anforderungen an Personalauswahlverfahren 43

3.1 Unterschiedliche Perspektiven 43

3.2 Die Sichtweise des Arbeitgebers 43
3.2.1 Übersicht 43
3.2.2 Objektivität 45
3.2.3 Zuverlässigkeit 48

3.2.4 Gültigkeit 49
3.2.5 Praktikabilität 54
3.2.6 Kosteneffizienz 54

3.3 Die Sichtweise von Bewerbern 57
3.3.1 Akzeptanz 57
3.3.2 Faktoren, die die Akzeptanz beeinflussen 60

4 Tätigkeitsanalyse und Anforderungsprofil 71

4.1 Anforderungsanalyse 71
4.1.1 Beschreibung und Nutzen 71
4.1.2 Methoden der Tätigkeits- und Anforderungsanalyse 75

4.2 Anforderungsprofil 84
4.2.1 Beschreibung und Nutzen 84
4.2.2 Bestandteile des Anforderungsprofils 85

5 Verfahren der Personalauswahl 91

5.1 Zielgruppen für den Mittelstand 91

5.2 Ansätze der Eignungsdiagnose 91

5.3 Analyse der Bewerbungsunterlagen 97
5.3.1 Der erste Kontakt zum Unternehmen 97
5.3.2 Bestandteile von Bewerbungsunterlagen 99

5.4 Interview 109
5.4.1 Begriff, Verbreitung und Nutzen 109
5.4.2 Das Multimodale Interview 116
5.4.3 Vorbereitung und Durchführung 124

5.5 Personalfragebogen und Biografische Fragebogen 129
5.5.1 Personalfragebogen 129
5.5.2 Biografische Fragebogen 136

5.6 Testverfahren 141
5.6.1 Begriff und Arten von Tests 141
5.6.2 Leistungstests 144
5.6.3 Persönlichkeitstests 153

5.6.4 Situational Judgment Tests (Situationsbeurteilungstests) 167
5.6.5 Beispiele für angemessenen Testeinsatz 170

5.7 Arbeitsproben, Probearbeiten und Praktikum 176
5.7.1 Arbeitsproben 176
5.7.2 Probearbeiten 191
5.7.3 Praktikum 193

5.8 Assessment Center 196
5.8.1 Begriff, Einsatzgebiete, Beteiligte 196
5.8.2 Konstruktion und Vorbereitung 201
5.8.3 Übungstypen 209
5.8.4 Durchführung 216
5.8.5 Nutzen und Probleme 218
5.8.6 Beispiele zu Assessment Center-Übungen für KMU 220

6 Entscheidungsfindung 225

6.1 Interpretation von Einzelergebnissen 225

6.2 Modelle der Auswahlentscheidung 226

6.3 Beispiele für die Integration von Einzelergebnissen 235

6.4 Auswahlentscheidungen 239

7 Personalmarketing 243

7.1 Der psychologische Vertrag 243

7.2 Ansprache potenzieller Bewerber 245

7.3 Stellenanzeige 251

7.4 Zusammenarbeit mit Personaldienstleistern 263

7.5 Schriftliche Kommunikation im Auswahlprozess 266

Literatur 273

Index 287

1 Rahmenbedingungen

1.1 Demografische Entwicklung

1.1.1 Trends

In Veröffentlichungen in allen Medien wird immer wieder auf die vermeintlich gefährliche demografische Entwicklung in den nächsten Dekaden in Deutschland hingewiesen. Gemeint ist nicht nur die in diesem Zeitraum aufgrund der Geburtenentwicklung unvermeidliche Abnahme der Zahl der Deutschen. Als mindestens ebenso schwerwiegend wird der Rückgang des Erwerbspersonenpotenzials in Deutschland eingeschätzt. Damit ist die Anzahl der Personen gemeint, die in Deutschland aufgrund ihres Alters und ihrer Neigung, eine Berufstätigkeit aufzunehmen, für Unternehmen und staatliche Einrichtungen als Arbeitskräfte zur Verfügung stehen könnten. Natürlich hängt das Erwerbspersonenpotenzial auch direkt, aber nicht allein, von der Entwicklung der Zahl der Geburten ab. Einfluss haben auch der Zuzug von Arbeitswilligen aus anderen Ländern (als Wanderungen bezeichnet) und der Anteil der Berufstätigen an einem Altersjahrgang (Erwerbsquote). Wenn die Zahl der Geburten nicht steigt oder sogar abnimmt, kann trotzdem das Erwerbspersonenpotenzial größer werden, falls Personen, die bisher nicht berufstätig waren, jetzt eine Beschäftigung suchen. Das könnten Frauen sein, die sich trotz eigener Kinder entscheiden, berufstätig zu bleiben oder eine Berufstätigkeit aufzunehmen. Dazu gehörten auch Arbeitnehmer über fünfundsechzig bzw. siebenundsechzig, die – aus welchen Gründen auch immer – weiter oder anders berufstätig bleiben möchten. Ob sich diese potenziellen Arbeitnehmer tatsächlich unter den sich in den kommenden Jahren ergebenden Bedingungen (Höhe der Gehälter, Arbeitszeiten, Kindergeld, Betreuungsgeld, Arbeitslosengeld, Hartz-IV-Leistungen und Ähnliches) auf Arbeitsplätze bewerben, ist jedoch eine zweite Frage. Die

Abbildung 1.1 zeigt drei Szenarien mit unterschiedlichen Annahmen über Wanderungen und Erwerbsquoten.

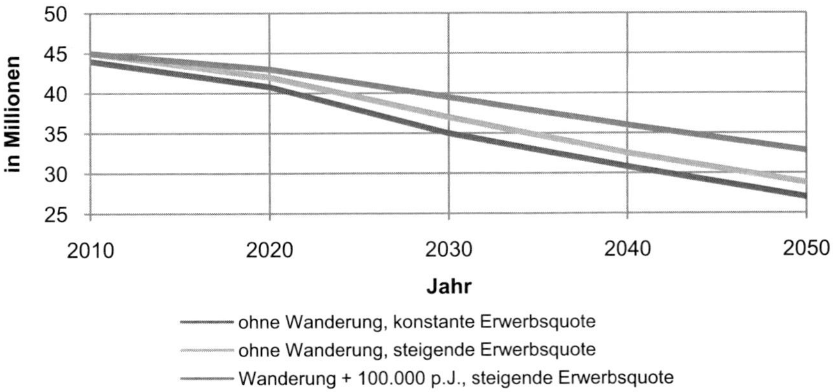

Abb. 1.1: Entwicklung des Erwerbspersonenpotenzials nach verschiedenen Szenarien (vgl. Fuchs/Söhnlein/Weber, 2011, S. 2)

Neben dem generellen Schrumpfen des Erwerbspersonenpotenzials muss speziell die Altersentwicklung der Erwerbspersonen bedacht werden. Abbildung 1.2 kann entnommen werden, dass bis zum Jahr 2020 die Zahl der Fünfzig- bis Vierundsechzigjährigen um ein Viertel zunimmt und einen Gipfel erreicht, aber die Zahl der Fünfzehn- bis Neunundzwanzigjährigen im Vergleich zu 2010 um etwa ein Fünftel abnehmen wird. Daraus ergibt sich möglicherweise das Erfordernis, die Aufgabenverteilung in den Unternehmen zu verändern, auf jeden Fall aber die Notwendigkeit, rechtzeitig nach Ersatz für absehbar Ausscheidende zu suchen.

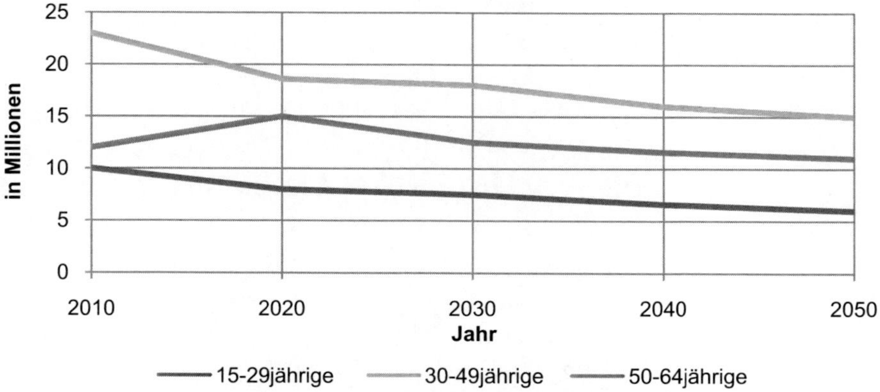

Abb. 1.2: Entwicklung des Erwerbspersonenpotenzials nach Alter – Annahme: Wanderungssaldo +100.000 p. J., steigende Erwerbsquoten (vgl. Fuchs et al., 2011, S. 5)

Man kann wohl davon ausgehen, dass es für die meisten KMU im Jahr 2013 nicht so relevant ist, wie hoch das Erwerbspersonenpotenzial voraussichtlich 2030 oder 2050 sein wird. Für sie ist sicherlich von größerer Bedeutung, mit welcher Entwicklung des Erwerbspersonenpotenzials sie bis zum Jahr 2020 rechnen müssen. Dieses Jahr fällt eher in ihren Zeithorizont. Ohne die generelle Bedeutung des Erwerbspersonenpotenzials damit zu schmälern, muss man hinzufügen, dass es für ein konkretes Unternehmen natürlich noch viel wichtiger ist, wie sich das Arbeitskräfteangebot in seinem Einzugsgebiet im Verhältnis zu seinem Arbeitskräftebedarf in den nächsten Jahren entwickeln wird.

Dabei spielen selbstverständlich nicht nur Quantitäten eine Rolle, sondern es kommt in noch höherem Maße auf die von den Unternehmen gewünschten Kompetenzen der Arbeitskräfte einerseits und die Qualifikation der Arbeitswilligen andererseits an. Man kann es vereinfacht auch so ausdrücken: Entweder beschäftigt ein Unternehmen mehr Arbeitskräfte mit niedriger oder mittlerer Qualifikation oder die gleiche Anzahl oder sogar weniger mit höherer Qualifikation. Statt zehn Ungelernte einen Graben ausheben zu lassen, kann die gleiche Leistung auch von einem qualifizierten Erdbaumaschinen-Führer auf einem modernen Bagger erbracht werden. Eine von einem ausgebildeten Industriemechaniker gesteuerte CNC-Universaldrehmaschine kann mehrere handbediente Drehmaschinen vorteilhaft ersetzen. Der Einsatz von Bagger bzw. Universaldrehmaschine bewirken jeweils einen Produktivitätsfortschritt, der durch höheren Kapitaleinsatz (die Maschinen) und geringeren Personalbestand (die Arbeitskräfte) realisiert wird. In vielen Fällen stellt sich aber auch gar nicht die Alternative Menge oder Qualität. Der technische Fortschritt hat Produkte und Dienstleistungen hervorgebracht, deren Herstellung, Erbringung, Wartung und Reparatur Fähigkeiten voraussetzen, die nur durch entsprechende Schulung erworben werden können. Jeder Unternehmer wird irgendwann vor der Frage stehen, ob sein bisheriges Personal bzw. neu Einzustellende seine aktuellen bzw. die sich im Laufe der Zeit ergebenden Qualifikationsanforderungen erfüllen werden. Möglichkeiten, wie Produktivitätsfortschritte durch Personalplanung und Personalentwicklung erreicht werden können, finden sich z.B. bei Habermann/Lohaus (2010).

Zukünftige Entwicklung
- Weniger deutsche Erwerbspersonen
- Vielleicht gewisser Ausgleich durch Zuwanderung von Ausländern
- Vielleicht mehr und länger Beschäftigung suchende Frauen
- Mehr ältere und weniger jüngere Berufstätige

1.1.2 Faktoren, die die Entwicklung des Arbeitskräfteangebots bestimmen

Vor dem Hintergrund der oben beschriebenen demografischen Entwicklung hängt das Angebot an Arbeitskräften zu einem bestimmten Zeitpunkt in größerer Detaillierung von folgenden Faktoren ab:

- Zahl der eine Praktikantentätigkeit Suchenden
- Zahl der einen Ausbildungsplatz Suchenden
- Zahl der Ungelernten, die eine Berufstätigkeit suchen
- Zahl der Personen mit einer Lehre, die eine Berufstätigkeit suchen
- Zahl der Hochschul- bzw. Universitätsabsolventen, die eine Beschäftigung suchen

Diese Zahlen wiederum werden beeinflusst von:

- der allgemeinen demografischen Entwicklung
- der zahlenmäßigen Entwicklung der Schulabschlüsse
- der zahlenmäßigen Entwicklung der Hochschulabschlüsse
- dem Ausmaß der Bereitschaft, vor Aufnahme einer Berufstätigkeit Aufgaben zu übernehmen (z.B. Freiwilliges Soziales Jahr, Bundeswehr)
- dem Ausmaß der Bereitschaft bisher nicht Berufstätiger, eine Berufstätigkeit aufzunehmen
- dem Ausmaß der Bereitschaft Älterer, länger als geplant berufstätig zu sein

Darauf, wie sich diese Faktoren entwickeln, haben Einfluss:

- Geburtenrate
- Dauer der Schul- und Studienzeiten
- Qualität der Schul- und Studienabschlüsse
- Regionale Verteilung der Schul- und Studienmöglichkeiten
- Verkehrsanbindungen
- Empfundene gesellschaftliche bzw. soziale Verantwortung
- Vorstellung von den Rollen in einer Familie (z.B. Wunsch der Frauen nach eigenständiger Berufstätigkeit)
- Umfang der angebotenen Kinderbetreuung
- Angebotene Arbeitszeitmodelle
- Höhe der Gehälter generell und im Vergleich zu Entgeltersatzleistungen (z.B. Arbeitslosengeld) und Leistungen wie Betreuungsgeld und Zuschüssen zur Beschäftigung einer Haushaltshilfe
- Höhe der Renten bzw. Ruhestandsbezüge

Während einige der genannten Faktoren prinzipiell überall gleich gelten, können andere durchaus regional beträchtliche Unterschiede aufweisen: Das Angebot an Kinderkrippen ist in den neuen Bundesländern umfassender als in der alten Bundesrepublik. In den Stadtstaaten gibt es auf die Fläche bezogen ein größeres Angebot an Schul- und Studienmöglichkeiten als in ostdeutschen Flächenstaaten. Das Familienbild in den Großstädten unterscheidet sich von den Familienvorstellungen in ländlichen Regionen.

Unternehmen haben offensichtlich nur bedingt Möglichkeiten, generell auf das Arbeitskräfteangebot einzuwirken. Sie können aber regional Einfluss nehmen, indem sie z.B. eigene Kinderbetreuungsmöglichkeiten anbieten oder von anderen getragene entsprechende Einrichtungen unterstützen. Wenn ihre Arbeitszeitmodelle geschätzt werden und ihre Gehälter attraktiv sind, verstärken sie ihr Arbeitskräftepotenzial, selbst wenn andere Faktoren eine eher ungünstige Entwicklung nehmen.

Wenn keine regionalen Daten zur Verfügung stehen, müssen Unternehmen, natürlich auch KMU, aus allgemeinen Angaben Trends für den eigenen Einzugsbereich ableiten. Dabei sollte bedacht werden, dass die Voraussage absoluter Zahlen nur bedingt auf eine konkrete regionale Situation zutreffen muss und dass eine Prognose für einzelne Faktoren nicht notwendig in die Richtung der Gesamtentwicklung weist. Ein Beispiel für Letzteres ist der Sachverhalt, dass zwar die Zahl der Erwerbspersonen aufgrund sinkender Geburtsraten abnehmen wird, die Bereitschaft von Frauen, trotz eigener Kinder eine Berufstätigkeit aufzunehmen, aber möglicherweise wächst und damit kompensierend wirkt.

Es kann natürlich von keinem KMU erwartet werden und wäre auch von keinem zu leisten, alle aufgeführten Faktoren in ihrer Bedeutung für den eigenen Einzugsbereich für die kommenden Jahre zu prognostizieren. Aber die Industrie- und Handelskammern sowie Handwerkskammern bieten in zahlreichen Untersuchungen und Aktivitäten Anhaltspunkte dafür, die Folgen des demografischen Wandels in Bezug auf das Arbeitskräfteangebot für das eigene Unternehmen abzuschätzen. Eine Beschreibung entsprechender Aktivitäten von Industrie- und Handelskammern findet sich z.B. in der Publikation des DIHK Demografischen Wandel gestalten (DIHK, 2009).

Beitrag der Unternehmen
Die Bedeutung der Faktoren, die das Arbeitskräfteangebot bestimmen, kann von Region zu Region unterschiedlich sein. Wenn man die in der eigenen Region wirksamen Faktoren kennt, kann man vielleicht selbst etwas tun, die Situation für das eigene Unternehmen vorteilhaft zu beeinflussen.

1.1.3 Das Ausbildungsverhalten der Schulabgänger

Von besonderer Bedeutung für das Arbeitskräfteangebot ist das Ausbildungsverhalten von Schulabgängern. Wir wissen aufgrund der gegenwärtigen Altersstruktur und der erwarteten Geburtenrate in Deutschland relativ genau, wie sich die Zahl der Schulabgänger in den nächsten Jahren entwickeln wird. Die Tabellen 1.1 und 1.2 zeigen, mit welchen Geburtenzahlen bzw. Absolventen und Abgängern aus allgemeinbildenden Schulen in Deutschland in den Jahren 2013, 2020 und 2025 zu rechnen ist.

Tab. 1.1: Entwicklung der Geburtenzahl in Deutschland (vgl. Bildungsbericht 2012, S. 217)

Entwicklung der Geburtenzahl in Deutschland			
Jahr	2013	2020	2025
Anzahl der Geburten	659.000	659.000	624.000

Tab. 1.2: Absolventen und Abgänger aus allgemeinbildenden Schulen in Deutschland (Quelle: KMK, 2011, S. 68)

Absolventen und Abgänger aus allgemeinbildenden Schulen in Deutschland			
Jahr	2013	2020	2025
Anzahl der Absolventen und Abgänger	917.000	763.000	725.000

Weniger zuverlässig sind natürlicherweise Angaben darüber, welche Schulform die Bewerber um eine Beschäftigung in einem in der Zukunft liegenden Jahr abgeschlossen haben werden.

Tab. 1.3: Schulabsolventen in Deutschland (vgl. KMK, 2011, S. 68–86)

Absolventen *allgemeinbildender* Schulen nach Abschluss in Deutschland			
Jahr	**2013**	**2020**	**2025**
Ohne Hauptschulabschluss	55.000	47.000	45.000
Mit Hauptschulabschluss	160.000	132.000	125.000
Mit Realschulabschluss	357.000	304.000	290.000
Mit Fachhochschul- bzw. Hochschulreife	346.000	280.000	266.000
Absolventen *aller* Schulformen			
Mit Fachhochschul- bzw. Hochschulreife	519.000	441.000	414000

Während Abgänger ohne Hauptschulabschluss und Absolventen mit Hauptschul- und Realschulabschluss als relativ sicherere Bewerber um einen Ausbildungsplatz betrachtet werden können, gilt das für Absolventen mit Fachhochschul- bzw. Hochschulreife nur bedingt. Für diese kommt natürlich auch ein Fachhochschul- bzw. Hochschulstudium in Frage. Außerdem zeigt Tabelle 1.3 im Vergleich der Absolventen allgemeinbildender Schulen mit den Absolventen aller Schulformen, dass 2013 mehr als 170.000 Personen die Fachhochschul- bzw. Hochschulreife im Bereich beruflicher Schulen, also auch zum Teil während oder nach einer Ausbildung, erworben haben.

Eine Vorhersage der Studienanfängerzahlen muss natürlich neben der Zahl der Studienberechtigten auch die Entwicklung der Studierneigung berücksichtigen. In den vergangenen dreißig Jahren sind die Quoten für den Übergang vom Schulsystem in das Hochschulsystem (Übergangsquoten) tendenziell gefallen. Tabelle 1.4 bildet diesen Trend detaillierter ab. Ob er sich fortsetzen wird, hängt in hohem Maße von den Beschäftigungs- und Einkommenschancen nach einem Studium ab.

Tab. 1.4: Übergangsquoten in die Hochschulen in % der Studienberechtigtenjahrgänge (vgl. Bildungsbericht 2012, S. 294)

Jahrgang	**1980**	**1990**	**2000**	**2010**
Männer mit Allgemeiner Hochschulreife	97,4	99	94	81–87
Frauen mit Allgemeiner Hochschulreife	85,8	84,5	82,5	76–82
Männer mit Fachhochschulreife	85,9	78,2	67,9	66–71
Frauen mit Fachhochschulreife	49,6	41,8	37,7	41–51

Vielleicht können auch einer Expertenschätzung zur vergleichenden Attraktivität von Studium und dualer Ausbildung Anhaltspunkte für die zukünftige Entwicklung entnommen werden. Abbildung 1.3 entstammt dem Bericht über Auswirkungen von demografischen Entwicklungen auf die berufliche Ausbildung des Bundesministeriums für Bildung und Forschung. Sie basiert auf dem Urteil von Experten, die im Rahmen einer umfassenderen Untersuchung angegeben haben, für wie wahrscheinlich sie es halten, dass vorgegebene Aussagen zutreffen.

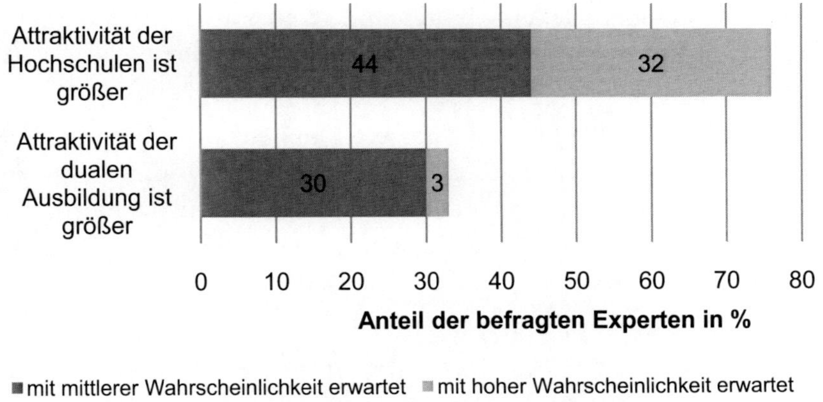

Abb. 1.3: Einschätzung der Attraktivität von Hochschulen und dualer Berufsausbildung (vgl. Pfeiffer/Kaiser, 2009, S. 33)

Hier wird abgebildet, dass 76% der Experten der Meinung sind, die Hochschule sei mit mittlerer und hoher Wahrscheinlichkeit attraktiver als die duale Ausbildung. 33% sind mit gleicher Wahrscheinlichkeit gegenteiliger Auffassung.

Ob in Anbetracht solcher Überlegungen die Berechnung der Zahl der Studienanfängerinnen und Studienanfänger auf der Basis zurückliegender Übergangsquoten zutreffend sein kann, lässt sich bezweifeln. Allerdings wird man bei Unsicherheit über die wirtschaftliche Lage und die zukünftige Personalpolitik der Unternehmen auch kaum zu anderen plausiblen Annahmen finden. Die Kultusministerkonferenz (KMK) rechnet auf der Grundlage zurückliegender Übergangsquoten und kommt damit zu folgender Entwicklung der Zahl der Studienanfängerinnen und Studienanfänger in Deutschland (siehe Tab. 1.5):

Tab. 1.5: Studienanfängerinnen und Studienanfänger in Deutschland (vgl. KMK, 2012, Tab. 2.1)

Jahr	**2013**	**2020**	**2025**
Anzahl der Anfängerinnen und Anfänger	489.200	449.500	421.900

Neben regionalen Unterschieden gibt es natürlich auch Unterschiede bezüglich der Studienrichtungen, etwa zwischen naturwissenschaftlichen, ingenieurwissenschaftlichen und geisteswissenschaftlichen Studiengängen.

Im Hinblick auf die Zahl zukünftiger Bewerber um einen Ausbildungsplatz im eigenen Einzugsbereich können aus den regionalen Absolventenzahlen der Haupt- und Realschulen und dem erwarteten Anteil derjenigen mit Hochschulzugangsberechtigung, die nicht studieren wollen, Anhaltspunkte gewonnen werden.

Unternehmen haben aber nicht nur mit dem Übergang von Schulabgängern in Hochschulstudiengänge zu rechnen, sie müssen auch berücksichtigen, dass Bewerber, die sich früher für die von ihnen angebotenen Berufe interessiert haben, sich anderen Berufen zuwenden. Dafür können neben handfesten wirtschaftlichen Faktoren, wie Weiterbeschäftigungsmöglichkeiten nach der Lehre, Arbeitszeiten, Höhe der Gehälter nach der Ausbildung und Aufstiegschancen, auch mit dem Beruf verbundener sozialer Status und Mode verantwortlich sein. Die aktuelle Attraktivität von Berufen kann anhand von Tabelle 1.6, die Daten aus dem Bildungsbericht 2012 wiedergibt, eingeschätzt werden:

Tab. 1.6: Angebot an und Nachfrage nach Ausbildungsplätzen bei ausgewählten Berufsgruppen (vgl. Bildungsbericht 2012, S. 280)

Berufsgruppen	**Verhältnis Angebot zu Nachfrage 2011 in %**	**Verhältnis Angebot zu Nachfrage 2009 in %**	**Veränderung der Nachfrage 2011 zu 2009 in %**
Hotel- und Gaststättenberufe	117,8	109,0	–13,8
Bäcker, Konditoren, Fleischer	114,2	107,2	–14,1
Köche	114,1	106,6	–17,9
Berufe der Körperpflege	105,4	100,8	–17,7
Bauberufe	103,5	101,2	4,2
Berufe der spanenden Metallverformung	101,9	99,7	13,7
Maler, Lackierer	101,4	99,6	–8,1
Dienstleistungskaufleute	99,7	99,6	12,9
Rechnungskaufleute, Informatiker	101,1	101,6	11,7

Bei Berufsgruppen wie den Hotel und Gaststättenberufen ist die Nachfrage nach solchen Ausbildungsplätzen nicht nur absolut deutlich gesunken, sondern auch im Verhältnis zur Zahl der angebotenen Ausbildungsplätze. Dagegen hat z.B. bei den Rechnungskaufleuten und Informatikern die Nachfrage absolut und auch im Verhältnis zur Zahl der angebotenen Ausbildungsplätze zugenommen. In den in obiger Tabelle dargestellten Entwicklungen spiegeln sich weniger Strukturveränderungen der Wirtschaft, etwa vom Produktionsbereich in den Dienstleistungssektor, als vielmehr wachsender Bedarf in den durch die demografische Entwicklung benötigten Berufen und die Auswirkungen der Darstellung der Berufe in den Medien, speziell dem Fernsehen; man könnte auch sagen die Situation, welche Berufe „in" sind bzw. in Mode.

Natürlich ist aber nicht nur die voraussichtliche Zahl an Bewerbern von Bedeutung. Es interessiert auch – und vielleicht noch mehr – ihre zu erwartende Qualifikation. Die bereits als Quelle zitierte Expertenbefragung befasst sich auch mit strukturellen Veränderungen beruflicher Bildung und kommt zu der in Abbildung 1.4 dargestellten Einschätzung von Entwicklungstendenzen:

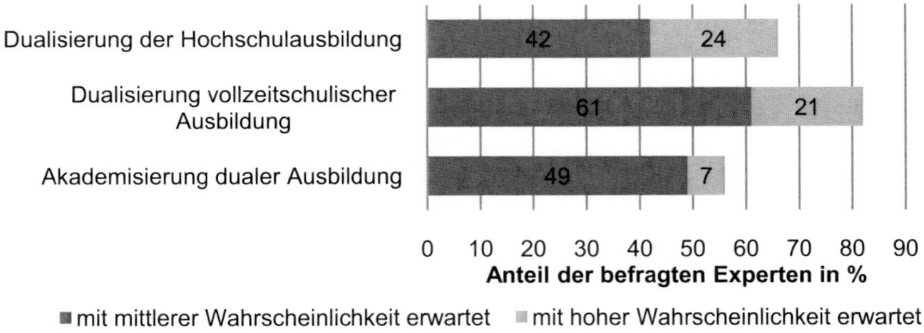

Abb. 1.4: Erwartete strukturelle Veränderungen in der beruflichen Bildung – Expertenschätzungen in Bezug auf mittlere und hohe Wahrscheinlichkeit des Zutreffens (vgl. Pfeiffer/Kaiser, 2009, S. 58)

Die obige Abbildung zeigt u.a., dass 56% der befragten Experten eine Akademisierung der dualen Ausbildung mit mittlerer und hoher Wahrscheinlichkeit erwarten und 66% mit mittlerer und hoher Wahrscheinlichkeit eine Dualisierung der Hochschulausbildung prognostizieren. Was das konkret im Hinblick auf Qualifikationen und Wünschbarkeit bedeutet, bleibt allerdings offen. Doch muss davon ausgegangen werden, dass die Anforderungen an Bewerber zunehmen müssen, wenn sich die erste These bewahrheiten sollte. Da die bisherigen Erfahrungen mit Bewerbern nicht dafür sprechen, dass die Voraussetzungen jüngerer Bewerberjahrgänge im Vergleich zu älteren besser geworden sind, muss dann wohl mit einer geringeren Zahl anforderungsgerechter Bewerber gerechnet werden.

Auch die Aktivierung bisher nur in geringerem Umfang in Ausbildungsberufe integrierter Bewerber wird von den bereits zitierten Experten eher skeptisch beurteilt. Das ergibt sich aus ihrer Erwartung, dass mit keiner wesentlichen Verbesserung bei den Qualifikationen bildungsferner Bewerber zu rechnen ist. Die folgende Darstellung illustriert ihre Einschätzung:

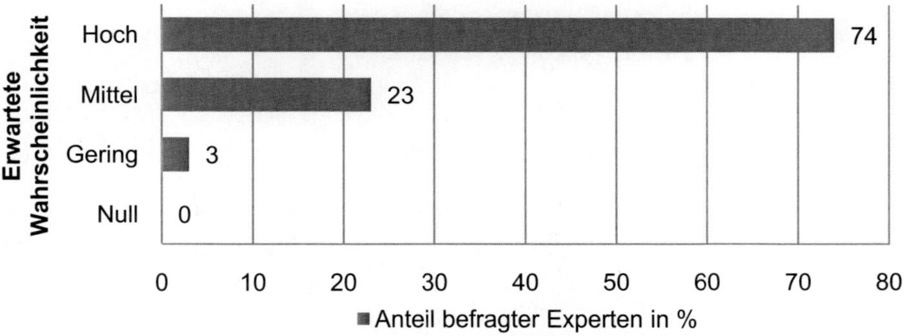

Abb. 1.5: Zukunftschancen für bildungsferne Bewerber – Verschlechterung ihrer Chancen durch neue Technologien (vgl. BMBF, 2009, S. 28)

Abbildung 1.5 zeigt, dass 74% der befragten Experten der Meinung sind, der zunehmende Einsatz neuer Technologien verschlechtere mit hoher Wahrscheinlichkeit die Zukunftschancen zur Ausbildung für bildungsferne Gruppen. Drei Prozent sehen dafür eine geringe Wahrscheinlichkeit.

Aus dem bisher Dargelegten lassen sich zwar Tendenzen ablesen, aber es muss offen bleiben, ob und in welchem Maße sich diese Entwicklungen im Einzugsbereich eines konkreten KMU bemerkbar machen. Es ist jedoch gut möglich, dass Industrie- und Handelskammern bzw. Handwerkskammern für ihren Bezirk erwartete Veränderungen in wichtigen Parametern der Nachfrage nach Ausbildungsplätzen konkreter beschreiben können. Als Beispiel sei hier die IHK Aachen angeführt, die nicht nur für ihren Bezirk als ganzen, sondern auch noch regional tiefer gegliedert, Erwartungen veröffentlicht hat. Abbildung 1.6 gibt ihre Einschätzung bezüglich der Entwicklung der Zahl der Schulabgänger von 2010 auf 2020 wieder.

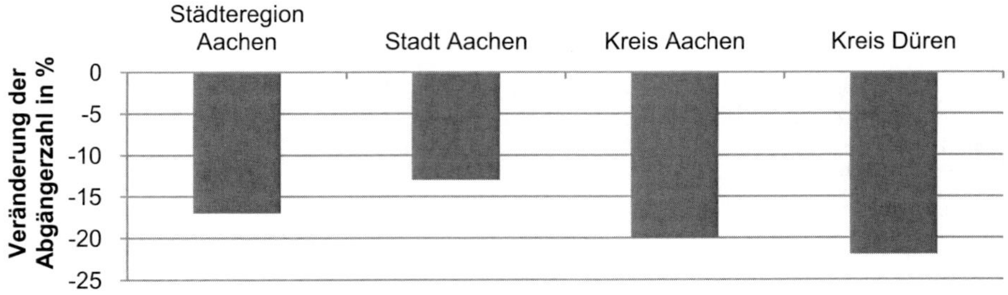

Abb. 1.6: Veränderung der Zahl der Schulabgänger in 2020 gegenüber 2010 – in ausgewählten Teilen des Bezirks der IHK Aachen (vgl. IHK Aachen, 2011, Abb. 4)

Welche Veränderung der Zahl der Ausbildungsplätze sie für den Zeitraum zwischen 2010 und 2020 prognostizieren, kann Abbildung 1.7 entnommen werden.

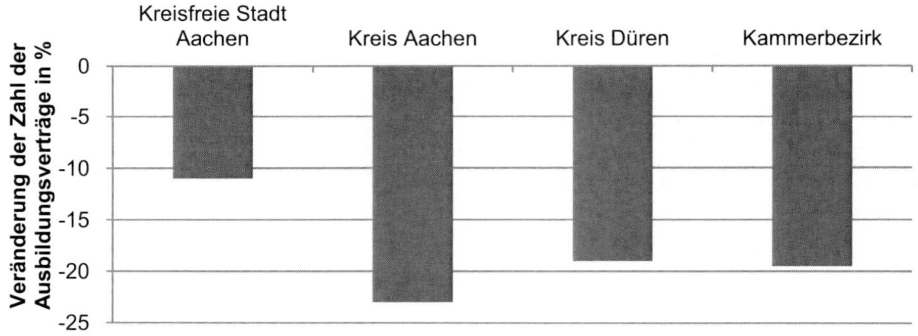

Abb. 1.7: Veränderung der Zahl der abgeschlossenen Ausbildungsverträge in 2020 gegenüber 2010 – auf der Basis in der Vergangenheit abgeschlossener Verträge im Verhältnis zur Zahl der Schulabgänger (vgl. IHK Aachen, 2011, Abb. 5)

Wahrscheinliches zukünftiges Verhalten der Schulabgänger
- Lieber Studium als Lehre
- Lieber anspruchsvolle und höheren Status vermittelnde Ausbildungen
- Schulabgänger aus bildungsfernen Familien werden sich nicht ausreichend höher qualifizieren

1.2 Personalbedarf der KMU

1.2.1 Gründe für Personalbedarf

Der Personalbedarf eines Unternehmens ist bezüglich der Anzahl der benötigten Mitarbeiterinnen und Mitarbeiter von seiner jeweiligen aktuellen und erwarteten wirtschaftlichen Situation und von seinen Wachstums- oder Schrumpfungsplänen abhängig. Natürlich spielt auch die Fluktuation in einem Unternehmen dabei eine Rolle. Während große Unternehmen aus Wettbewerbsgründen angeblich zwangsläufig „mit der Größe des Marktes wachsen müssen", gilt dies für kleinere und kleine eigentümergeführte Unternehmen sicherlich weniger. Bei diesen steht erfahrungsgemäß in den meisten Fällen nicht Umsatz- bzw. Gewinnmaximierung im Vordergrund, sondern der Erhalt eines gesunden Unternehmens, das den Eigentümern ein angemessenes Einkommen sichert. Dem widerspricht nicht, dass sie bei einer positiven Wirtschaftsentwicklung ihre Chancen nutzen, mehr Aufträge zu erhalten, und ihre Kapazitäten in personeller und sachlicher Hinsicht ausbauen.

Für die von einem KMU aufgrund einer Geschäftsausweitung oder wegen Fluktuation benötigten Qualifikationen ist seine bisherige Personalstruktur besonders wichtig. Auch wenn in Teilbereichen Strukturveränderungen ins Auge gefasst werden, dürften sich die von neuen Mitarbeitern erwarteten Kompetenzen doch noch sehr an den bisher vorhandenen Qualifikationen orientieren. Im Prinzip ist es dabei ohne Bedeutung, ob ein Personalbedarf aufgrund natürlicher Fluktuation entsteht, also etwa zum Ausgleich von Abgängen aus Altersgründen, oder wegen Kündigungen von Mitarbeitern infolge Unzufriedenheit mit individuellen Arbeitsbedingungen. Als Ursache für Personalbedarf kommen natürlich auch Kündigungen durch das Unternehmen bei schlechten Leistungen von Mitarbeitern in Frage.

1.2.2 Personalstruktur der KMU

KMU sind die größte Gruppe der deutschen Unternehmen. 95% aller deutschen Unternehmen sind Kleinst- und Kleinbetriebe mit bis zu 49 Beschäftigten. In ihnen arbeiten etwa 45% aller Beschäftigten. Obwohl ihre auf diesen Zahlen beruhende Bedeutung bekannt ist, finden sie in der betriebswirtschaftlichen Literatur häufig nicht die entsprechende Beachtung. Auf sie beziehen sich im Wesentlichen die nachfolgenden Ausführungen zur Personalstruktur der KMU. Diese stützen sich zum großen Teil auf den IAB-Forschungsbericht 7/2011 (vgl. Bechmann/Dahms/Fischer/Frei/Leber/Möller, 2011), der unter der Überschrift Beschäftigung, Arbeit und Unternehmertum in deutschen Kleinbetrieben Ergebnisse aus dem IAB-Betriebspanel 2010 berichtet. Das IAB-Betriebspanel ist eine der wenigen Erhebungen und dazu umfassend, das sich auch der hier interessierenden Unternehmensgruppe widmet. Nachstehend wird die besondere Personalstruktur der KMU in einer Gegenüberstellung mit der in Großbetrieben herausgearbeitet. Dabei beziehen wir uns, wie in den IAB-Betriebspanels üblich, auf Betriebe und nicht auf Unternehmen, die rechtlichen Einheiten, und verwenden auch die dort gebräuchlichen Abgrenzungen der Größenklassen.

Abbildung 1.8 zeigt die Qualifikationsabschlüsse der Beschäftigten von Kleinstbetrieben und Großbetrieben. In diesem und allen folgenden Vergleichen der beiden Betriebsgrößenklassen ist erstere genauer durch 5 bis 9 Beschäftigte und letztere durch 250 Beschäftigte und mehr definiert. Betriebe mit dazwischen liegenden Beschäftigungszahlen bleiben hier und in den folgenden Darstellungen nur aus Gründen der Übersichtlichkeit außer Betracht.

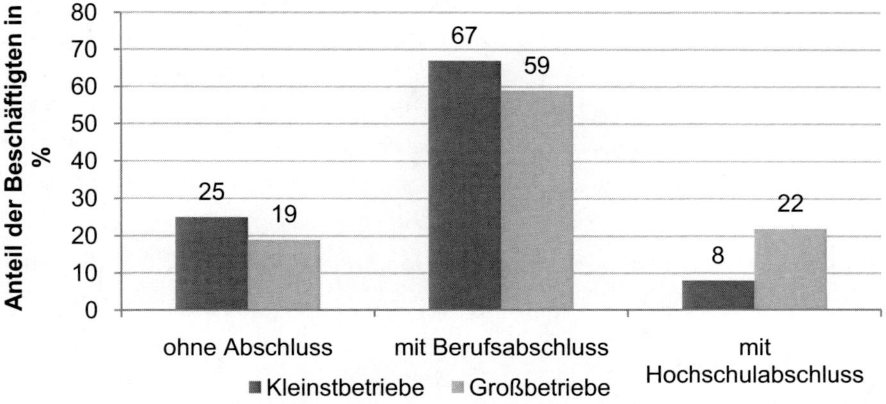

Abb. 1.8: Betriebe nach Qualifikationsabschluss ihrer angestellten Beschäftigten (vgl. Bechmann/Dahms/Fischer/Frei/Leber/Möller, 2011, S. 14)

Der Anteil der Beschäftigten in Kleinstbetrieben, die keinen Berufsabschluss haben, liegt um mehr als 30% über dem entsprechenden Anteil in Großbetrieben. Dagegen erfordern deutlich weniger Arbeitsplätze in Kleinstbetrieben einen Hochschulabschluss, nämlich mit 8% nur etwas mehr als ein Drittel der Arbeitsplätze in Großbetrieben. Zwei Drittel der Arbeitsplätze in Kleinstbetrieben verlangen einen Berufsabschluss, setzen also im Allgemeinen eine Lehre im dualen System der Berufsausbildung voraus.

Der Versuch, die Qualifikationsstruktur durch die Einbeziehung von Weiterbildungsaktivitäten noch stärker zu differenzieren, führt zu folgenden Ergebnissen (Abb. 1.9):

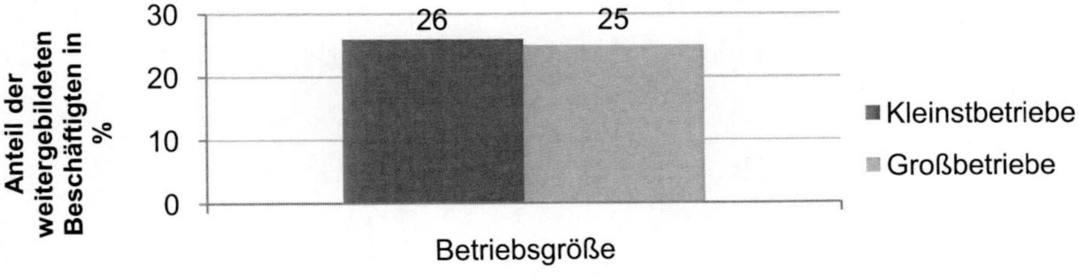

Abb. 1.9: Weiterbildungsquoten nach Betriebsgrößen – Anteile der weitergebildeten Beschäftigten an allen Beschäftigten im 1. Halbjahr 2010 (vgl. Bechmann et al., 2011, S. 73)

Der Anteil der weitergebildeten Beschäftigten an allen Beschäftigten ist in beiden Betriebsgrößenklassen in etwa gleich. Allerdings gibt es deutliche Unterschiede in der Beteiligung der Betriebe. In der Betriebsgrößenklasse 1–9 Beschäftigte hatten sich 2007 37% der Betriebe an Weiterbildung beteiligt, in der Betriebsgrößenklasse 50–499 Beschäftigte waren es schon 86% (vgl. Lohaus/Habermann 2011, S. 27). In Lohaus/Habermann (2011, S. 26) findet sich darüber hinaus folgende Zusammenfassung:

> „In den Branchen Baugewerbe und Handel und Reparatur beteiligten sich unterdurchschnittlich viele Betriebe an Betrieblicher Weiterbildung und auch unterdurchschnittlich viele Beschäftigte im Vergleich zu anderen Branchen. Die Beschäftigtenbeteiligung im Handwerk ist die niedrigste aller Branchen."

Die Ergebnisse aus dem IAB-Panel legen nahe, dass die Mitarbeiter in Kleinstbetrieben mangels angebotener interner Maßnahmen eher externe Weiterbildungsmöglichkeiten nutzen (vgl. Bechmann/Dahms/Fischer/Frei/Leber/Möller, 2011, S. 71). Man wird aber vermuten dürfen, dass der Anteil formalisierter Weiterbildung in Großbetrieben den entsprechenden Anteil in Kleinstbetrieben übersteigt. Anhaltspunkte dafür ergeben sich aus dem höheren Anteil an Beschäftigten ohne Berufsabschluss in Kleinstbetrieben und den Ergebnissen einer Studie von TNS Infratest (von Rosenbladt/Bilger, 2008). In letzterer wurde ermittelt, dass die Beteiligung an beruflicher Weiterbildung im Jahr 2007 bei erwerbstätigen Arbeitern 22%, bei Angestellten aber 39% betrug (von Rosenbladt/Bilger, 2008, S. 77). Berufliche Weiterbildung war dabei als besuchte Lehrgänge und Kurse erfasst, die unmittelbar mit dem Beruf zu tun haben.

Weitere Anhaltspunkte für die Personalstruktur in KMU liefert ein Vergleich von Bruttolohn und Umsatzproduktivität in Kleinstbetrieben und Großbetrieben (siehe Abb. 1.10).

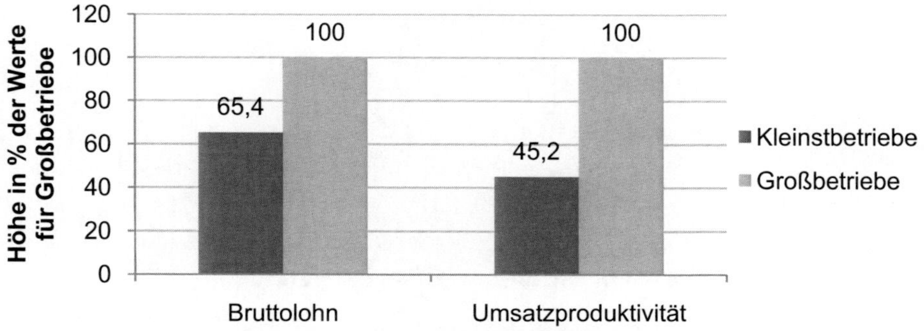

Abb. 1.10: Bruttolohn und Umsatzproduktivität nach Betriebsgrößenklassen – Euro-Beträge für Kleinstbetriebe in % der Euro-Beträge für Großbetriebe (berechnet nach Angaben in Bechmann et al., 2011, S. 17 u. S. 20)

Wenn der Anteil der Arbeitsplätze in Kleinstbetrieben, die keinen Berufsabschluss bedingen, um 30% über dem entsprechenden Anteil für Großbetriebe liegt und umgekehrt in Kleinstbetrieben der Anteil der Arbeitsplätze, die einen Hochschulabschluss erfordern, um etwa ein Drittel niedriger ist als in Großbetrieben, wundert es nicht, dass der Bruttolohn in Kleinstbetrieben um etwa 30% unter dem Bruttolohn in Großbetrieben liegt. Dies bedeutet natürlich noch nicht, dass Kleinstbetriebe schlechter bezahlen als Großbetriebe. Die Umsatzproduktivität, also der Umsatz, der auf einen Beschäftigten entfällt, ist in Großbetrieben mehr als doppelt so hoch wie in Kleinstbetrieben. Dafür ist im Wesentlichen natürlich die höhere Kapitalintensität in Großbetrieben, der umfangreichere Anlagen- und Maschineneinsatz, verantwortlich. Wahrscheinlich ergeben sich daraus für Großbetriebe Möglichkeiten, besser zu bezahlen als Kleinstbetriebe. Eine höhere Bezahlung wird aber sicherlich nicht nur als Bruttolohn erfolgen, sondern z.B. auch in Form von Gewinnbeteiligungen und Pensionsprogrammen.

Qualifikationsstruktur in Kleinstbetrieben

- Höherer Anteil an Beschäftigten ohne Berufsabschluss
- Geringer Anteil an Beschäftigten mit Hochschulabschluss
- Geringerer Durchschnittsverdienst
- An Weiterbildung beteiligen sich weniger Kleinstbetriebe als größere Betriebe
- Die Weiterbildungsbeteiligung der Betriebe ist branchenbezogen unterschiedlich; mit dem geringsten Anteil im Handwerk

Kennzeichnend für die Personalstruktur in Kleinstbetrieben ist auch, dass der Anteil der Kleinstbetriebe, die nur unbefristet einstellen, mehr als fünfmal so hoch ist wie bei Großbetrieben. Die damit verbundene Haltung der Eigentümer bzw. Geschäftsführer in Kleinstbetrieben zeigt sich auch darin, dass nur 4% der Kleinstbetriebe Leiharbeiter einstellen, aber 54% der Großbetriebe (siehe Abb. 1.11). Diese Einstellungspraxis ist sicherlich ein Wettbewerbsvorteil der Kleinstbetriebe auf dem Arbeitsmarkt.

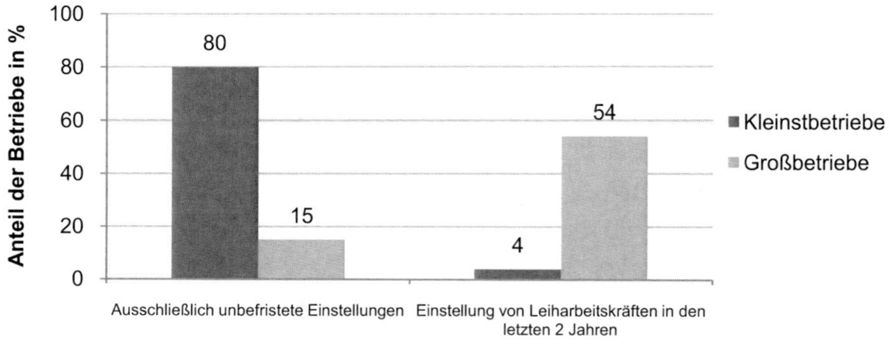

Abb. 1.11: Nutzung atypischer Beschäftigungsverhältnisse – Anteil der Betriebe, die atypische Beschäftigungsverhältnisse nutzen, im 1. Halbjahr 2010 (vgl. Bechmann et al., 2011, S. 44 u. S. 51)

Von besonderer Bedeutung für die Personalstruktur in KMU ist der Anteil der Auszubildenden an den Beschäftigten. Kleinstbetriebe haben eine deutlich höhere Ausbildungsquote als Großbetriebe. Bei ihnen beträgt der Anteil der Auszubildenden an der Gesamtzahl der Beschäftigten einschließlich der

Auszubildenden 8% im Vergleich zu 5,2% bei Großbetrieben, ein Unterschied von mehr als 50% auf den Anteil in Großbetrieben bezogen (siehe Abb. 1.12).

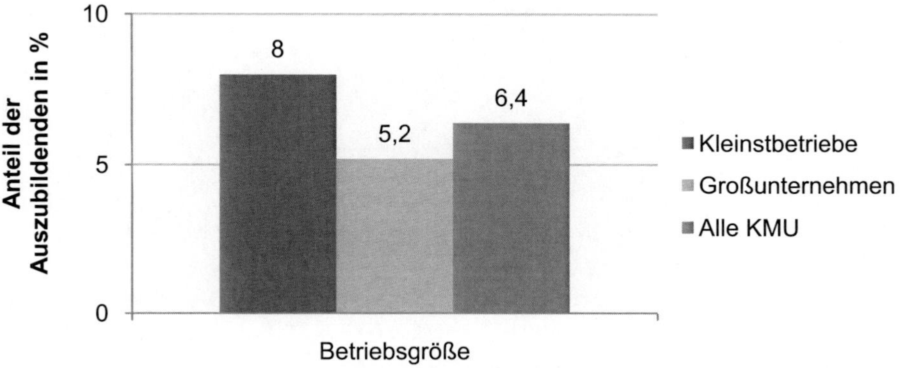

Abb. 1.12: Ausbildungsquote 2010 (vgl. BIBB, 2010a)

Dem scheint entgegenzustehen, dass sich anteilig weniger Kleinstbetriebe als Großbetriebe an Berufsausbildung beteiligen: 51% der Kleinstbetriebe gegenüber 95% der Großbetriebe (siehe Abb. 1.13).

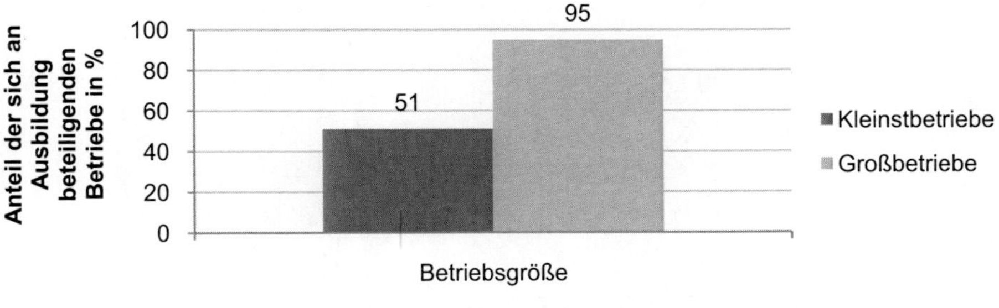

Abb. 1.13: Ausbildungsbeteiligung (vgl. Bechman et al., 2011, S. 65)

Eine Erklärung dafür dürfte sein, dass die Ausbildung und der Einsatz von Auszubildenden von Branche zu Branche sehr unterschiedlich sind und sich die Branchen nicht gleichmäßig auf Kleinstbetriebe und Großbetriebe verteilen. Abbildung 1.14 illustriert diesbezügliche deutliche Unterschiede zwischen einigen Branchen.

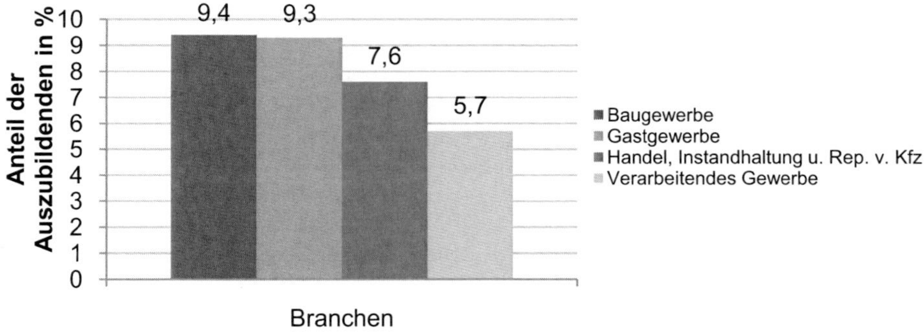

Abb. 1.14: Ausbildungsquote nach Branchen (vgl. BIBB, 2010b)

Aus dem Anteil der Auszubildenden an allen Beschäftigten darf aber nicht ohne weiteres auf die Beschäftigtenstruktur der Betriebe geschlossen werden. Während in Großbetrieben durchschnittlich 73% der erfolgreichen Absolventen in ein anschließendes Beschäftigungsverhältnis übernommen wurden, betrug diese Quote in Kleinstbetrieben nur 50% (siehe Abb. 1.15).

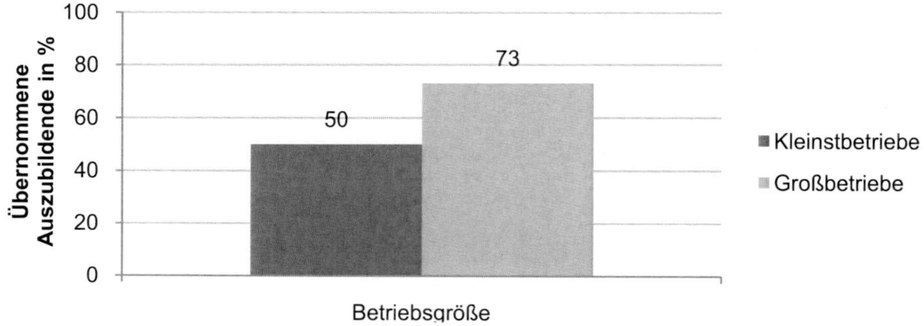

Abb. 1.15: Verbleibquote 2010 (vgl. Bechman et al., 2011, S. 67)

Man wird unterstellen dürfen, dass die geringere Verbleibquote in Kleinstbetrieben damit zusammenhängt, dass Auszubildende dort auch als „preiswerte“ Arbeitskräfte eingesetzt werden und nach Abschluss ihrer Ausbildung nicht mehr zu den Konditionen der Berufsausbildung zur Verfügung stehen. Dies gilt erfahrungsgemäß insbesondere für die Berufe im Hotel- und Gaststättengewerbe.

Ein weiterer Faktor, der die Personalstruktur von Betrieben bestimmt, ist Beteiligung der Eigentümer an der Geschäftsführung. Abbildung 1.16 verdeutlicht, dass Kleinstbetriebe sechsmal so häufig von ihren Eigentümern geführt werden wie Großbetriebe.

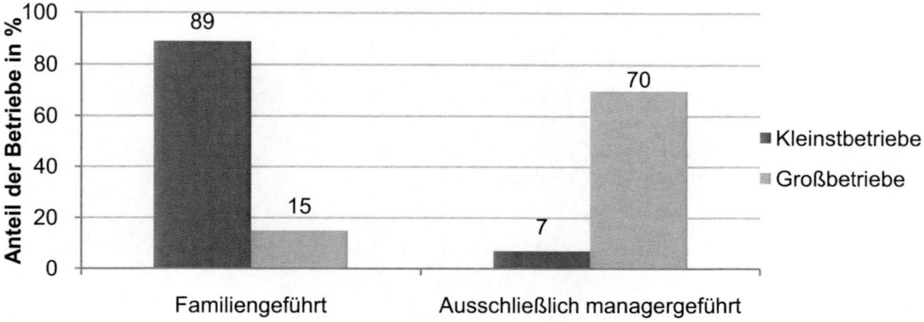

Abb. 1.16: Geschäftsführung der Betriebe (vgl. Bechmann et al., 2011, S. 12)

Bei einer Betriebsgröße der Kleinstbetriebe von durchschnittlich sieben Beschäftigten ergibt sich daraus, dass in 89% der Kleinstbetriebe wenigstens einer von sieben dort Tätigen nicht abhängig beschäftigt ist und der Anteil der abhängig Beschäftigten umgekehrt nur etwa 86% ausmacht.

Besondere Beschäftigungsverhältnisse in Kleinstbetrieben
- Befristete Einstellungen und Leiharbeit werden sehr wenig genutzt
- Geringere Beteiligungs-, aber höhere Ausbildungsquote; niedrigere Verbleibquote
- hoher Anteil der Eigentümer an Beschäftigten

Schließlich wird die Personalstruktur in Betrieben auch vom Alter der Beschäftigten bestimmt. Von besonderer Bedeutung, insbesondere im Hinblick auf die erwartete demografische Entwicklung, ist die Altersgruppe der 50- bis 65jährigen, weil deren Ausscheiden in einen überschaubaren Zeithorizont fällt und dann entsprechende Ersatzeinstellungen anstehen.

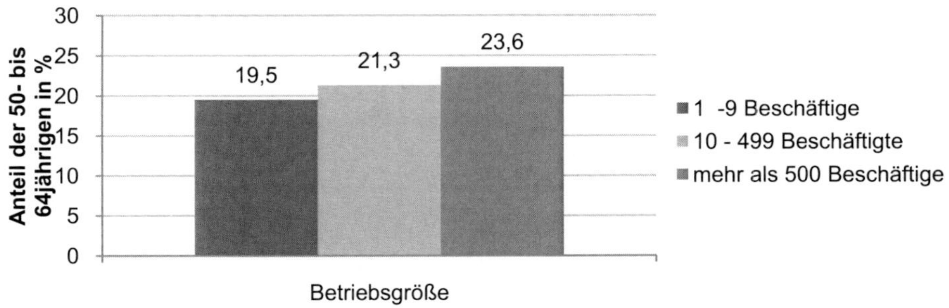

Abb. 1.17: Altersstruktur der Beschäftigten nach Betriebsgröße 2006 (vgl. Brussig/Wojtkowski, 2008, S. 8)

Aus Grafik 1.17 ergibt sich, dass der Anteil der 50- bis 64jährigen an der Gesamtzahl der Beschäftigten (im Jahr 2006) in Kleinstbetrieben im Vergleich zu deren Anteil in größeren Betrieben am geringsten ist. Da die Gesamtzahl dieser Altersgruppe von 1999 auf 2006 um 12,3% zugenommen hat, aber in Betrieben mit mehr als 500 Beschäftigten nur um 10,3%, kann von einer Diskriminierung dieser Arbeitnehmergruppe in Kleinstbetrieben wohl keine Rede sein. Umso weniger, als unter den Kleinstunternehmen viele von jungen Unternehmensgründern geführte Betriebe zu finden sein werden (vgl. Brussig/Wojkowski, 2008, S. 9).

Häufig wird die sich demografisch ergebende Veränderung der Altersstruktur der Erwerbstätigen mit der vermeintlichen Gefahr für die Produktivität in Verbindung gebracht, dass Ältere weniger leistungsfähig seien als Jüngere. Dies dürfte im Allgemeinen für Beschäftigte zutreffen, deren Arbeit mit schweren körperlichen Belastungen einhergeht, nicht aber für alle Erwerbstätigen. Die Bedeutung von Erfahrungswissen und Lebenserfahrung für den beruflichen Alltag sollte nicht unterschätzt werden. Ein Indikator dafür ist der Sachverhalt, dass sich Unternehmensleitungen zwar mit Vorruhestandsregelungen von Mitarbeitern trennen, sich selbst aber für uneingeschränkt einsatzfähig halten.

Ein besonderes Beispiel dafür ist eine Äußerung des früheren Chefvolkswirts der Deutschen Bank, Norbert Walter, der anregte, eigentlich müssten die Gehälter älterer Mitarbeiter wegen sinkender Produktivität ebenfalls sinken (vgl. Frankfurter Allgemeine Zeitung vom 31.08.2012, 2012a), selbst aber offensichtlich unbeeindruckt von seiner eigenen Meinung bis zum Alter von 64 seine Position ausfüllte und anschließend noch als selbständiger Berater weiter tätig war.

Man hat auch nicht von bekannten Politikern gehört, die ihr Wahlamt im Alter von 65 Jahren wegen nachlassender Leistungsfähigkeit aufgegeben hätten. Hinweise zum Einfluss des Alters auf die Produktivität finden sich z.B. in der Auswertung mehrerer Studien zu dieser Thematik (Ng/Feldmann, 2008). Die beiden Forscher kommen zu dem Ergebnis, dass das Alter keinen Einfluss auf die Erledigung von Kernaufgaben und auf Kreativität hat, darüber hinaus aber Ältere u.a. ein höheres pro-soziales Verhalten zeigen und in geringerem Maße aggressiv und unpünktlich sind.

Ältere in Kleinstbetrieben
- Anteil der Älteren ist in Kleinstbetrieben geringer als in Großbetrieben
- Anzahl der Älteren hat in Kleinstbetrieben stärker zugenommen als in Großbetrieben
- Alter ist im Allgemeinen kein Faktor, der die Produktivität mindert

1.2.3 Bedarfsentwicklung

Beim Personalbedarf können wir nach der Art des Bedarfs, nach seinem Umfang und nach Schwierigkeiten, ihn zu decken, unterscheiden:

- Die Art des Bedarfs ergibt sich wesentlich aus der Qualifikationsstruktur
- Der Umfang des Bedarfs (Menge) hängt hauptsächlich von der wirtschaftlichen Entwicklung und der Altersstruktur ab
- Die Schwierigkeiten, den Personalbedarf zu decken, ergeben sich aus dem Angebot an Arbeitskräften und dem Wettbewerb um Arbeitskräfte

Art des Bedarfs

Aus den höheren Anteilen bei Ungelernten, Beschäftigten mit Berufsabschluss und Auszubildenden sowie einer deutlich niedrigeren Akademikerquote im Vergleich zu Großbetrieben folgt, dass Kleinstbetriebe bei den ersten drei Personengruppen ihren hauptsächlichen Personalbedarf haben (vgl.

Abb. 1.8 und 1.12). Dies gilt unabhängig davon, aus welchen Gründen Neueinstellungen erfolgen sollen.

Umfang des Bedarfs

Der Umfang des Bedarfs richtet sich nach dem Ersatzbedarf und eventuellem Zusatzbedarf aus der erwarteten Absatzentwicklung. Da der Anteil der 50- bis 64jährigen in Kleinstbetrieben geringer ist als in Großbetrieben (vgl. Abb. 1.17), ist natürlich auch der Ersatzbedarf für aus Altergründen Ausscheidende in Kleinstbetrieben anteilsmäßig niedriger als in Großbetrieben.

Es ist fast unmöglich, den erwarteten Absatz und die darauf erfolgenden Reaktionen der Betriebe direkt zahlenmäßig zu messen und dabei noch nach Betriebsgrößen zu differenzieren. Als Anhaltspunkt möge hier aber eine Einschätzung der befragten Betriebe dienen. Auf die Frage nach ihrer Krisenbetroffenheit in den letzten zwei Jahren (Mitte 2008 bis Mitte 2010) haben 50% der Kleinstbetriebe, aber nur 38% der Großbetriebe berichtet, nicht betroffen gewesen zu sein. Andererseits steckten von den von der Krise betroffenen Betrieben 2010 anteilsmäßig noch mehr Kleinstbetriebe als Großbetriebe in der Krise. Ist es auf dieser Basis schwer, einen eindeutigen Trend zu erkennen, so kann doch dem Sachverhalt, dass in Kleinstbetrieben 2010 im Vergleich zu 2009 die Beschäftigung um 2% (in Betrieben mit weniger als 5 Beschäftigten sogar um 6%), in Großbetrieben aber nur um 1% wuchs, entnommen werden, dass Kleinstbetriebe bei wirtschaftlicher Erholung in Bezug auf Einstellungen direkter reagieren als Großbetriebe (vgl. Bechman et al., 2011, S. 26). Die nachstehende Abbildung illustriert diese Ergebnisse.

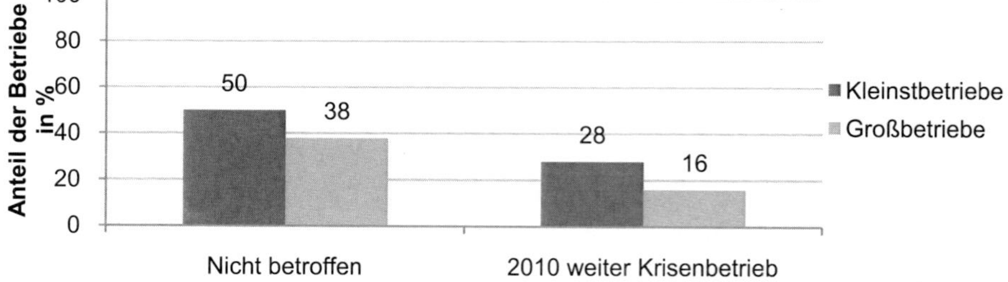

Abb. 1.18: Krisenbetroffenheit und Verbleib in der Krise (vgl. Bechmann et al., 2011, S. 24 u. S. 25)

Schwierigkeiten der Bedarfsdeckung

Als Ausdruck der Schwierigkeit, den Personalbedarf der Betriebe (unabhängig von ihrer Größenklasse) zu decken, werden am häufigsten Fachkräftemangel und eine zu geringe Zahl geeigneter Ausbildungsbewerber genannt. Man wird dagegen unterstellen dürfen, dass es für Kleinstbetriebe kein großes Problem ist, Ungelernte zu finden, weil es für diese Gruppe in großen Industrie- und Dienstleistungsunternehmen immer weniger Einsatzmöglichkeiten gibt. Allerdings scheint es sich als schwieriger werdend zu erweisen, genügend Personen mit ausreichend stabilen Arbeitstugenden zu rekrutieren.

Bezüglich des behaupteten Fachkräftemangels wird gern auf die Zahl der unbesetzten Stellen für Fachkräfte verwiesen. Nach dem IAB-Betriebspanel 2010 war die Nichtbesetzungsquote bei Kleinstbetrieben mehr als doppelt so hoch wie bei Großbetrieben (siehe Abb. 1.19).

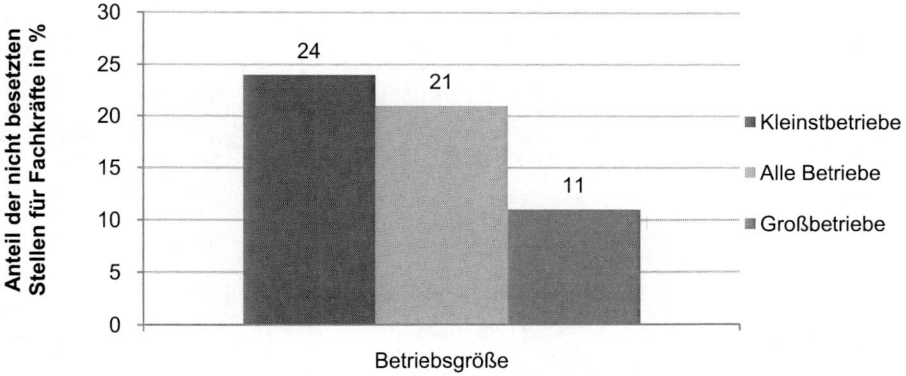

Abb. 1.19: Nichtbesetzungsquote bei Fachkräften im 1. Halbjahr 2010 (vgl. Bechmann et al., 2011, S. 29)

Es liegt natürlich nahe, diese Diskrepanz auf die besseren Arbeitsbedingungen in Großbetrieben zurückzuführen. Auch wenn eine sich darauf gründende deutliche Differenz zwischen nicht besetzten Fachkräftestellen sicherlich vorhanden ist, darf doch die Bedeutung des absoluten Umfangs der nicht besetzten Stellen unabhängig von der Größe der Betriebe in Zweifel gezogen werden. In welchem Ausmaß die als nicht besetzt deklarierten Stellen eigentlich gar nicht besetzt werden sollen und lediglich aus Imagegründen angegeben werden oder nur mit „Eier legenden Wollmilchsäuen" besetzt werden würden oder tatsächlich dringend benötigt werden, ist schwer zu entscheiden. Die fortwährenden Klagen von Unternehmerverbänden und Kammern suggerieren der Öffentlichkeit zwar hohen Bedarf und aus seiner Nichtbefriedigung resultierende Geschäftsbehinderungen, erklären aber nicht das offensichtlich trotzdem mögliche Wachstum.

Zur Untermauerung dieser kritischen Anmerkungen sei auf das Interview des Präsidenten der IHK Wiesbaden zum Fachkräftemangel in der Region in der Frankfurter Allgemeine Zeitung (17.07.2012, S. 34, 2012b) verwiesen. Dieser sieht weder bei der vielzitierten Gruppe der Ingenieure, deren angeblich nicht ausreichende Zahl immer wieder als Wachstumshemmer angeführt wird, noch bei den Auszubildenden Besetzungsprobleme in der Region. Auf eine gewisse „Entwarnung" weisen auch Artikel hin wie der in der Frankfurter Allgemeine Zeitung vom 17.12.2012, S. 13, mit der Überschrift „Fachkräftelücke kleiner als gedacht".

Der Anteil der nicht besetzten Ausbildungsplätze ist bei Kleinstbetrieben mehr als viermal so hoch wie der entsprechende Anteil bei Großbetrieben und damit der Unterschied bei Auszubildenden doppelt so groß wie bei Fachkräften.

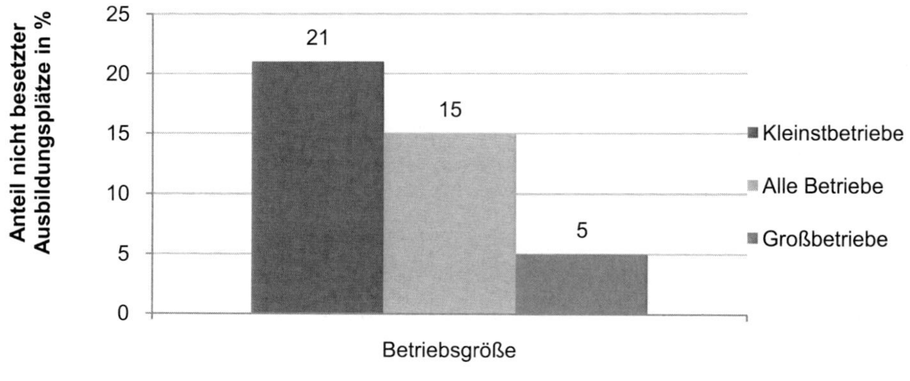

Abb. 1.20: Nichtbesetzungsquote bei Auszubildenden (vgl. Bechmann et al., 2011, S.66)

Gründe für die in Abbildung 1.20 erkennbare Schere, soweit sie auf Bewerbermangel beruht (vgl. Tab. 1.6), dürften der unterschiedliche Einsatz von Auszubildenden nach Branchen, nicht vergleichbare spätere Beschäftigungschancen im Ausbildungsbetrieb und Imageprobleme sein. Außerdem muss bei Auszubildenden wie bei Fachkräften davon ausgegangen werden, dass Bewerber abgelehnt werden, weil sie den Erwartungen der Betriebe nicht entsprechen. Auch wenn bei dieser Gruppe nicht entschieden werden kann, wie schwerwiegend die Ablehnungsgründe wirklich waren, darf man doch unterstellen, dass bei dringendem Nachwuchsbedarf auch zunächst weniger qualifiziert erscheinende Bewerber durch eine intensivere Ausbildung zu einem Berufsabschluss geführt werden könnten. Auch diesbezüglich ist das Interview des Präsidenten der IHK Wiesbaden in der Frankfurter Allgemeine Zeitung (27.07.2012, 2012c) aufschlussreich.

Entwicklungstendenzen für den Personalbedarf in KMU

- Benötigt werden Ungelernte und vor allem Personen mit abgeschlossener Berufsausbildung
- Die Dringlichkeit geäußerten Bedarfs ist nicht immer sicher
- Kleinstbetriebe reagieren im Aufschwung tendenziell schneller mit Einstellungen als Großbetriebe
- Sie müssen die Vorteile der Arbeitsbedingungen in Großbetrieben irgendwie ausgleichen
- Auch anscheinend nicht geeignete Bewerber könnten durch intensivere Vorbereitung und Betreuung zum Berufsabschluss geführt werden

2 Zielsetzung der Personalauswahl

2.1 Erfolgreiche Mitarbeiter gewinnen

Es ist allgemein bekannt, dass der Erfolg von Unternehmen sehr stark von der Art der Personen abhängt, die das Unternehmen einstellt (Breaugh, 2009a). Konsequenterweise bedeutet das, Personalauswahl muss darauf abzielen, Personen für das Unternehmen zu gewinnen, die mit ihrer Leistung in möglichst großem Maß zum Erfolg des Unternehmens beitragen. Worin der Erfolg des Unternehmens besteht, wird typischerweise von der Geschäftsführung festgelegt und in Form von Zielen an die Mitarbeiter kommuniziert. Die Leistung von Mitarbeitern wird dann als Beitrag zur Erreichung der Ziele der Unternehmensleitung verstanden (vgl. Lohaus, 2009). Dabei wird davon ausgegangen, dass dieser Beitrag vom individuellen Leistungsniveau sowie der Art der Tätigkeit und von der Hierarchiestufe abhängt (vgl. Schmidt/Kleinbeck, 2004). Personalauswahl hat sich also damit zu befassen, Personen auszuwählen und für das Unternehmen zu gewinnen, die eine hohe Leistungsfähigkeit haben, diese auch für den Erfolg des Unternehmens einsetzen und dabei von den Unternehmensangehörigen akzeptiert werden. Dieser Zusammenhang ist in Abbildung 2.1 dargestellt.

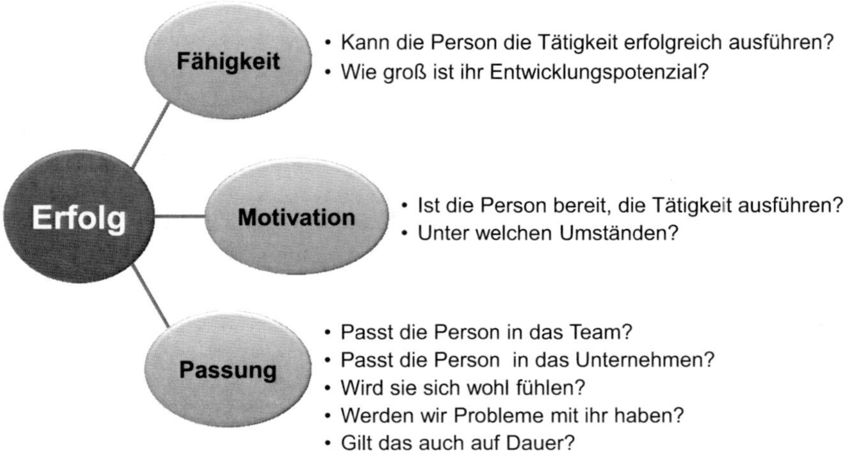

Abb. 2.1: Faktoren, die den Erfolg eines Mitarbeiters im Unternehmen bedingen und die folglich im Rahmen der Personalauswahl geklärt werden müssen (vgl. Schuler, 2000)

In jedem Personalauswahlverfahren werden Bewerber mehr oder weniger bewusst im Hinblick auf ihre Fähigkeit, ihre Motivation und ihre Passung beurteilt. Im Allgemeinen wird zuerst überprüft, ob ein Bewerber die Stelle, so wie sie aktuell zugeschnitten ist, erfolgreich ausfüllen kann. Natürlich wird dabei berücksichtigt, dass eine gewisse Einarbeitung und ggf. auch Training benötigt wird. Zusätzlich muss beachtet werden, dass sich die Stelleninhalte verändern können, beispielsweise aufgrund technischen Fortschritts und neuer Produkte. Außerdem möchten die meisten Unternehmen Personen auswählen, die sich weiterentwickeln und nach einiger Zeit anspruchsvollere Tätigkeiten ausüben können. Es gilt demnach, nicht nur die aktuelle Leistung, sondern auch das Entwicklungspotenzial abzuschätzen.

Als nächstes ist festzustellen, wie stark ein Bewerber an der Tätigkeit und dem Unternehmen interessiert ist und sich engagieren wird. Es reicht nicht aus, den Anforderungen der Tätigkeit entsprechende Mitarbeiter auszuwählen, wenn diese nicht motiviert sind, hohe Leistung zu erbringen, oder sich von den Arbeitsbedingungen, die im Unternehmen vorherrschen, demotiviert fühlen.

Schließlich ist zu beurteilen, ob ein Bewerber ins Unternehmen passt. Diese Passung ist im Hinblick auf verschiedene Aspekte zu beurteilen. Zum einen geht es darum, abzuschätzen, ob ein Bewerber mit seiner Führungskraft und mit seinen zukünftigen Kollegen gut zusammenarbeiten kann. Auf Unternehmensebene bezieht sich die Passung darauf, ob dem Bewerber die Unternehmenskultur gefällt und ob sie seinen Wertvorstellungen entspricht. Ganz pragmatisch gehört zur Abschätzung der Passung auch, die Erwartungen von Bewerbern im Hinblick auf ihre Entwicklung im Unternehmen zu klären. Wenn ein Bewerber nach Einarbeitung und Bewährung auf der ausgeschriebenen Stelle möglichst bald eine neue und anspruchsvollere Tätigkeit übernehmen möchte, unternehmensseitig aber erwartet wird, dass die zu besetzende Stelle die nächsten fünf bis zehn Jahre ohne Fluktuation ausgefüllt wird, passen die Erwartungen nicht zusammen. Das gleiche gilt für das Entgelt. Wenn ein Bewerber zwar das angebotene Einstiegsgehalt akzeptieren würde, später aber Steigerungen erwartet, die das Unternehmen nicht leisten kann und die auch nicht in den Gehaltsrahmen der übrigen Mitarbeiter passen, besteht von vornherein ein hohes Risiko, dass der Bewerber relativ bald unzufrieden wird. In diesem Fall dürfte sich das negativ auf seine Leistungsbereitschaft auswirken bzw. Abwanderungsgedanken zur Folge haben.

Fallbeispiel: Misserfolg aufgrund fehlender Passung
Eine kleine Werbeagentur hatte eine Stelle für einen Mitarbeiter mit Erfahrung im Marketing ausgeschrieben. Nach Sichtung der Bewerbungsunterlagen und Gesprächen mit den Interessenten entschied man sich für eine Bewerberin mit langjähriger Erfahrung in der Marketing- und Kommunikationsabteilung eines Großunternehmens. Die Bewerberin hatte die vorherige Tätigkeit aufgrund eines familiär bedingten Umzugs aufgeben müssen. Im Interview hatte sie ihre umfangreichen Kenntnisse sehr überzeugend darstellen können und deutlich gemacht, dass sie sehr an der Stelle interessiert ist. Bereits in der Probezeit zeigte sich allerdings, dass sie mit der Arbeitsweise in der Werbeagentur nicht zurechtkam. Während der Unternehmenseigner erwartete, dass sie ihren Tätigkeitsbereich eigenverantwortlich gestaltete, forderte die neue Mitarbeiterin wiederholt präzise Vorgaben für ihre Arbeit. Sie entwickelte keine eigenen Gestaltungsideen,

weil sie aus ihrer vorherigen Tätigkeit gewohnt war, dass der Rahmen dafür von anderen abgesteckt wurde. Es störte sie auch, dass keine schriftlich formulierten Standards für die Unternehmenskommunikation vorhanden waren. Am Ende der Probezeit trennte man sich. Das war für die Unternehmensleitung bedauerlich, da nun ein neuer Prozess zur Stellenbesetzung gestartet werden musste. Aber auch die entlassene Mitarbeiterin war sehr enttäuscht und nahm diesen Misserfolg als Gefährdung ihrer zukünftigen Beschäftigungschancen wahr.

2.2 Stellen und Personen in Übereinstimmung bringen

Unabhängig von der im vorherigen Abschnitt beschriebenen Vorgehensweise, bei der Personalauswahl nicht nur eine kurzfristige, sondern auch die längerfristige Möglichkeit der Zusammenarbeit zu prüfen, geht es in den meisten Fällen zuerst einmal darum, freie Stellen zu besetzen. Dafür wird die Stelle im Hinblick auf die Anforderungen und das Befriedigungspotenzial (Möglichkeit zur Befriedigung von Interessen und Bedürfnissen durch die Tätigkeit) analysiert. Außerdem werden absehbare Veränderungen der Tätigkeit (z.B. wegen technischer Neuerungen) antizipiert sowie Annahmen über mögliche, aber nicht sichere Änderungen getroffen. Sie werden dann mit den Merkmalen der Person abgeglichen (siehe Abb. 2.2). Während die Merkmale der Tätigkeit mit Methoden der Arbeits- und Anforderungsanalyse ermittelt werden (siehe Kapitel 4), setzt man Verfahren der psychologischen Eignungsdiagnose ein, um die entsprechenden Merkmale auf Seiten der Bewerber zu erfassen (siehe Kapitel 5).

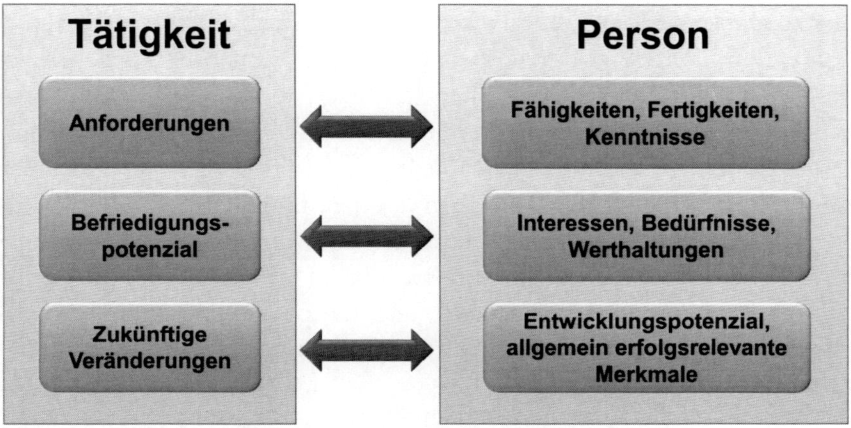

Abb. 2.2: Vergleich von Tätigkeiten und Personen bei der Personalauswahl (aus: Schuler, 2000)

Bei der Besetzung von Stellen werden zwei grundsätzliche Vorgehensweisen unterschieden: die sog. freie oder sachbezogene und die personengebundene Stellenbesetzung. Die freie Stellenbesetzung ist dadurch gekennzeichnet, dass es eine Beschreibung der in der Position zu erledigenden Tätigkeiten gibt, die sich klar von anderen Stellen abgrenzen lässt. Aufgabe der Personalauswahl ist es, eine Person zu gewinnen, die diese Stelle möglichst gut ausfüllt. Das stellt zwar gewisse Herausforderungen an die Personalauswahl, hat aber den großen Vorteil, dass die Konzeption der Stelle gleich bleibt. Das bedeutet, Kollegen und Ansprechpartner innerhalb und außerhalb des Unternehmens wissen unabhängig vom konkreten Stelleninhaber, mit welchen Aufgaben und Befugnissen die Stelle verbunden ist. Das gilt speziell, wenn es mehrere gleichartige Stellen in der Abteilung oder dem Unternehmen gibt, z.B. Sachbearbeitung in der Kunden- oder Lieferantenbuchhaltung nach Alphabet oder nach Personengruppen oder Personalbetreuung nach Abteilungen. Das erleichtert die Zusammenarbeit, die Vertretung im Fall von Krankheit und Urlaub sowie die Wiederbesetzung einer frei werdenden Stelle. Auch ist die Beurteilung der Leistung eines Stelleninhabers einfacher, weil eine Vergleichsmöglichkeit mit Kollegen besteht.

Im Gegensatz zur freien ist die personengebundene Stellenbesetzung zu sehen. Bei ihr steht nicht die Stelle, sondern die Person im Vordergrund. Die

Stelle wird dabei auf die Kompetenzen und Erwartungen des Stelleninhabers zugeschnitten. So wird immer dann vorgegangen, wenn sehr großes Interesse daran besteht, eine Person für das Unternehmen zu gewinnen oder im Unternehmen zu halten. Ein anderer Grund kann in der Unternehmenskultur liegen. Wenn besonders wichtig ist, dass die Mitarbeiter zufrieden sind und sich persönlich stark entfalten können, ist das durch eine auf die Person zugeschnittene Tätigkeit leichter zu gewährleisten. Die personengebundene Stellenbesetzung hat den großen Vorteil, sehr motivierend für die Stelleninhaber zu sein und deren Leistungspotenzial optimal zu nutzen. Sie wird häufiger angewandt, je höher die zu besetzenden Stelle in der Hierarchie steht.

Fallbeispiel: Personengebundene Stellenbesetzung
Ein Inhaber eines kleinen produzierenden Unternehmens im Bereich Produktpräsentationsmittel wünscht sich, dass sein Sohn nach abgeschlossenem betriebswirtschaftlichem Studium und vierjähriger Erfahrung in einem größeren Industriebetrieb im Familienunternehmen tätig wird. Der Inhaber hätte es am liebsten, wenn der Sohn die technische Geschäftsleitung übernähme, die demnächst frei wird, weil der bisherige angestellte Geschäftsführer Technik in Kürze in den Ruhestand geht. Der Sohn ist prinzipiell interessiert, die technische Geschäftsleistung zu übernehmen, hat aber darüber hinaus auch ein starkes Interesse am Marketing. Er macht für seinen Eintritt in den Familienbetrieb zur Bedingung, dass er auch für das Marketing zuständig ist. Bisher war der Inhaber für das Marketing, das mit einer Mitarbeiterin besetzt ist, verantwortlich. Er muss nun mit der betroffenen Mitarbeiterin sprechen und ihr den Vorgesetztenwechsel erklären. Sie ist darüber enttäuscht, weil sie nach ihrer Einschätzung jahrelang erfolgreich mit dem Inhaber zusammengearbeitet hat. Sie sieht dem Wechsel skeptisch entgegen und fürchtet, ihre bisherige Gestaltungsfreiheit zu verlieren. Sie sagt dem Inhaber zu, es zu probieren, behält sich aber im Stillen vor, sich einen neuen Job zu suchen, wenn der Neue ihr zu viele Vorschriften macht.

2.3 Erfolg von Bewerbern vorhersagen

Wenn von dem oben beschriebenen häufigeren Fall der freien Stellenbesetzung ausgegangen wird, bildet das Profil der Stellenanforderungen die Grundlage für das Auswahlverfahren. Aus diesem Anforderungsprofil werden die Merkmale abgeleitet, die Bewerber erfüllen müssen, um die Stelle erfolgreich auszufüllen. Diese Merkmale werden dann im Auswahlprozess gemessen oder beurteilt und für die Vorhersage von Berufserfolg genutzt (siehe Abb. 2.3). Der Begriff Berufserfolg bezieht sich dabei nicht nur auf die Leistung, die ein späterer Mitarbeiter erbringt, sondern auch auf für ihn persönlich wichtige Aspekte, wie Zufriedenheit, Erhalt der Gesundheit und Entfaltungsmöglichkeiten, und auch auf für das Unternehmen über die reine Aufgabenerfüllung hinaus relevante Punkte, wie Loyalität und Entwicklung seiner Fähigkeiten. Da – wie oben beschrieben – sowohl die aktuelle Leistung bzw. das aktuelle Verhalten als auch das Entwicklungspotenzial abgeschätzt werden sollen, müssen unterschiedliche Ansätze gewählt werden. Dabei ist die Erkenntnis wichtig, dass die Leistung von Bewerbern nicht direkt und objektiv, sondern nur über Indikatoren erfasst werden kann. Das geschieht häufig in subjektiver Form, d.h. durch Menschen, die Einschätzungen vornehmen.

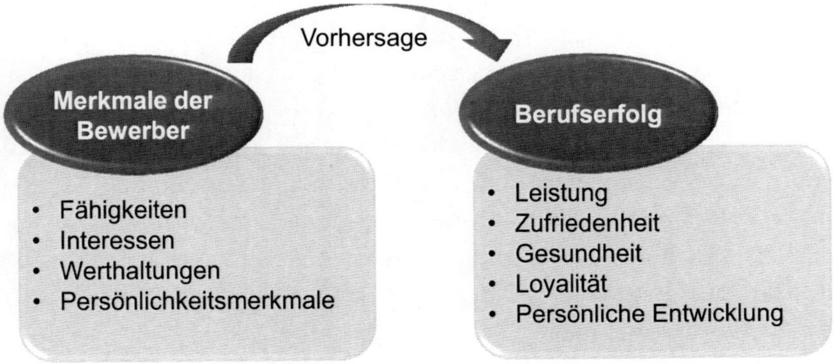

Abb. 2.3: Im Auswahlverfahren werden Merkmale der Bewerber erhoben, um auf ihrer Grundlage den zukünftigen Berufserfolg im Unternehmen vorherzusagen

2.4 Richtige Entscheidungen treffen und Fehlentscheidungen vermeiden

Konsequenzen von Auswahlentscheidungen

Mancher Leser mag sich bereits gefragt haben, warum Personalauswahlprozesse so relativ aufwändig gestaltet werden. Grund hierfür ist das Streben danach, möglichst gute Entscheidungen zu treffen, d.h. eine möglichst präzise Vorhersage auf die berufliche Bewährung von Bewerbern zu leisten. In diesem Zusammenhang ist es wichtig zu erläutern, welche Auswirkungen unterschiedliche Arten von Auswahlentscheidungen haben. Es wurde bereits darauf hingewiesen, dass die Merkmalsbewertungen der Bewerber häufig und am Ende immer auf subjektiven Einschätzungen der am Auswahlprozess beteiligten Personen basieren. Ein Bewerber kann zwar objektiv für die ausgeschriebene Stelle geeignet sein oder nicht, aber ob das richtig erkannt wird, hängt von der subjektiven Einschätzung der Auswählenden ab. Diese kann im Hinblick auf die objektive Eignung zutreffend sein oder nicht. Die sich aus dieser doppelten Sichtweise ergebenden Entscheidungen können in einer Vierfeldertafel dargestellt werden (siehe Abb. 2.4).

Von den vier Entscheidungen sind zwei grundsätzlich richtig, zwei stellen Fehler dar. Sie sind aber alle von unterschiedlicher Bedeutung für das Unternehmen. Die beste Entscheidung ist die, einen objektiv für die Stelle geeigneten Bewerber als geeignet einzuschätzen und für die Stelle auszuwählen. Sofern der Bewerber die Stelle annimmt, wird er sie erfolgreich ausfüllen. Das Ziel des Arbeitgebers ist dadurch erreicht. Richtig ist auch die Entscheidung, einen objektiv ungeeigneten Bewerber als ungeeignet einzuschätzen und ihn entsprechend abzulehnen. Für das Unternehmen liegt der Wert dieser Entscheidung darin, keinen ungeeigneten Bewerber ins Unternehmen geholt zu haben. Falls nicht ein anderer, geeigneter, Bewerber im gleichen Verfahren gefunden wurde, muss dann allerdings ein neuer Auswahlprozess gestartet werden.

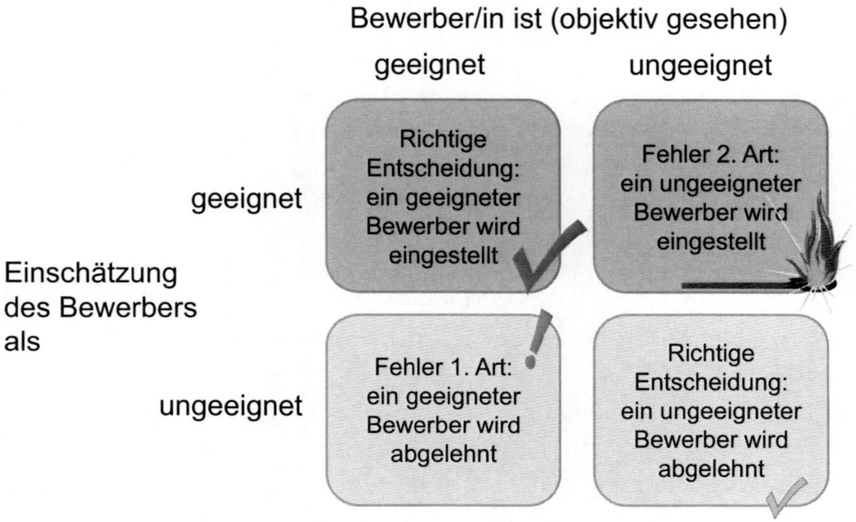

Abb. 2.4: Bedeutung von Auswahlentscheidungen (vgl. Weuster, 2008)

Die Ablehnung eines tatsächlich für die Stelle geeigneten Bewerbers ist zwar eine falsche Entscheidung, hat aber im Allgemeinen keine schwerwiegenden Konsequenzen für das Unternehmen. Dieser Bewerber wird möglicherweise keinen sehr positiven Eindruck vom Unternehmen behalten, wenn er sich ungerechtfertigter Weise abgelehnt fühlt. In diesem Fall wird er nicht positiv über das Unternehmen sprechen und sich vermutlich auf zukünftige Stellenausschreibungen des Unternehmens nicht bewerben. Im Unternehmen wird dieser Fall meist nicht bemerkt, wenn genügend andere Bewerber zur Verfügung stehen. Problematisch ist dagegen die Entscheidung, einen tatsächlich ungeeigneten Bewerber als geeignet einzuschätzen und einzustellen. Diese Person wird die Stelle nicht erfolgreich ausfüllen können. Die Leistungsdefizite können im besten Fall durch Trainingsmaßnahmen ausgeglichen werden. Viel häufiger kommt es allerdings vor, dass dann andere Mitarbeiter seine Leistungsdefizite kompensieren müssen und das Arbeitsgebiet des neuen Mitarbeiters eingeschränkt wird oder er sogar einen anderen Arbeitsplatz zugewiesen bekommt. Wenn eine solche Fehlbesetzung erkannt wird, sollten rechtzeitig Konsequenzen gezogen werden. Sofern die o.g. Maßnahmen des Trainings und der Umbesetzung nicht möglich sind oder nicht zum Erfolg führen, ist es am besten, sich noch während der Probezeit von dem neuen Mitarbeiter zu trennen. Aber auch wenn das geschieht, ist der Vorgang als Misserfolg anzusehen: Es muss ein neues Auswahlverfahren gefolgt von einer neuen Einarbeitung gestartet werden, womit Aufwand an Zeit und Geld verbunden ist. Für den entlassenen Mitarbeiter ist eine Beendigung des Arbeitsverhältnisses während der Probezeit ebenfalls ein negatives Erlebnis.

Gefälligkeitseinstellungen vermeiden

Gerade im Mittelstand, speziell bei kleinen Handwerksbetrieben, kommt es nicht selten vor, dass der Inhaber Personen aus Gefälligkeit einstellen soll. Häufig handelt es sich dabei um Angehörige von Freunden oder wichtigen Geschäftspartnern. Sie bitten beispielsweise darum, ihrem Sohn oder ihrer Tochter einen Ausbildungsplatz zu geben. Der Inhaber scheut oft die Zurückweisung einer solchen Anfrage, um eine gute Beziehung nicht zu gefährden. Vielfach handelt es sich bei solchen Gefälligkeitseinstellungen um eine falsche Entscheidung 2. Art (vgl. Abb. 2.4). Die neuen Mitarbeiter zeigen nicht das geforderte Leistungsniveau, und die Kollegen oder der Inhaber müssen die Minderleistung kompensieren. Erfahrung zeigt, dass es sich gerade kleine Betriebe kaum leisten können, die Konsequenzen von Fehlbesetzungen dauerhaft zu tragen. Da die Anzahl der Mitarbeiter insgesamt klein ist, bleibt wenig Spielraum für eine nicht vorgesehene den Beschäftigten gegenüber zu verantwortende Aufgabenverteilung. Da dennoch das vereinbarte Entgelt bezahlt werden muss, kann sich eine spürbare finanzielle Belastung ergeben. Für Handwerker, bei denen praktisch alle Mitarbeiter direkt für Kunden tätig sind, ist die Gefälligkeitseinstellung mit dem zusätzlichen Risiko behaftet, dass unzufriedene Kunden zu einem anderen Betrieb wechseln. Gefälligkeitseinstellungen nicht geeigneter Bewerber sind insbesondere dann problematisch, wenn die Trennung nicht schon während der Probezeit erfolgt. Wird dieser Termin versäumt, bleibt die nicht geeignete und weniger leistungsfähige Person unter Umständen über Jahre im Unternehmen.

Fallbeispiel: Kosten einer Fehlbesetzung

Das Beispiel soll Anhaltspunkte liefern, mit welchen Kosten ein Unternehmen rechnen muss, wenn es bei der Besetzung eines Ausbildungsplatzes eine falsche Entscheidung getroffen hat. Dabei wird unterstellt, dass das Unternehmen regelmäßig wenigstens einen Lehrling als Maurer einstellt. Die Bruttokosten der Berufsausbildung als Maurer betrugen nach einer Erhebung des Bundesinstituts für Berufsbildung im Jahr 2007 etwa 12.000 Euro pro Ausbildungsjahr, also insgesamt, auf die Dauer der dreijährigen Berufsausbildung gerechnet, 36.000 Euro (vgl. Pfeifer/Schönfeld/Wenzelmann, 2009). Diese umfassen in der genannten Erhebung die Personalkosten der Auszubildenden, die Personalkosten für haupt- bzw. nebenberufliche Ausbilder, die Anlage- und Sachkosten am Arbeitsplatz oder in der Lehrwerkstatt und sonstige Kosten, wie Lehr- und Lernmaterialien oder Kammergebühren. Nicht enthalten sind die Rekrutierungskosten. Wenn ein geeigneter Auszubildender ausgewählt wurde und die Ausbildung erfolgreich abläuft, kann das Unternehmen mit Nettokosten rechnen. Unter diesen versteht man die Differenz zwischen den Bruttokosten der Ausbildung und dem Nutzen der Berufsausbildung, Der Nutzen der Ausbildung wird in dieser Erhebung im Wesentlichen als Wert der produktiven Mitarbeit eines Lehrlings, als eingesparte Rekrutierungs- und Einarbeitungskosten im Vergleich zur Einstellung eines schon Ausgebildeten und als Bewertung des unterstellten Imagegewinns erfasst. Die Nettokosten der Ausbildung eines Maurers wurden in der genannten Erhebung mit ungefähr 4.500 Euro pro Jahr, insgesamt also 13.500 Euro ermittelt.

Wenn eine falsche Einstellungsentscheidung getroffen und der Auszubildende nach der Probezeit bis zum Ausbildungsende weiterbeschäftigt wurde, stiftet dieser Lehrling im Extremfall nicht nur keinen Nutzen, sondern verursacht erheblich mehr Aufwand und Kosten als ein durchschnittlicher Auszubildender. Dann hat das Unternehmen nicht nur einen Brutto-, sondern auch einen Nettoaufwand von 36.000 Euro. Die falsche Entscheidung hat also mindestens 22.500 Euro gekostet. Dabei ist berücksichtigt, dass eine in der Praxis immer irgendwie bewirkbare produktive Leistung eines Lehrlings durch den überdurchschnittlichen Betreuungs-

bzw. Aufsichtsaufwand, speziell bei einer Verlängerung der Ausbildungszeit, aufgezehrt wird.

Die Relevanz dieses Beispiels wird besonders deutlich, wenn man die Vertragsauflösungsquoten für verschiedene Berufsausbildungen betrachtet. So weist der Berufsbildungsbericht 2012 aus, dass von den im Jahr 2008 neu begonnenen Ausbildungsverhältnissen innerhalb von 24 Monaten nach Beginn der Berufsausbildung in den Bauberufen etwa jeder fünfte Vertrag aufgelöst wurde. In den Ernährungsberufen war es sogar jeder dritte. Bei Auszubildenden ohne Hauptschulabschluss betrug diese Quote für Bauberufe 31,9%. Zum Vergleich und als Aufforderung zur Aufmerksamkeit seien noch die extrem hohen Werte für Auszubildende genannt, die „sonstige oder nicht zuordenbare Abschlüsse" aufwiesen. In den Bauberufen betrug die Auflösungsquote 41,7%, in den Ernährungsberufen gar 70,5% (Berufsbildungsbericht 2012, S. 284).

3 Anforderungen an Personalauswahlverfahren

3.1 Unterschiedliche Perspektiven

Wie zuvor beschrieben, handelt es sich bei der Personalauswahl um einen Prozess, in dem Personen und Arbeitsplätze abgeglichen und ggf. aufeinander abgestimmt werden. Dabei ist es entscheidend, jene Personen zu identifizieren, die die jeweilige Aufgabe möglichst erfolgreich erfüllen und damit einen hohen Beitrag zum Erfolg des Unternehmens leisten (vgl. Kap. 2). Diese Sichtweise legt nahe, dass es in erster Linie um die Perspektive des Arbeitgebers geht, und sie unterstellt, der Arbeitgeber könne den am besten geeigneten Bewerber dem Arbeitsplatz zuweisen. Diese Sicht greift zu kurz, denn natürlich muss auch die Perspektive des Bewerbers berücksichtigt werden, der häufig die Wahl zwischen mehreren Arbeitgebern bzw. verschiedenen Arbeitsplätzen hat. Der Arbeitgeber muss also nicht nur ein Auswahlverfahren gestalten, das ihm erlaubt, die am besten geeigneten Bewerber zu identifizieren; er muss auch gleichzeitig damit um diese werben. Die folgenden Ausführungen werden zeigen, dass die Sichtweisen von Arbeitgeber und Bewerbern teilweise gleich sind, sich aber auch in einigen Punkten deutlich unterscheiden.

3.2 Die Sichtweise des Arbeitgebers

3.2.1 Übersicht

Für den Arbeitgeber geht es in erster Linie darum, Mitarbeiter zu gewinnen, die erfolgreich sind. Erfolg bedeutet natürlich Unterschiedliches, je nach Unternehmen, zu besetzender Position und Hierarchieebene. Allgemein lässt sich sagen, dass ein Mitarbeiter einen möglichst hohen leistungsbezogenen Beitrag zum Erfolg des Unternehmens (nach den von der Unternehmensleitung festgelegten Kriterien) beisteuern soll. Wünschenswert ist sein Verbleib im Unternehmen für die Dauer, in der seine Leistung als angemessener Beitrag wahrgenommen wird. Das kann für eine befristete Zeit zutreffen, aber auch langfristig gelten. Um festzustellen, welche Bewerber im Unternehmen (voraussichtlich, Sicherheit gibt es naturgemäß nicht) erfolgreich sein werden, muss man ein Auswahlverfahren gestalten, das die Merkmale von Bewerbern und ihre Leistungen erhebt, aus denen eine Vorhersage auf den beruflichen Erfolg der Bewerber getroffen werden kann. Um dies zu erreichen, gibt es gängige Qualitätsanforderungen an Auswahlverfahren, die im Folgenden beschrieben werden (vgl. Abb. 3.1).

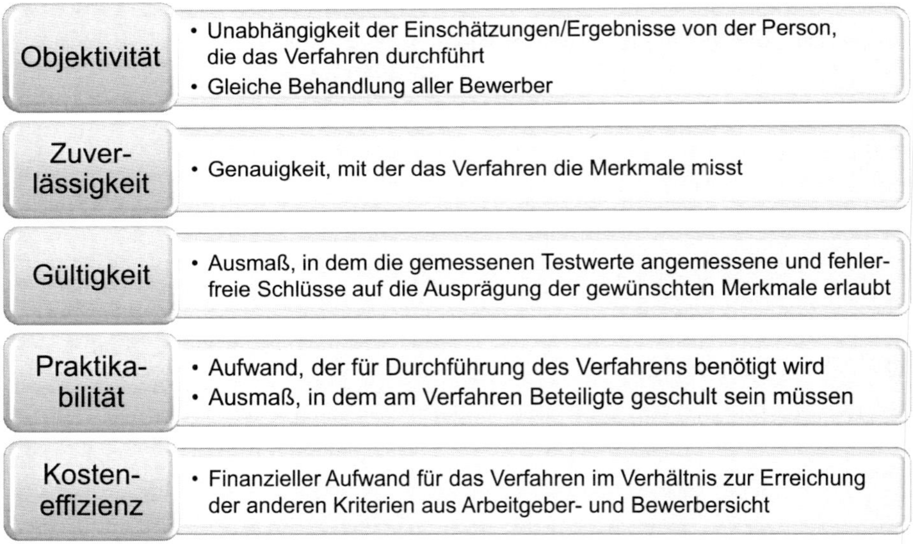

Abb. 3.1: Anforderungen an Auswahlverfahren aus Arbeitgebersicht

3.2.2 Objektivität

Bei jedem Auswahlverfahren ist eine größtmögliche Objektivität anzustreben. Damit ist gemeint, dass die Einschätzung der Merkmale des Bewerbers (Eigenschaften, Verhaltensweisen und Leistungen) nur vom Bewerber selbst abhängt und nicht durch die Person, die die Merkmale erhebt, beeinflusst wird (vgl. Lienert/Raatz, 1994).

So sollte es gleichgültig für die Einschätzung der Eignung eines Bewerbers sein, wer die Bewerbungsunterlagen sichtet und ein Interview oder einen Test durchführt. Unabhängig davon, ob beispielsweise das Anschreiben und der Lebenslauf vom Fachvorgesetzten der zu besetzenden Stelle, vom Unternehmenseigner oder einem administrativen Mitarbeiter gelesen werden, müsste die Einschätzung des Bewerbers gleich lauten. Das gilt natürlich ebenso für alle anderen Bestandteile des Auswahlverfahrens, wie beispielsweise die Durchführung und Auswertung eines Rechentests, eines Diktats oder die Interpretation der Antworten auf Interviewfragen. Das bedeutet nicht nur, dass alle Personen, die an der Personalauswahl beteiligt sind, den gleichen Urteilsmaßstab anlegen müssen. Es heißt außerdem, dass alle Personen Urteile vermeiden müssen, die durch Sympathie für den Bewerber oder individuelle Launen aufgrund der aktuellen Tagesform beeinflusst sind.

Objektiv auswählen bedeutet, dass für die Auswahl nur die Ziele der Einstellung maßgebend sind und nicht sachfremde Überlegungen. Es wird die am besten geeignete Person gesucht und nicht eine, die z.B. die gleiche Schule besucht hat wie der Inhaber des Geschäfts. Das Verfahren wäre nicht objektiv, wenn eine Bewerberin nur abgelehnt wird, weil sie so ähnlich aussieht wie eine, mit der der Personalleiter einmal schlechte Erfahrungen gemacht hat. Die Forderung nach Objektivität von Auswahlverfahren bezieht sich auf Inhalt, Durchführung, Auswertung und Interpretation. Daraus ergibt sich, dass alle Bewerber für eine Stelle hinsichtlich derselben Merkmale und mit demselben Verfahren getestet werden sollten. In Bezug auf ein Interview heißt das, allen Bewerber die gleichen Fragen zu stellen. Bei einem Test müssten beispielsweise Zeitvorgabe und Art der zugelassenen Bearbeitung (z.B. mit Hilfsmitteln) für alle Bewerber gleich sein. Aber nicht nur die Datenerhebung (Sichtung der Bewerbungsunterlagen und Durchführung von Test und Interview) muss objektiv sein, auch die Bewertung der Daten und die Schlüsse, die aus ihnen bzgl. der Eignung des Bewerbers für die Stelle gezogen werden, dürfen nicht von der bewertenden Person abhängen.

Die einheitliche (objektive) Durchführung der Auswahlverfahren für alle Bewerber und durch alle unternehmensseitig beteiligten Personen wird als Standardisierung bezeichnet.

Aus der bisherigen Beschreibung ist sicherlich deutlich geworden, dass eine Forderung nach hundertprozentiger Objektivität unrealistisch ist. Es kann nicht davon ausgegangen werden, dass es einem Interviewer gelingt, alle Bewerber in exakt derselben Art und Weise zu behandeln, immer den identischen Wortlaut und Tonfall, unterstützt durch immer dieselbe Mimik und Gestik, zu verwenden. Noch unrealistischer erscheint die Vorstellung, dass verschiedene Interviewer sich in exakt gleicher Weise verhalten. Dennoch lassen sich aus dem Streben nach Objektivität Maßnahmen ableiten, die hinreichend zielführend sind. Sie sind in Abbildung 3.2 im Überblick dargestellt.

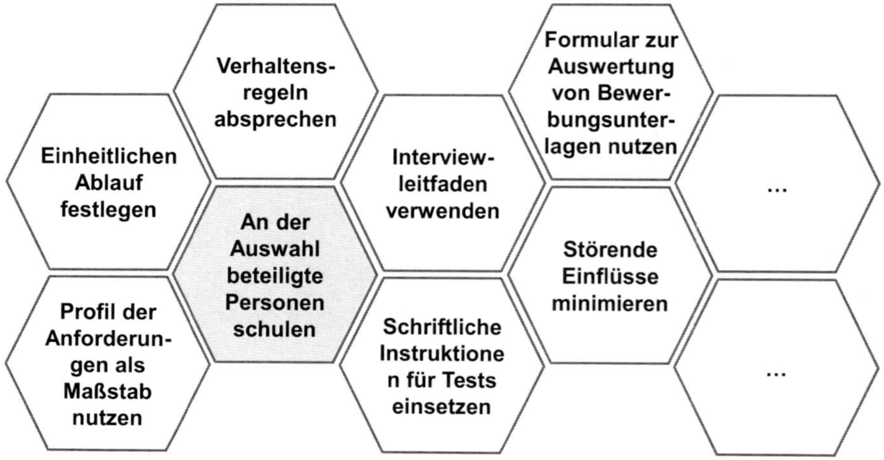

Abb. 3.2: Maßnahmen zur Erhöhung der Objektivität von Auswahlverfahren

Die Maßnahmen sind folgendermaßen zu verstehen. Grundsätzlich sollten alle an der Bewerberauswahl beteiligten Personen geschult werden. Der einheitliche Ablauf bezieht sich auf die für alle Bewerber gleiche Weise der Durchführung aller notwendigen Schritte. Die am Auswahlprozess Beteiligten sind mit dem Anforderungsprofil vertraut. Sie kennen potenzielle störende Einflüsse und wissen, wie diese möglichst gering gehalten werden können. Außerdem haben sie abgesprochen, wie sie sich prinzipiell gegenüber Bewerbern verhalten (z.B. in Bezug auf Begrüßung, Small Talk, Unterstützung bei der Beantwortung von Fragen). Die Reihenfolge der Schritte könnte beispielsweise so aussehen, dass immer erst die Bewerbungsunterlagen aller Kandidaten gesichtet und anhand eines Formulars bewertet werden. Anschließend lädt man die in Frage kommenden Bewerber zum Vorstellungsgespräch ein, das anhand eines Leitfadens geführt wird, der den Ablauf strukturiert und festlegt, welche Fragen allen Bewerbern auf jeden Fall gestellt werden sollen. Danach durchlaufen alle Bewerber den gleichen Test, der standardisiert nach den für alle Teilnehmer geltenden Instruktionen durchgeführt und ausgewertet wird. Erst nach Beendigung von Interview und Test werden die Ergebnisse beider Verfahren nach einheitlichem Schema ausgewertet und interpretiert. In jeder Phase wird darauf geachtet, dass keine Störungen auftreten, z.B. durch Telefonate oder Unterbrechungen durch andere Termine oder durch das Fehlen von Testmaterial. Gleichzeitig soll sichergestellt werden, dass das Verfahren in einer angenehmen Atmosphäre abläuft, die es den Bewerbern ermöglicht, ihre Leistungen und ihr Potenzial voll zu zeigen. Muster für die Standardisierung einzelner Verfahrensschritte, z.B. ein Formular zur Auswertung der Bewerbungsunterlagen und ein Interviewleitfaden, werden bei der Darstellung der jeweiligen Verfahren in Kapitel 5 vorgestellt.

3.2.3 Zuverlässigkeit

> Zuverlässigkeit, Genauigkeit oder auch Reliabilität, eines Verfahrens ist gegeben, wenn die damit ermittelten Testwerte frei von zufälligen Messfehlern sind (Moosbrugger/Kelava, 2012). Das heißt, unabhängig von Raum und Zeit müssen verschiedene Durchführende bei denselben Bewerbern mit ihm stets zum gleichen Ergebnis kommen.

Bei eingeschränkter Zuverlässigkeit können die bei einem Bewerber gemessenen Merkmalsausprägungen von seinen tatsächlichen abweichen. Die Messung ist demnach durch Messfehler verfälscht. Für die Personalauswahl sind zwei Formen der Zuverlässigkeit von besonderer Bedeutung: die Messwiederholungszuverlässigkeit, mit der die Stabilität des Messwerts ermittelt wird, und die Urteilerübereinstimmung. Eine Voraussetzung für beiden Formen der Zuverlässigkeit ist die oben beschriebene Objektivität. Wenn man sich vorstellt, das gleiche Verfahren würde mit demselben Bewerber in geringem Zeitabstand, z.B. nach vier Wochen, wiederholt werden, dann zeigt sich eine hohe Zuverlässigkeit des Verfahrens darin, dass zu beiden Zeitpunkten die Bewertung der Eignung des Bewerbers gleich ist. Dies setzt natürlich voraus, dass das Verfahren nicht für Übungseffekte anfällig ist und sich der Bewerber nicht in so kurzer Zeit so stark verändern kann, dass unterschiedliche Ergebnisse zwischen erstem und zweitem Messzeitpunkt auf tatsächlichen Veränderungen des Bewerbers beruhen. So sollte ein Test, der z.B. die Englischkenntnisse von Bewerbern prüft, bei der wiederholten Durchführung im Abstand von ein paar Wochen annähernd identische Punktwerte ergeben. Hingegen kann man sich vorstellen, dass ein Bewerber, der im Interview mit einer nicht vorhergesehenen und außergewöhnlichen Frage überrascht wurde und diese ungünstig beantwortet hat, beim nächsten Mal auf die Frage vorbereitet ist und vorteilhaft reagiert, sodass er günstiger bewertet wird.

Bei der Durchführung von Tests, in denen z.B. die Korrektheit der Lösung von Mathematikaufgaben bewertet und die erreichten Punkte zusammengezählt werden müssen, ist eine hohe Urteilerübereinstimmung leichter zu erreichen als bei Interviews. Bei letzteren muss sichergestellt werden, dass gleiche Antworten von Bewerbern auch gleich interpretiert werden. Eine geringe Urteilerübereinstimmung ist z.B. dann gegeben, wenn ein Bewerber seine Schwächen mit „Risikofreude" und „Ungeduld" angibt und ein Interviewpartner das als hervorragende Eigenschaften wertet, die auf hohe Motivation, Zielstrebigkeit und Engagement hinweisen, während ein anderer Interviewpartner sie als zu geringes Maß an Gewissenhaftigkeit und Teamfähigkeit interpretiert. Dieses Beispiel zeigt deutlich, wie wichtig eine Schulung der am Auswahlprozess beteiligten Personen ist, die darauf abzielt, einheitliche Bewertungsmaßstäbe zu entwickeln (vgl. auch Melchers/Kleinmann, 2007).

Eine Maßnahme zur Erhöhung der Zuverlässigkeit von Verfahren kann auch darin bestehen, die Fragen des Interviewleitfadens möglichst eindeutig zu formulieren und normalerweise zu erwartende Antworten im Vorhinein anhand des Anforderungsprofils zu bewerten. Es sollten auch nur Tests verwendet werden, deren Genauigkeit überprüft ist. Ferner gehört zur Gewährleistung von Zuverlässigkeit, nur Merkmale zu messen, deren Ausprägung sich nicht in kurzer Zeit durch Übung oder natürliche Einflüsse verändert. In diesem Fall würde sich der Aufwand zu ihrer Erhebung nicht lohnen, weil aus ihnen keine Vorhersage der beruflichen Bewährung abgeleitet werden könnte.

3.2.4 Gültigkeit

Arten der Gültigkeit

Die Gültigkeit (auch Validität genannt) gilt als wichtigstes Gütekriterium für ein Testverfahren (Bortz/Döring, 2006). Vereinfacht ausgedrückt gibt die Gültigkeit eines Verfahrens an, inwiefern es misst, was es messen soll. Wenn die erhobenen Daten nicht erlauben, den beruflichen Erfolg der Bewerber angemessen vorherzusagen, weil sie gar nicht die mit Berufserfolg in Zusammenhang stehenden Merkmale messen, dann sind auch alle anderen weiter oben angestellten Überlegungen zu Objektivität und Zuverlässigkeit überflüssig.

Die Vorhersage des Ausmaßes, in dem sich ein Bewerber auf der zu besetzenden Stelle bewähren wird, hat im Zusammenhang mit der Gültigkeit von Auswahlverfahren einen besonderen Stellenwert (Höft, 2007). Beispielhaft dargestellt heißt das: Wenn die Leistungen in einem Englischtest zwar für alle Bewerber objektiv und zuverlässig erhoben werden können, aber Englischkenntnisse gar nicht entscheidend für die berufliche Bewährung sind, dann ist ein Test der Englischkenntnisse sinnlos.

Das Beispiel weist darauf hin, wie wichtig es ist, im Vorfeld jeder Auswahl gewissenhaft ein Anforderungsprofil für die zu besetzende Stelle zu entwickeln und Verfahren auszuwählen oder zu gestalten, mit denen die spezifizierten Merkmale zuverlässig gemessen werden können. Der Idealfall, die hundertprozentige Vorhersage von beruflichem Erfolg, ist in der Praxis nicht möglich. Eine Annäherung an dieses Ziel könnte durch Probearbeiten erreicht werden. Probearbeiten bedeutet, dass Bewerber für eine gewisse Zeit (mehrere Tage oder sogar Wochen) im Betrieb mitarbeiten und sich so im Alltag bewähren müssen. Allerdings ist selbst auf diese Weise nicht gewährleistet, dass in jedem Fall alle für die Tätigkeit relevanten Aufgaben (Critical Incidents) in diesem Beobachtungszeitraum anfallen. Diese Vorgehensweise ist außer bei Berufsanfängern, die häufig arbeitssuchend sind und aktuell keine Erwerbstätigkeit ausüben, kaum realisierbar. Ein erfahrener Facharbeiter, der sich schon in einer Anstellung befindet, wäre kaum bereit, sich von dieser Urlaub zu nehmen, um probeweise in einem anderen Unternehmen zu arbeiten und erst nach Tagen oder Wochen zu erfahren, ob er den Arbeitsplatz tatsächlich angeboten bekommt.

Aber auch im Rahmen eines abstrakteren Auswahlverfahrens ist es möglich, die berufliche Leistung bzw. Leistungsfähigkeit eines Bewerbers im Hinblick auf die zu besetzende Position wenigstens annäherungsweise zu erfassen. Dazu muss aber immer eine Auswahl getroffen werden (vgl. Abb. 3.3). Diese Auswahl basiert auf einer sorgfältig durchgeführten Arbeits- und Anforderungsanalyse und resultiert im Anforderungsprofil (vgl. Kap. 4). Unter Berücksichtigung dieses Profils sind Auswahlmethoden zu wählen oder zu entwickeln, die die im Anforderungsprofil spezifizierten Merkmale tatsächlich auch messen. Dabei muss man sich bewusst sein, dass viele Messungen nicht nur das gewünschte Merkmal erfassen, sondern unter Umständen auch für die Berufsleistung irrelevante Anteile. Wird beispielsweise mit einer

Gruppe von Bewerbern eine Gruppendiskussion durchgeführt, in der das Merkmal Teamorientierung gemessen werden soll, kann die geringe Beteiligung eines Bewerbers, die auf seiner Schüchternheit beruht, welche für Teamorientierung aber unerheblich ist, zu der Einschätzung führen, das berufsrelevante Merkmal sei gering ausgeprägt.

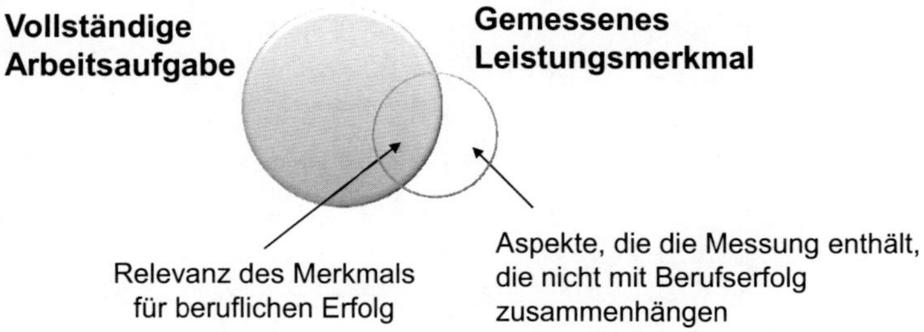

Abb. 3.3: Personalauswahlverfahren verwenden immer nur Indikatoren, die eine Vorhersage auf die Berufsleistung erlauben, sie können nie die Berufsleistung direkt und vollständig erfassen

Verschiedene Maßnahmen sind geeignet, die Gültigkeit von Auswahlverfahren zu erhöhen. Neben der bereits erläuterten Bedingung, dass die erhobenen Merkmale eine Vorhersage auf den beruflichen Erfolg ermöglichen (Kriteriumsvalidität), muss auch darauf geachtet werden, dass ausreichend viele Merkmale erhoben werden, um die Arbeitsaufgabe möglichst vollständig abzubilden (Repräsentativität bzw. Inhaltsvalidität). Dabei muss sichergestellt werden, dass ein vorgesehenes Verfahren dahingehend wissenschaftlich überprüft ist, auch tatsächlich die Merkmale zu messen, die es messen soll. Das bedeutet, es besitzt Konstruktvalidität (vgl. Kap. 5.6 Testverfahren). Die Gültigkeit kann außerdem erhöht werden, indem mehrere Verfahren miteinander kombiniert werden. Sie ist aber auch nur eine notwendige Bedingung für eine gute Bewerberauswahl und allein nicht hinreichend. Außerdem müssen Objektivität und Zuverlässigkeit gegeben sein, die aber ebenfalls nur notwendige und noch nicht hinreichende Bedingungen darstellen. Erst zusammen sind sie notwendig und hinreichend. Beispielsweise lässt sich die Körperhöhe sehr leicht objektiv und zuverlässig messen, sie steht aber nur bei wenigen Berufen in Zusammenhang mit Erfolg. Andererseits gilt: Kundenorientierung steht zwar nachgewiesener Maßen in Zusammenhang mit Vertriebserfolg; diese Erkenntnis nützt aber wenig, wenn nicht bekannt ist, wie Kundenorientierung zuverlässig gemessen werden kann.

Typische versus maximale Leistung

Um die Leistung eines Bewerbers vorhersagen zu können, muss man in der Anforderungsanalyse nicht nur die Leistung selbst beschreiben können, sondern auch wissen, wovon die Leistung eines Mitarbeiters abhängt. Leistung wird im Allgemeinen beschrieben als eine Multiplikation der Fähigkeiten und der Motivation der Person sowie der Gelegenheit zur Leistung, der Situation, (vgl. Abb. 3.4). Die multiplikative Verknüpfung bedeutet, dass keine Leistung resultiert, wenn eine der drei Komponenten null, d.h. nicht vorhanden, ist. Vereinfacht ausgedrückt: Wenn jemand nicht kann, ist es gleichgültig, ob er will und darf. Ebenso nützt es dem Unternehmen nichts, wenn der Mitarbeiter zwar kann und darf, aber nicht will. Während der Arbeitgeber für das „Dürfen", also die Sicherstellung angemessener Arbeitsbedingungen, zuständig ist, muss im Auswahlverfahren das „Können" und das „Wollen" von Bewerbern überprüft werden.

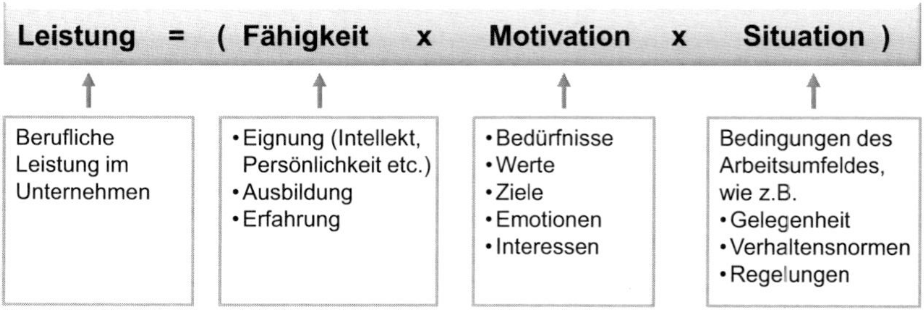

Abb. 3.4: Einflussfaktoren auf die Arbeitsleistung (Darstellung in Anlehnung an Lohaus/Schuler, 2013)

Das Können, d.h. die Fähigkeiten von Bewerbern, lässt sich in Auswahlverfahren an der Leistungsobergrenze testen, wenn nur genügend schwere Aufgaben eingebaut werden. Das Auswahlverfahren gibt also Ausschluss über die maximale Leistung. Deutlich wird das an folgendem Beispiel: Wenn ein Bewerber an der ausgeschriebenen Stelle interessiert ist, wird er in einem fachlichen Kenntnistest versuchen, so viele Fragen wie möglich richtig zu beantworten. Er wird nicht absichtlich seine Leistung zurückhalten, um dem potenziellen Arbeitgeber einen falschen, nämlich geringeren, Eindruck von seiner Leistungsfähigkeit zu vermitteln. Eine falsch beantwortete Aufgabe kann demnach als Hinweis darauf gewertet werden, dass die befragte Person die für eine richtige Antwort notwendigen Kenntnisse nicht besitzt.

> Die Schwierigkeit bei Auswahlverfahren besteht viel eher darin, herauszufinden, wie sich jemand im Arbeitsalltag verhalten wird, d.h., unter welchen Bedingungen er Leistung erbringt bzw. was seine typische Leistung ist. Während die Leistungsobergrenze von der Fähigkeit abhängt, wird die typische Leistung durch die Motivation bestimmt.

Wie kann die Motivation jedoch zuverlässig erfasst werden? Sie lässt sich als Bedürfnisse und Interessen der Bewerber verstehen und bestimmt, ob und wie sehr sich jemand bei der Bearbeitung einer Aufgabe anstrengt und wie ausdauernd er daran arbeitet (vgl. Klehe/Kleinmann, 2007). Bewerber, die an der ausgeschriebenen Stelle interessiert sind, werden während des Auswahlverfahrens hoch motiviert sein, d.h., sie zeigen sich nicht nur an ihrer Leistungs-, sondern auch an ihrer Motivationsobergrenze. Konkret bedeutet das: Mit gängigen Auswahlverfahren können die Leistungsobergrenze und die Motivationsobergrenze erfasst werden, wir erhalten aber nur bedingt Auskunft darüber, wie sich jemand im Arbeitsalltag verhalten wird. Bei der Gestaltung von Auswahlverfahren muss deshalb explizit darauf geachtet werden, die Bedingungen zu berücksichtigen, unter denen Bewerber normale Leistungen erbringen. Das kann einerseits über Persönlichkeitstests realisiert werden, die Präferenzen und typische Verhaltensweisen erfassen, aber auch über Fragen im Interview, die auf die Spezifizierung der vom Bewerber gewünschten Arbeitsbedingungen abzielen. Vereinfacht ausgedrückt: Man sollte im Interview nicht direkt fragen, ob jemand bereit ist, pro Monat eine bestimmte Anzahl oder ganz generell Überstunden zu machen. Mit einer solchen Frage würde man an der Motivationsobergrenze testen und sehr wahrscheinlich ein „ja" zu hören bekommen. Stattdessen würde gefragt werden, unter welchen Bedingungen der Bewerber bereit wäre, Überstunden zu leisten, und wie viele. Hier muss sich der Bewerber festlegen. Er kann sich nicht an dem orientieren, was der potenzielle Arbeitgeber erwartet, denn das wurde in der Frage gar nicht preisgegeben, sondern muss seinen eigenen Maßstab offenbaren.

3.2.5 Praktikabilität

> Bei der Entwicklung von Auswahlverfahren sollte darauf geachtet werden, sie praktikabel zu gestalten. Damit ist gemeint, dass sie mit vertretbarem Aufwand im Hinblick auf vorheriges Training, Materialien, Geräte und Räume durchführbar sind (vgl. Weuster, 2008).

Auch wenn die Kosten eines Auswahlverfahrens keine Rolle spielten und jeder Aufwand finanziert werden könnte, gibt es (psychologische) Grenzen der Einsehbarkeit. Diese Grenzen erscheinen überschritten, wenn z.B. die auswählende Person vor jedem Einsatz in größerem Zeitabstand komplett neu und aufwändig geschult werden muss. Das gilt auch, wenn immer eine so aufwändige Apparatur notwendig wäre, dass deren Aufbau mit erheblichen Störungen der Belegschaft einherginge. Als weiteres Beispiel könnte dienen, einen Schreiner als Beleg für seine Eignung eine umfangreiche Arbeitsprobe, etwa eine Schrankwand, anfertigen zu lassen. Aus dem Gesagten wird deutlich, dass sich Praktikabilität auf den vertretbaren Einsatz von Ressourcen für die Eignungsdiagnostik bezieht.

3.2.6 Kosteneffizienz

> Ob ein Auswahlverfahren billig oder teuer ist kann nur unter Einbeziehung des Nutzens einer Einstellung beurteilt werden. Man kann aber in jedem Fall auf die Effizienz (günstigster Ressourceneinsatz, um ein Ziel zu erreichen) der Bewerberauswahl achten, indem man insbesondere die Arbeitsmarktbedingungen und die Merkmale der Tätigkeit berücksichtigt.

Arbeitsmarktbedingungen

Gibt es viele Arbeitssuchende, von denen eine große Anzahl prinzipiell für die Tätigkeit geeignet ist (also eine hohe Basisrate der Eignung unter den Bewerbern vorliegt), dann lohnt es sich nicht, ein zeit- und kostenintensives

Verfahren einzusetzen. Bei einer an 100% grenzenden Basisrate, wie das z.B. für eine einfache Tätigkeit am Fließband unterstellt werden kann, ist selbst bei einer zufälligen Auswahl die Erfolgswahrscheinlich sehr hoch (nämlich exakt so hoch wie die Basisrate, die wir allerdings in der Praxis normalerweise nicht kennen). Wenn beispielsweise eine Aushilfe gesucht wird, die in Zeiten einer Auftragsspitze einfache Tätigkeiten, wie das Anreichen von Werkzeugen und Arbeitsmaterialien, übernehmen soll, wäre unter diesen Bedingungen eine aufwändige Eignungsprüfung überflüssig. Das heißt natürlich nicht, dass ganz auf die Einschätzung von Merkmalen, wie z.B. Zuverlässigkeit bei Prospektausträgern, verzichtet werden kann. Die Arbeitsmarktsituation beeinflusst auch das sog. Selektionsverhältnis. Damit ist das Verhältnis von Bewerbern zu den zu besetzenden Stellen gemeint. Wenn in einem Unternehmen zwei (gleiche) Stellen zu besetzen sind und es nur zwei Bewerber gibt, lohnt sich ein Auswahlverfahren nicht. Anders liegt der Fall natürlich, wenn es sich das Unternehmen leisten kann, eine Position oder gar beiden Stellen unbesetzt zu lassen.

Merkmale der Tätigkeit

Alle Tätigkeitsbestandteile der zu besetzenden Stelle, die rasch und unkompliziert zu erlernen sind, sollten nicht Gegenstand des Auswahlverfahrens sein. Für sie lohnt sich der Aufwand des Testens nicht. Außerdem könnte ein falscher Eindruck entstehen: Dann nämlich, wenn ein Bewerber eine ähnliche Tätigkeit schon einmal ausgeübt hat und sie deshalb besser erledigt als ein darin ungeübter anderer Bewerber. Der zweitgenannte Bewerber würde sie aber unter Umständen in der täglichen Arbeitssituation auch nach ein oder zwei Tagen beherrschen und dann ggf. deutlich effizienter erledigen.

Ein aufwändiges Testverfahren lohnt ebenfalls nicht, wenn sich die Arbeitsinhalte der zu besetzenden Stelle schnell ändern. Die Überprüfung, ob ein Bewerber derzeit die Kenntnisse für die Ausübung der Tätigkeit besitzt, erlaubt dann keine Vorhersage auf Kenntnisse in Bezug auf neue Tätigkeiten. In einem solchen Fall sollte das Auswahlverfahren also nicht derzeitig benötigte Kenntnisse und Fertigkeiten abprüfen, sondern besser die Fähigkeit des Bewerbers, neue Tätigkeitsinhalte zu lernen (d.h. seine Lernfähigkeit).

Kosten und ökonomischer Nutzen

Da Personalauswahlverfahren als Investitionen gesehen werden können, die mit anderen Investitionen des Unternehmens konkurrieren, gehört zur Gestaltung eines Auswahlverfahrens auch, den finanziellen Aufwand zu ermitteln und zu optimieren. Wenn die gewünschten Charaktereigenschaften von Bewerbern in einem halbstündigen Test mit fünf Bewerbern gleichzeitig überprüft werden können und der Test je Person 20 Euro kostet, dann sind die Kosten des Verfahrens mit 100 Euro für das Material und den Personalkosten für die durchführende (Verwaltungs-)Kraft deutlich geringer, als wenn ein Meister mit allen fünf Kandidaten jeweils ein 90-minütiges Interview führt. Leider ist die Ermittlung des Nutzens selten so einfach. Die statistisch ermittelte Gültigkeit eines Verfahrens reicht dazu nicht aus, es müssen zumindest die Basisrate und die Selektionsquote mitbeachtet werden. Denn wenn die Basisrate Null oder Hundert beträgt (kein Bewerber bzw. alle Bewerber ist/sind geeignet) kann der Einsatz eines noch so validen Verfahrens keine Nutzensteigerung bringen. Das gilt in gleicher Weise bei einer Selektionsquote von Eins, d.h., wenn alle Bewerber eingestellt werden müssen (Görlich/Schuler, 2006).

In besonders günstigen Situationen lässt sich auch der monetäre Nutzen eines Verfahrens berechnen. Das soll an einem Beispiel gezeigt werden (Gosslar/Lindstam, 1999).

Fallbeispiel: Berechnung des monetären Nutzens eines Auswahlverfahrens

Ein deutscher Hersteller von Bauelementen hatte regelmäßig Positionen für Außendienstmitarbeiter zu besetzen. In der geschilderten Studie wurden zwei Auswahlverfahren bzgl. ihres finanziellen Nutzens miteinander verglichen: In Variante 1 wurden die Bewerber mit Hilfe eines Interviews ausgewählt. Bei Variante 2 wurden zusätzlich Tests durchgeführt, in denen Intelligenz, Persönlichkeit und Aufmerksamkeit der Bewerber gemessen wurden. Auf der Grundlage beider Varianten wurden Mitarbeiter eingestellt. Deren berufliche Leistung wurde nach einem festgelegten Zeitraum in Form des von ihnen erwirtschaften Deckungsbeitrags II (Produktumsatz – Produktkosten) erhoben. Bei den Außendienstmitarbeitern, die über Variante zwei ausgewählt wurden, zeigte sich, dass der Deckungsbeitrag umso höher war, je besser sie im Test abgeschnitten hatten. Der Vergleich der nach Variante 1 und 2 ausgewählten Mitarbeiter erbrachte, dass der Erfolgsbeitrag (die Leistung) der mit Tests ausgewählten Mitarbeiter auf das Jahr gerechnet um mehr als 50.000 DM höher lag als bei den Mitarbeitern, die lediglich über das Interview ausgewählt wurden. Der Gesamtnutzen (Vorteil) des Verfahrens mit Test belief sich nach Berechnungen der Autoren auf 2 Mio. DM. Außerdem wurde durch den Test festgestellt, dass zwei Merkmale der Persönlichkeit, nämlich die Risikobereitschaft der Bewerber und ihre Antriebsstärke, die beste Vorhersage für den Berufserfolg leisteten.

Die bisher betrachteten Aspekte der Effizienz decken aber nur einen Teil der bei Auswahlverfahren zu beachtenden Kriterien ab. Ein Verfahren kann noch so wirksam sein, die am besten geeigneten Bewerber zu identifizieren, und sich darüber hinaus kostengünstig durchführen lassen, es ist erst dann wirklich effizient, wenn es von den Bewerbern akzeptiert wird und zum Abschluss des Arbeitsvertrags führt.

3.3 Die Sichtweise von Bewerbern

3.3.1 Akzeptanz

Während es seit Jahrzehnten Forschung zu Entscheidungen nach Antritt einer Arbeitsstelle gibt, ist erst in den letzten 20 Jahren verstärkt die Sichtweise von Bewerbern auf die Personalauswahl in den Blick genommen worden (vgl. Weinert, 2004). Dabei können die Organisationswahl und die Arbeitsplatzwahl häufig als zusammengehörige Entscheidungen behandelt werden (vgl. Moser, 2007). Der Schwerpunkt der Forschung richtet sich auf die Frage, wie Bewerber den Auswahlprozess, die eingesetzten Verfahren und die Entscheidungen der Unternehmen einschätzen (vgl. Sackett/Lievens, 2008). Die Akzeptanz von Seiten der Bewerber ist wichtig, weil Bewerber, die sich aus einem Auswahlverfahren zurückziehen (Selbstselektion), für das interessierte Unternehmen verloren sind und der bisherige Rekrutierungsaufwand für sie umsonst gewesen ist.

Sie haben einen schlechteren Eindruck vom Unternehmen als Bewerber, die im Auswahlprozess verbleiben (vgl. Ryan/Sacco/McFarland/Kriska, 2000). Hausknecht und Kollegen (Hausknecht/Day/Thomas, 2004) haben in ihrer Meta-Analyse von Studien mit insgesamt mehr als 48.000 Bewerbern deutliche Hinweise auf die Relevanz der Sichtweise von Bewerbern gefunden. Ihre Daten zeigen, dass Bewerber, die den Auswahlprozess positiv bewerten, auch eine positivere Einstellung gegenüber dem Unternehmen haben und eher in Erwägung ziehen, ein Stellenangebot anzunehmen und anderen das Unternehmen als Arbeitgeber zu empfehlen. Ob der Auswahlprozess positiv bewertet wurde, hing allerdings auch damit zusammen, wie gut die Bewerber in ihrer Selbsteinschätzung und nach Einschätzung des Unternehmens in den Verfahren abgeschnitten hatten.

Natürlich spielt die Akzeptanz speziell dann eine Rolle, wenn Bewerber die Wahl zwischen verschiedenen Arbeitsplätzen (Unternehmen) haben. Das ist typischerweise dann der Fall, wenn ein Arbeitnehmermarkt gegeben ist, d.h., sehr viele Stellen angeboten werden, oder wenn Bewerber sehr leistungsstark sind und viele Unternehmen sie gewinnen wollen. Weiterhin hängt es vom Status des Unternehmens ab, wie Auswahlverfahren akzeptiert werden (Sumanth/Cable, 2011). Sehr attraktive Unternehmen, die eine starke Stellung am Arbeitsmarkt haben, können sich weniger akzeptable Verfahren leisten, ohne dass sie einen starken Rückzug von Bewerbern aus dem Auswahlprozess befürchten müssen. Allerdings haben die Autoren auch gezeigt, dass die Reaktion der Bewerber von ihrem eigenen Status abhängt. Wenn die Bewerber sehr berufserfahren und Experten auf ihrem Gebiet sind, stehen sie Auswahlverfahren im Allgemeinen kritischer gegenüber.

Fallbeispiel: Auswahlverfahren hängen von der Marktposition des Unternehmens ab

Eine große Fluglinie setzte zur Auswahl interner und externer Bewerber je nach Position ein- bis mehrstündige computergestützte Intelligenztests ein. Diese waren zwar deutlich praxisorientierter gestaltet als klassische Intelligenztests (siehe Kap. 5.6.2 mit Abbildungen zu Fragen in Intelligenztests), indem die Fragen eher als Textaufgaben formuliert waren, sie wurden aber für alle Stellenausschreibungen, d.h. auch für Managementpositionen eingesetzt. Normalerweise müsste damit gerechnet werden, dass viele Bewerber mit langjähriger erfolgreicher Tätigkeit im selben oder in anderen Unternehmen ein solches Auswahlverfahren anlehnen, aber die Jobs bei diesem Unternehmen waren so begehrt, dass alle Bewerber das Verfahren akzeptierten. Für die Fluglinie war das ein enormer Vorteil am Arbeitsmarkt, da Intelligenztests das Auswahlinstrument sind, das im Allgemeinen die beste Vorhersage auf Berufserfolg leistet.

Für mittelständische Unternehmen gilt typischerweise, dass sie als Unternehmen, als Arbeitgeber und mit ihren Produkten und Dienstleistungen weniger bekannt sind als große. Diese Faktoren sind zentral für ihre von Bewerbern wahrgenommene Attraktivität als Arbeitgeber (vgl. Collins, 2007; Highhouse/Broadfoot/Yugo/Devendorf, 2009). Das bedeutet, mittelständische Unternehmen – von Ausnahmen abgesehen – werden normalerweise als weniger attraktiv eingeschätzt als große. Sie haben dadurch auch keine sehr starke Position am Arbeitsmarkt und erhalten häufig lediglich aus dem näheren Einzugsgebiet Bewerbungen. Es ist für sie demnach besonders schwierig, kompetente Bewerber zu gewinnen. Ein Auswahlprozess, der von Anfang an die Akzeptanz vieler Bewerber findet, kann deshalb einen wichtigen Beitrag zur Gewinnung guter Mitarbeiter leisten.

Im Folgenden werden die wesentlichen Faktoren dargestellt, die die Akzeptanz von Bewerbungsverfahren beeinflussen. Abbildung 3.5 stellt die Zusammenhänge etwas vereinfacht dar. Tatsächlich gibt es gegenseitige Einflüsse der Determinanten, indem z.B. sowohl der wahrgenommene Bezug des Auswahlverfahrens zur späteren Tätigkeit als auch seine unterstellte Eignung, die spätere Berufsleistung vorherzusagen (d.h. die Gültigkeit), mit der wahrgenommenen Fairness zusammenhängen (Elkins/Philipps, 2000).

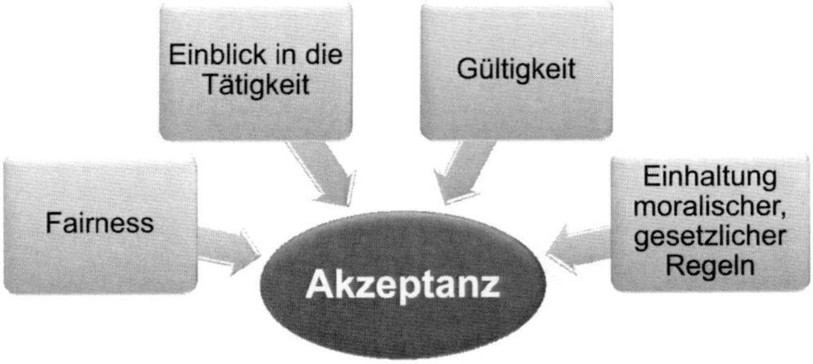

Abb. 3.5: Faktoren, die die Akzeptanz von Bewerbungsprozessen auf Seiten der Bewerber beeinflussen

3.3.2 Faktoren, die die Akzeptanz beeinflussen

Fairness

Die Akzeptanz der Auswahlsituation hängt in starkem Maße davon ab, wie sich die Bewerber während des Auswahlprozesses fühlen bzw. gefühlt haben. Speziell zu der Frage, ob sie sich gerecht und fair behandelt sehen, gibt es einige Erkenntnisse. Sie beziehen sich auf die wahrgenommene Fairness des Auswahlprozesses wie auf die wahrgenommene Gerechtigkeit der Auswahlentscheidung. Die Befunde geben Aufschluss über Gestaltungsmöglichkeiten aller Phasen des Auswahlprozesses.

So hat sich gezeigt, dass Testverfahren positiver eingeschätzt werden, wenn die Bewerber im Vorfeld Informationen darüber erhalten hatten (Truxillo/Bauer/Campion/Paronto, 2002). Bell/Wiechmann/Ryan (2006) konnten zudem zeigen, dass das Maß an erwarteter Fairness die Einschätzung des Auswahlverfahrens beeinflusst. Bewerber mit höherer Gerechtigkeitserwartung empfanden die eingesetzten Verfahren als fairer und waren eher bereit, ein Stellenangebot anzunehmen und das Unternehmen weiterzuempfehlen. Ein sehr wichtiger Faktor scheint auch zu sein, ob die Bewerber den Eindruck hatten, ihr Leistungsvermögen, d.h. ihre Kenntnisse und Fertigkeiten, angemessen darstellen zu können (Schleicher/Venkataramani/Morgeson/Campion, 2006).

Bewerber können wohl auch eine Absage gut akzeptieren und das Unternehmen trotzdem weiterhin positiv sehen, wenn sie die Auswahlentscheidung als gerecht wahrnehmen (Schinkel/van Dierendonck/van Vianen/Ryan, 2011). Sie fühlen sich ebenfalls fairer behandelt, wenn ihnen im Absageschreiben eine Begründung für die Entscheidung mitgeteilt wird (Gilliland/Groth/Baker/Dew/Polly/Langdon, 2001). Die Begründung sollte allerdings kein spezifisches negatives Leistungsfeedback enthalten, denn eine solche Rückmeldung wirkt sich negativ auf das Wohlbefinden und das Selbstwertgefühl von Bewerbern aus (Schinkel/van Dierendonck/van Vianen/Ryan, 2011). Diese Autoren fanden auch heraus, dass Bewerber ein Unternehmen als weniger attraktiv bewerten, wenn die Auswahlentscheidung als ungerecht wahrgenommen wurde. Optimistische Bewerber können mit einer Absage besser umgehen als pessimistische und neigen dazu, eine als unfair wahrgenommene Absage eher dem Unternehmen als ihrer eigenen Leistung zuzuschreiben.

Bezug der Auswahlinstrumente zur Tätigkeit und Vorhersage beruflicher Bewährung

Aus der Sicht von Bewerbern ist es wichtig, dass die im Auswahlprozess eingesetzten Verfahren einen deutlichen Bezug zur späteren Tätigkeit aufweisen. Wenn Bewerber bei der Bearbeitung einer Aufgabe diesen Zusammenhang erkennen – unabhängig davon, ob er tatsächlich gegeben ist oder nicht –, steigt ihre Akzeptanz dieses Verfahrens. Man spricht in diesem Zusammenhang von Augenscheinvalidität, da das Verfahren augenscheinlich geeignet ist, das zu erfassen, was späteren Berufserfolg bedingt. Dieser Eindruck kann unterstützt werden, indem Testaufgaben und Fragen in die Beschreibung offensichtlich später relevanter Tätigkeiten eingebettet werden (Blickle, 2011a).

Einblick in die Tätigkeit

> Auswahlverfahren sollten auf jeden Fall so gestaltet werden, dass sie den Bewerbern eine realistische Tätigkeitsvorschau (realistic job preview, Wanous, 1973) bieten. Das verlangt, die Bewerber aufrichtig über die Inhalte und Bedingungen der Tätigkeit zu informieren. Dabei müssen sowohl die positiven als auch die weniger günstigen Aspekte angesprochen werden.

Die Thematisierung der positiven Punkte steigert erwartungsgemäß das Interesse und die Erwartungen der Bewerber, während negative Informationen beides senken. Das hat Vor- und Nachteile. Der Vorteil realistischer, d.h. nicht zu hoher Erwartungen liegt nachweislich darin, dass Bewerber, die die Stelle annehmen, zufriedener sind, eine stärkere Bindung ans Unternehmen erleben und das Unternehmen nicht bald wieder verlassen. Philipps (1998) berichtet zudem von höherer Leistung so informierter späterer Mitarbeiter sowie einer geringeren Anzahl arbeitgeberseitig beendeter Arbeitsverhältnisse. Unter diesem Gesichtspunkt ist es also sehr wünschenswert, Bewerbern die negativen Aspekte einer Stelle nicht vorzuenthalten.

Auf der anderen Seite könnte man vermuten, dass das Ansprechen negativer Punkte gute Bewerber abschreckt, die sich dann aus dem Auswahlprozess zurückziehen (Selbstselektion). Obwohl es in der Forschung wenig Hinweise darauf gibt, dass negative Information tatsächlich zu einer Selbstselektion der Bewerber führt (vgl. Morse/Popovich, 2009), ist es plausibel, dass negative Information beim Vergleich verschiedener Stellenangebote eine Rolle spielt. Da Forschung aber zeigt, dass negativen Informationen ein stärkeres Gewicht im Entscheidungsprozess zukommt als positiven (Bretz/Judge, 1998), hätte ein Unternehmen, das auch negative Aspekte anspricht, einen klaren Nachteil gegenüber Unternehmen, die ein ausschließlich positives Bild der späteren Tätigkeit malen. Werden allerdings falsche Erwartungen geweckt, kann beim späteren Mitarbeiter in der Einarbeitungsphase ein Realitätsschock eintreten, als Folge dessen sich nicht ausreichende Leistungen offenbaren, welche die Rentabilität dieser Personalinvestition gefährden (Becker/Brinkkötter, 2005). Die Gewinnung von Bewerbern durch Vorspiegelung falscher Tatsachen ist also oft ein Pyrrhus-Sieg: Die Bewerber akzeptieren die angebotene Stelle zwar eher, sind aber später unzufrieden und verlassen das Unternehmen mit höherer Wahrscheinlichkeit wieder als Kandidaten, die eine realistischere Vorschau erhalten haben.

Eine neuere Meta-Analyse hat gezeigt, dass sich die realistische Tätigkeitsvorschau auf verschiedene Zielvariablen und Bewerbergruppen unterschiedlich auswirkt (Earnest/Allen/Landis, 2011). Im Hinblick auf die Zielvariable Fluktuation stellten sie fest, dass eine realistische Vorschau zwar die anfänglichen Erwartungen senkt und die wahrgenommene Attraktivität des Unternehmens verringert, aber auch in gewissem Ausmaß die Fluktuation neuer Mitarbeiter reduziert. Bewerber haben größere Klarheit über ihre Arbeitsrolle und nehmen das Unternehmen als ehrlicher wahr. Diese empfundene Ehrlichkeit hatte den stärksten Einfluss auf den Zusammenhang von realistischer Vorschau und Fluktuation. Die Autoren schließen daraus, dass die Hauptrolle der realistischen Tätigkeitsvorschau darin bestehen könnte, Bewerbern einen Eindruck von der Ehrlichkeit des Unternehmens und seiner Fürsorge gegenüber den Mitarbeitern zu vermitteln. Die Autoren fanden darüber hinaus auch einen geringen positiven Effekt im Hinblick auf die Annahme von Stellenangeboten. Bezüglich unterschiedlicher Bewerbergruppen hat sich gezeigt, dass die gerade beschriebenen Effekte stärker sind bei Personen, die ein höheres Ausbildungsniveau haben, und bei Führungskräften im Vergleich zu Bewerbern auf Einstiegspositionen. Zeitlich gesehen scheint es am günstigsten zu sein, die realistische Vorschau kurz vor der Einstellungsentscheidung zu geben; und zwar besser mündlich oder schriftlich und nicht als Videoaufzeichnung. Weniger effektiv ist sie ganz zu Beginn des Rekrutierungsprozesses oder nach der Anstellung.

Einhaltung moralischer und gesetzlicher Rahmenbedingungen

Obgleich es das Ziel jedes Auswahlverfahrens ist, die offene Stelle optimal zu besetzen, heiligt dieser Zweck nicht alle Mittel. Selbst wenn sich ein Arbeitgeber in Bezug auf die Arbeitsmarktlage in der stärkeren Position als der Bewerber befinden sollte, sind moralische Standards im Umgang mit Stelleninteressenten einzuhalten. Dazu gehören zum einen auch die Aspekte, die unter den zuvor thematisierten Anforderungen besprochen wurden, wie z.B. die standardisierte Durchführung, um allen Bewerbern die gleiche Chance einzuräumen, ihre Leistungsfähigkeit zu zeigen, die Schulung der am Auswahlprozess beteiligten Unternehmensvertreter oder die Beschränkung darauf, nur Merkmale zu testen, die auch mit dem Berufserfolg in Verbindung stehen.

DIN-Norm 33430

Ein Teil dieser Anforderungen ist sogar in einer DIN-Norm, der DIN 33430, geregelt. Diese Norm gibt es seit 2002. Der Berufsverband Deutscher Psychologinnen und Psychologen sowie die Deutsche Gesellschaft für Psychologie haben darin Standards für berufsbezogene Eignungsbeurteilungen festgelegt (bdp, 2002). Diese Standards beziehen sich auf Verfahren (also beispielsweise verwendete Tests) sowie das Vorgehen in Auswahlverfahren. Ein Abdruck der Norm findet sich bei Kanning (2004). Die Regelungsbereiche der Norm sind im folgenden Kasten aufgelistet (vgl. Kersting/Püttner, 2006).

Regelungsbereiche der DIN-Norm 33430

1. Planung berufsbezogener Eignungsbeurteilungen
2. Auswahl, Zusammenstellung, Durchführung und Auswertung von Auswahlverfahren
3. Interpretation der erhobenen Daten und Urteilsbildung
4. Anforderungen an die Qualifikation der an der Eignungsbeurteilung beteiligten Personen

Ethisch-moralische Grundsätze

Zum anderen sind aber auch noch darüber hinaus gehende ethisch-moralische Grundsätze zu beachten: Selbstverständliche Forderungen sind die freiwillige Teilnahme der Bewerber an Verfahren des Auswahlprozesses sowie die Beschränkung, darin nur Verhaltensweisen zu erwarten, die allgemein anerkannten ethisch-moralischen Standards und dem normalen Verhalten von Bewerbern entsprechen. Eine Auswahlsituation, in der von Seiten des Unternehmens Druck ausgeübt wird, könnte von Bewerbern, die ihre Chancen auf alternative Stellen gering einschätzen, zunächst zwar akzeptiert werden. Im Nachhinein könnte es aber der Bewerber bedauern, auf eine Aufgabenstellung eingegangen zu sein. Das gilt besonders, wenn ihn die Erfüllung der Aufgabe persönlich bloßstellt oder zu Verhaltensweisen drängt, die er für sich selbst als nicht akzeptabel wahrnimmt. Ein Beispiel für letzteres wäre, einen Bewerber im Rahmen einer als Arbeitsprobe durchgeführten Verhandlung aufzufordern, den Gesprächspartner zu bestechen oder zu erpressen. Im Hinblick auf die Praxis muss allerdings bedacht werden, dass sich die wenigsten Bewerber weigern, an ethisch-moralisch problematischen Auswahlprozeduren teilzunehmen, weil sie befürchten, dadurch vorzeitig aus dem Kreis der Bewerber auszuscheiden. Umso wichtiger ist es, dass sich Unternehmensvertreter korrekt verhalten.

Zu ethisch-moralischen Standards zählt auch der respektvolle Umgang mit Kandidaten. Konkret bedeutet dies, ehrlich zu sein und Bewerber nicht zu täuschen, Informationen und Feedback müssen ernsthaft gegeben werden, ohne zu beschönigen oder persönlich zu verletzen. Es darf nicht in die Privatsphäre von Bewerbern eingedrungen werden (vgl. Weuster 2008). Dabei ist allerdings zu beachten, dass der Auswahlprozess vorübergehend das für menschliche Beziehungen geltende Prinzip der gegenseitigen Offenheit einschränkt: Normalerweise vertrauen wir uns nur in dem Maße jemand anderem an, in dem wir auch persönliche Informationen über ihn erhalten (Ausnahmen sind natürlich Konsultationen bei Ärzten oder Angehörigen anderer heilender Berufe). Diese „Zug-um-Zug-Offenheit" gilt nicht für Auswahlverfahren. Die Interviewer haben die Möglichkeit, sehr viel Persönliches über Bewerber zu erfahren, ohne ihrerseits etwas über sich selbst preisgeben zu müssen. Dieses Ungleichgewicht im „Seelen-Striptease" kann sich in einem späteren Beschäftigungsverhältnis als nachteilig erweisen, wenn sich der Bewerber bzw. spätere Mitarbeiter den vorherigen Interviewpartnern (ggf. der vorgesetzten Person) unterlegen oder von ihnen missbraucht fühlt.

Fallbeispiel: Folgen des Eindringens in die Privatsphäre
Ein Bewerber erhielt eine schriftliche Einladung zu einem Vorstellungsgespräch, in dem ein „biografieorientiertes Interview" angekündigt wurde. Zum vereinbarten Termin wurde der Bewerber vom zukünftigen Vorgesetzen und einer Mitarbeiterin der Personalabteilung begrüßt. Nach kurzem Small Talk begann das eigentliche Interview. Sehr bald wurde der Bewerber nach sehr persönlichen Erfahrungen und Details aus seiner Kindheit gefragt. Beispielsweise sollte er beschreiben, wie im Elternhaus eine Mahlzeit typischerweise ablief, wie er den Erziehungsstil seiner Eltern beschreiben würde, welche Maßnahmen zur Belohnung und Bestrafung

eingesetzt wurden, wo er in der Geschwisterabfolge stehe und wie gut er sich mit seinen Geschwistern verstanden habe.
Da der Bewerber die ausgeschriebene Stelle sehr interessant fand, ließ er sich auf das Gespräch ein und versuchte, die Fragen so gut wie möglich zu beantworten. Er konnte in dieser Situation gut nachvollziehen, dass diese Weise der Befragung dazu geeignet war, seine Arbeitshaltung und sein Wertesystem sehr zuverlässig zu beurteilen.
Erst im Nachhinein fiel ihm auf, wie sehr die Fragen in seine Privatsphäre eingedrungen waren. Ihm wurde bewusst, dass sein potenzieller späterer Chef nun Dinge über ihn wusste, die er normalerweise Arbeitskollegen oder Vorgesetzen nicht erzählen würde. Von diesem Augenblick an war ihm klar, dass er ein Stellenangebot nicht akzeptieren würde.
Er wurde für die darauffolgende Woche zum zweiten Interview eingeladen und nahm den Termin trotzdem wahr, um die für ihn interessanten Informationen zu vertraglichen Bedingungen, wie Arbeitszeit und Entgelt, zu erfahren. Das anschließende Stellenangebot lehnte er jedoch ab, obwohl ihn die Tätigkeit sehr interessiert hätte und er für die Stelle sicher sehr gut geeignet gewesen wäre.

Natürlich müssen Bewerbungen sowie im Auswahlprozess gewonnene Einschätzungen vertraulich gehandhabt werden. Konkret bedeutet das, dass Außenstehenden keine Auskunft zu gewähren ist, ob sich eine bestimmte Person bzw. wer sich beworben hat. Nicht Betroffenen dürfen keine Details der Bewertungen der Leistungen eines Bewerbers im Auswahlprozess oder Begründungen für die Personalentscheidung (speziell im Fall der Ablehnung) mitgeteilt werden. Auch gegenüber Bewerbern besteht keine rechtliche Verpflichtung zur Bekanntgabe der Ergebnisse. Während Bewerber in der Vergangenheit dennoch häufig zumindest ein mündliches Feedback über Eindrücke und Ablehnungsgründe erhalten haben, wird das heutzutage weitgehend vermieden. Diese Haltung ist möglicherweise eine Folge des Allgemeinen Gleichbehandlungsgesetzes. Arbeitgeber befürchten, dass Äußerungen verfälschend ausgelegt und als Grundlage für Klagen wegen Diskriminierung genutzt werden könnten. Um dieses Risiko zu minimieren, wird leider oft gänzlich auf eine Kommentierung der Auswahlentscheidung verzichtet.

Das Allgemeine Gleichbehandlungsgesetz (AGG)

Das allgemeine Gleichbehandlungsgesetz, manchmal fälschlich als Gleichstellungsgesetz und umgangssprachlich als Antidiskriminierungsgesetz bezeichnet, ist seit 2006 in Kraft. Dieses Bundesgesetz soll systematische Benachteiligungen aufgrund personenbezogener Merkmale (die nichts mit der Leistungserbringung zu tun haben), abbauen und vermeiden. Zu den sog. AGG-Merkmalen gehören Geschlecht, Behinderungen, Rasse und ethnische Herkunft, Religionszugehörigkeit und Weltanschauung, Alter und sexuelle Orientierung. Als Konsequenz aus dieser Gesetzgebung ergibt sich beispielsweise die Anforderung, Stellenausschreibungen neutral in Bezug auf alle AGG-Merkmale zu formulieren. Ausnahmen sind möglich, wenn das Merkmal in direkter Beziehung zu beruflichen Anforderungen steht oder wenn es sich um eine positive Maßnahme zum Ausgleich bisher bestehender Nachteile für eine bestimmte Personengruppe handelt (vgl. Huke/Löw, 2011). Auf jeden Fall ist während des gesamten Personalbeschaffungsverfahrens, speziell bei der Erstellung des Anforderungsprofils, der Stellenausschreibung und der Personalauswahl diesbezüglich besondere Sorgfalt geboten (vgl. Barthel/Karboul, 2012). Bereits Indizien können bei Stellenbesetzungsverfahren genutzt werden, um gegen Diskriminierung und damit verbunden auf Einstellung oder Schadenersatz zu klagen. Es obliegt dann dem Arbeitgeber, die Indizien zu widerlegen. Wird aufgrund von Diskriminierung zu wenig Entgelt gezahlt, entsteht ein Nachzahlungsanspruch (vgl. Maulshagen/Höner, 2008).

Der Geltungsbereich des AGG erstreckt sich zwar auf viele Benachteiligungsmöglichkeiten, aber drei Anforderungsbereiche erscheinen unter diesem Gesichtspunkt für KMU besonders beachtenswert: Sprachvoraussetzungen, körperliche Belastungen und Berücksichtigung vorhandener sanitärer Einrichtungen.

Sprachvoraussetzungen

Auch wenn in Deutschland der sichere Umgang mit der deutschen Sprache in jeder beruflichen Situation hilfreich ist, können diesbezügliche Anforderungen, die über das beruflich Notwendige hinausgehen, von nicht Deutschen als Diskriminierung aufgefasst und für Klagen verwendet werden. Allerdings sind auch hier Bedingungen zu beachten. Wenn von einer Reinigungskraft oder einem Bauhelfer sehr gute Deutschkenntnisse in Wort und Schrift „erwartet“ werden, dürften Bewerber, die abgelehnt wurden, weil sie dem nicht entsprechen konnten, gute Klagechancen haben. Dagegen dürfte eine Klage erfolglos bleiben, wenn nur verlangt würde, in Deutsch abgefasste Arbeitsanweisungen zu verstehen (vgl. Huke/Löw, 2011; Stück, 2010).

Körperliche Belastungen

Die Ablehnung einer Bewerberin mit dem Hinweis, sie sei als Frau den mit der Stelle verbundenen körperlichen Belastungen nicht gewachsen, könnte als Diskriminierung gewertet werden. Es kommt diesbezüglich immer auf die individuelle Konstitution im Vergleich zu den tatsächlichen Belastungsanforderungen an. Nach einem Urteil des Landesarbeitsgerichts Köln reicht allein die Anforderung, gelegentlich 50kg-Säcke zu tragen, nicht aus, eine Bewerberin abzulehnen. Auf den gleichen Grundsatz könnte sich auch ein Mann berufen, dem nur nach Augenschein nicht zugetraut wird, dieser Anforderung zu entsprechen (vgl. Finanztipp, o.A.).

Vorhandene sanitäre Einrichtungen

Fehlende Sanitäranlagen bzw. nicht behindertengerechte Einrichtungen rechtfertigen für sich genommen noch nicht die Ablehnung einer Bewerberin oder eines Bewerbers. Die Größe der vorhandenen Räumlichkeiten, die Anzahl der Beschäftigten und nicht zuletzt die Kosten für diskriminierungsfreie Lösungen müssen bei der Beurteilung berücksichtigt werden.

Bei gerichtlich nachgewiesenem Verstoß gegen das Diskriminierungsverbot des AGG können Diskriminierte Schadenersatz verlangen. Es ist offensichtlich, dass dessen Höhe nur sehr schwer objektiv zu bestimmen sein wird. Anhaltspunkte für die Höhe eines eventuell zu leistenden Schadenersatzes mögen den folgenden Beispielen entnommen werden. Darauf, wie bei der Personalauswahl vermieden werden kann, mit dem AGG in Konflikt zu geraten, wird an den praxisrelevanten Stationen des Auswahlprozesses direkt eingegangen.

Fallbeispiele: Schadenersatz wegen Diskriminierung

Beispiel 1 (wörtlich entnommen aus Hassel, 2007, S. 23): „Ein Handwerksmeister hatte gesagt: „Ich nehme grundsätzlich keine Azubinen.“ Es

kam zur Klage wegen geschlechtsbezogener Diskriminierung. Als Entschädigung für den erlittenen Seelenschaden wurden der Klägerin 700 Euro zugesprochen."
Beispiel 2: Die Einstellung einer Bewerberin wurde mit der Begründung abgelehnt, dass die geforderte körperliche Tätigkeit „... von einer weiblichen Angestellten einfach nicht verlangt werden könne." Das Landesarbeitsgericht Köln hielt eine Entschädigung der Bewerberin in Höhe von zwei tariflichen Durchschnittsgehältern für gerechtfertigt (Finanztipp, o.A.).

Mehr Beispiele zur gerichtlichen Einschätzung von angezeigten vermeintlichen Diskriminierungsfällen können der Urteilssammlung Ausgewählte Entscheidungen deutscher Gerichte zum Antidiskriminierungsrecht der Antidiskriminierungsstelle des Bundes entnommen werden (Antidiskriminierungsstelle des Bundes, 2012).

Die Diskriminierung bestimmter Personengruppen und der darauf bezogene Regelungsbedarf hat eine gesellschaftliche Debatte ausgelöst. Ausgehend von den USA, wo man sich bereits früher mit dieser Diskussion beschäftigte, hat das Konzept des Diversity Managements Eingang in unsere Unternehmen gefunden. Dieses Managementkonzept zielt darauf ab, Diskriminierung nicht nur zu vermeiden, sondern die Vielfältigkeit der Belegschaft, die sich aus Unterschieden in den oben genannten Merkmalen ergibt, als Leistungspotenzial und Wettbewerbsvorteil zu nutzen (vgl. Süß/Kleiner, 2006). Beim Diversity Management werden weitere personenbezogene Merkmale einbezogen, wie beispielsweise Beschäftigungsstand (Vollzeit- versus Teilzeitbeschäftigung), Familienstand, Sprache, Nationalität und kulturelle Werthaltungen (vgl. Süß, 2007).

Rechte der Arbeitnehmervertretung

Neben dem AGG kann auch die Mitwirkung des Betriebsrats bei der Personalauswahl zur Einhaltung rechtlicher Standards beitragen. Grundlage dafür ist das Betriebsverfassungsgesetz (BetrVG), das bei mindestens fünf ständigen wahlberechtigten Arbeitnehmern, von denen drei wählbar sein müssen, die Bildung eines Betriebsrats gewährleistet (§ 1). In Betrieben mit 5 bis 20 Beschäftigten besteht der Betriebsrat aus einer Person (§ 9). Das Betriebsverfassungsgesetz sieht im Hinblick auf die Personalauswahl vor, dass der Betriebsrat ein allgemeines Informations- und Beratungsrecht (§ 90) in Bezug auf die Planung von Arbeitsplätzen und Änderungen in Anforderungen an die Arbeitnehmer hat. Er ist (insbesondere) über gegenwärtigen und zukünftigen Personalbedarf zu unterrichten (§92). Der Betriebsrat kann bei Stellenbesetzungen eine interne Ausschreibung verlangen (§93). Wird ein Personalfragebogen (siehe Kap. 5.5) eingesetzt, so ist die Zustimmung des Betriebsrats dafür erforderlich (§ 94). Die Auswahlrichtlinien für Stellenbesetzungen bedürfen ebenfalls der Zustimmung des Betriebsrats; wenn es diesbezüglich zu keiner gemeinsamen Regelung kommt, entscheidet eine Einigungsstelle (§ 95).

Weitere rechtliche Grundlagen

In Deutschland ist die Zulässigkeit von Verfahren zur Eignungsdiagnose bislang nicht verbindlich geregelt (vgl. Kersting/Püttner, 2006). Regelungen ergeben sich aber aus allgemeinen Gesetzen. Einen wichtigen Grundsatz bildet Artikel 1 des Grundgesetzes, der die Würde des Menschen als unantastbar schützt. Daraus ergibt sich für Auswahlverfahren der Anspruch, dass keine Verfahren und Methoden eingesetzt werden dürfen, die für die Bewerber entwürdigend sein könnten. Ebenso ist es unstatthaft, Verfahren einzusetzen, bei denen für Bewerber nicht durchschaubar und damit nicht kontrollierbar ist, welche Informationen sie über sich preisgeben. Weil gleichzeitig aber der Arbeitgeber ein berechtigtes Interesse daran hat, die Eignung eines Bewerbers für eine bei ihm zu besetzende Stelle möglichst zuverlässig zu ermitteln, und weil dafür Informationen über den Bewerber notwendig sind, muss zwischen beiden Anforderungen abgewogen werden. Den Maßstab dafür bilden die Anforderungen an die Tätigkeit. Es obliegt demnach dem Arbeitgeber, die Informationssammlung über den Bewerber auf Anforderungen zu beschränken, die sich aus der Tätigkeit in der Zielposition oder einem Berufsbild ergeben.

Umgekehrt kann ein Bewerber beanspruchen, im Vorfeld über das Auswahlverfahren aufgeklärt zu werden (Art des Tests, Bedeutung der Ergebnisse, vgl. Kersting/Püttner, 2006), so dass er in Kenntnis dessen, worauf er sich einlässt, entscheiden kann, an dem Verfahren teilzunehmen oder nicht.

4 Tätigkeitsanalyse und Anforderungsprofil

4.1 Anforderungsanalyse

4.1.1 Beschreibung und Nutzen

> Die Tätigkeits- und Anforderungsanalyse ist ein Verfahren zur Bestimmung der Kompetenzen und Qualitäten (allgemeiner: Leistungsvoraussetzungen), die ein Stelleninhaber benötigt, um die Tätigkeiten eines Arbeitsplatzes erfolgreich auszuüben. Dazu zählen Eigenschaften, Fähigkeiten, Kenntnisse, Einstellungen, Interessen und Verhaltensweisen. Außerdem können die notwendige (Aus-)Bildung sowie die Vorerfahrung im Hinblick auf die Ausübung der Tätigkeit einbezogen werden.

Der Begriff der Anforderungsanalyse grenzt sich durch seinen Bezug auf die Person vom Begriff der Tätigkeits- oder Arbeitsanalyse ab, mit der die Beschreibung der Arbeitsaufgabe, der Umgebung und der Arbeitsmittel, der zeitlichen Rahmenbedingungen und der zu befolgenden Qualitätsstandards gemeint ist. Häufig wird allerdings umfassend von Arbeits- und Anforderungsanalyse gesprochen (z.B. Schuler, 2006).

Alle für eine erfolgreiche Arbeitstätigkeit vorausgesetzten Kompetenzen und Merkmale werden durch eine Beschreibung nach Höhe und Umfang spezifiziert. Dabei muss bedacht werden, dass u.U. zum Zeitpunkt der Personalgewinnung nicht alle Tätigkeitsanforderungen bekannt sind. Häufig ändern sich Tätigkeitsinhalte, z.B. aufgrund von organisatorischen Umstrukturierungen. Um solche etwaigen Änderungen und die dafür notwendige Anpassungsfähigkeit der Stelleninhaber zumindest teilweise zu berücksichtigen, werden die Anforderungen vielfach in tätigkeitsspezifische und tätigkeitsübergreifende unterschieden. Schuler (2006) fügt diesen beiden noch eine dritte Kategorie von Tätigkeitsmerkmalen hinzu: das Befriedigungspotenzial. Es beschreibt Interessen, Werthaltungen und Bedürfnisse, die durch die jeweilige Arbeit befriedigt werden können und dazu beitragen, dass Stelleninhaber mit ihrer Arbeit zufrieden sind, sich an das Unternehmen binden und bei guter Gesundheit bleiben.

Das Ergebnis der Anforderungsanalyse ist das Anforderungsprofil. In ihm werden mindestens die notwendigen Leistungsvoraussetzungen, ggf. aber auch die zusätzlich wünschenswerten mit ihren Ausprägungen – meistens grafisch – dargestellt (siehe Kap. 4.2). Das Anforderungsprofil stellt einen systematischen Zusammenhang zwischen Tätigkeit und (potenziellem) Stelleninhaber her. Es bietet damit die Grundlage und Rechtfertigung für unterschiedliche Verwendungen im Personalbereich (siehe Abb. 4.1). Erst der Bezug auf eine Anforderungsanalyse erlaubt deren sachgerechte und nachvollziehbare Gestaltung (Schuler, 2002).

Anforderungsanalysen bilden eine wesentliche Grundlage für die Personalauswahl. Sie sind die Basis für die Formulierung der Stellenanzeige. Die wichtigsten der in der Arbeitsanalyse ermittelten Tätigkeiten des Arbeitsplatzes werden in der Stellenanzeige für die Beschreibung der zu besetzenden Stelle verwendet. Dort werden auch die im Anforderungsprofil spezifizierten Qualifikationen und Kompetenzen als notwendige und wünschenswerte Merkmale der Bewerber aufgelistet (siehe auch Kap. 7.2). Daneben wird das Anforderungsprofil auch für die Konzipierung des Auswahlverfahrens genutzt. Die differenzierte und realistische Beschreibung der von Stelleninhabern geforderten Merkmale ist eine Voraussetzung dafür, gezielt nach geeigneten Mitarbeitern suchen zu können. Das Anforderungsprofil gibt vor, im Hinblick auf welche Merkmale die Bewerber beurteilt werden müssen (vgl. Kap. 5).

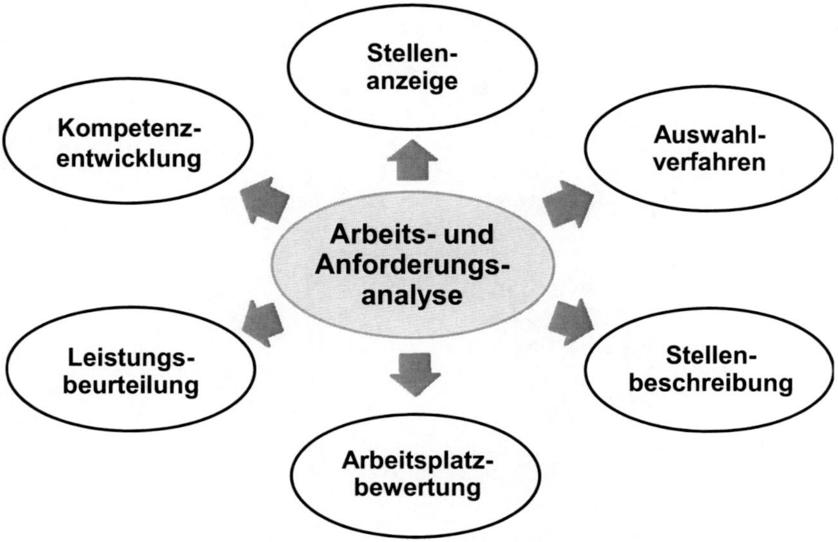

Abb. 4.1: Verwendungsmöglichkeiten für die Ergebnisse von Arbeits- und Anforderungsanalysen

Über die Personalauswahl hinaus wird das Anforderungsprofil für weitere Zwecke genutzt. Es dient als Grundlage für die Stellenbeschreibung. Eine Stellenbeschreibung enthält Angaben zu den Aufgaben des Arbeitsplatzes, den Entscheidungsbefugnissen und der damit verbundenen Verantwortung. Dieser Teil der Stellenbeschreibung wird Aufgabenbild genannt. Zu einer Stellenbeschreibung gehört auch die Beschreibung der Anforderungen an Stelleninhaber, das Besetzungsbild. Die Arbeits- und Anforderungsanalyse liefert die erforderlichen Informationen für Aufgaben- und Besetzungsbild. Weitere Inhalte der Stellenbeschreibung sind das Instanzenbild, das die hierarchische Einordnung der Stelle in die Struktur bzw. das Organigramm des Unternehmens darstellt, und das Kommunikationsbild als Beschreibung, mit welchen Personen außer den direkten Vorgesetzen und Kollegen der Stelleninhaber Informationen austauschen soll, um seine Aufgaben zu erledigen (siehe Abb. 4.2).

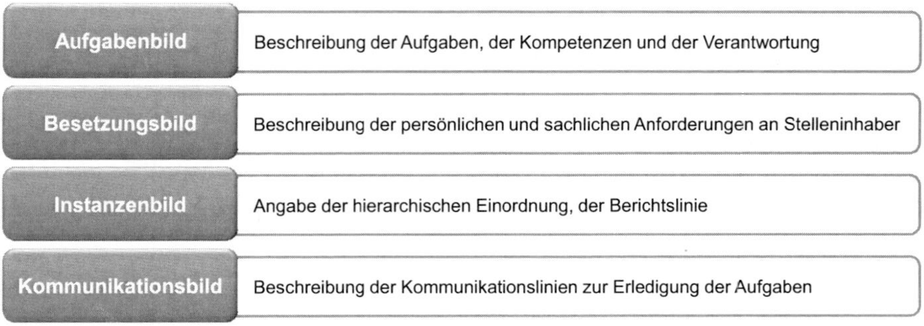

Abb. 4.2: Bestandteile einer Stellenbeschreibung

Wenn Tätigkeitsinhalte und Anforderungen bestimmt sind, können diese auch für die Bewertung des Arbeitsplatzes (Arbeitsplatzbewertung) zum Zweck der Festlegung des Entlohnungsrahmens genutzt werden. Die Arbeits- und Anforderungsanalyse bietet darüber hinaus eine gute Grundlage für Leistungsbeurteilung. Sie bildet das Sollprofil ab, im Vergleich zu dem die Leistung des Mitarbeiters zu bewerten ist, der die Stelle aktuell inne hat (Ist-Profil). Abweichungen zwischen Soll- und Ist-Profil können dann wiederum Ausgangspunkt für die Planung der Kompetenzentwicklung des Mitarbeiters sein. Liegen die Leistungen unterhalb des Solls bzw. der Anforderungen für die Stelle, so kann dies möglicherweise durch eine Weiterbildungsmaßnahme ausgeglichen werden. Ist allerdings keine ausreichende Anpassung zu erwarten, sollte das Arbeitsgebiet entweder für den Mitarbeiter besser passend zugeschnitten werden oder der Mitarbeiter sollte auf einen anderen Arbeitsplatz wechseln.

Wegen der immer rascher aufeinanderfolgenden Änderungen vieler Tätigkeiten aufgrund von Reorganisationen, technischem Fortschritt, Wegfall bisheriger und Entstehung neuer Märkte sowie Deregulierung und Globalisierung entsteht die Notwendigkeit, Anforderungsanalysen häufig zu aktualisieren und gänzlich neu zu erstellen. Neben den Erfordernissen des aktuellen Arbeitsplatzes sollte bei dem Stellenzuschnitt deshalb immer auch die Lern- und Entwicklungsfähigkeit potenzieller Stelleninhaber berücksichtigt werden.

4.1.2 Methoden der Tätigkeits- und Anforderungsanalyse

Methoden der Anforderungsanalyse können – zumindest prinzipiell – nach dem Grad der Genauigkeit der Analyse und damit einhergehend ihrem Arbeitsaufwand unterschieden werden. Blickle (2011b) plädiert für eine systematische und professionelle Durchführung von Anforderungsanalysen, um das Risiko zu minimieren, dass die Beschreibung der Anforderungen zu vage, mehrdeutig, widersprüchlich oder synonym ist. Professionelle Anforderungsanalysen stellen eine präzise und trennscharfe Definition der von Stelleninhabern geforderten Merkmale und des geforderten Ausprägungsgrades sicher.

Die verschiedenen professionellen Ansätze werden häufig in drei Kategorien eingeteilt: in die arbeitsplatzanalytisch-empirische Methode, die erfahrungsgeleitet-intuitive Methode und die personenanalytische Methode. In der fachwissenschaftlichen Literatur werden diese allerdings keineswegs übereinstimmend voneinander abgegrenzt. Außerdem sind ihre Bezeichnungen alles andere als selbsterklärend und hilfreich. Wir schlagen vor, stattdessen vereinfachend von analytischer Methode, intuitiver Methode und statistischer Methode zu sprechen. Die Methode der kritischen Ereignisse, die vielfach zur analytischen (arbeitsplatzanalytisch-empirischen) Methode gerechnet wird, behandeln wir als eigenständigen Ansatz. In zwei der vier von uns unterschiedenen Verfahren werden vor allem Experten für die Tätigkeit als Informationsgeber genutzt. Von ihnen wird angenommen, dass sie die zu beurteilenden Tätigkeiten nicht nur gut kennen, sondern auch korrekt einschätzen (können). Allerdings weisen Stetz/Button/Quist (2012) darauf hin, dass sowohl bei Vorgesetzten als auch bei langjährigen Stelleninhabern Ungenauigkeiten in der Analyse von Tätigkeiten festzustellen sind. Diese sind geringer, wenn für die Vergangenheit beurteilt werden soll, wie häufig Tätigkeiten auszuführen waren, und größer, wenn einzuschätzen ist, ob vom Stelleninhaber die Ausführung einer bestimmten Tätigkeit zu erwarten sei. Die verschieden Ansätze (siehe Abb. 4.3) werden im Folgenden beschrieben.

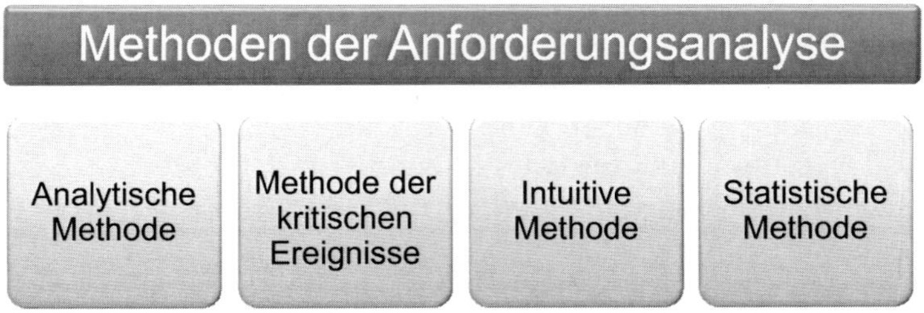

Abb. 4.3: Überblick über die Ansätze zur Anforderungsanalyse

Analytische (Arbeitsplatzanalytisch-empirische) Methode

Diese Methode der Anforderungsanalyse baut auf einer systematischen Arbeitsanalyse auf. Mit Hilfe formalisierter Vorgehensweisen (Erhebungen unter Verwendung von standardisierten Fragebogen) werden die beruflichen Tätigkeiten an konkreten Arbeitsplätzen untersucht. Auf diese Weise soll sichergestellt werden, dass alle relevanten Merkmale der Tätigkeit erfasst werden und die Vollständigkeit nicht von der Sorgfalt derjenigen abhängt, die die Tätigkeit einschätzen sollen, wie es z.B. bei der später vorgestellten intuitiven (erfahrungsgeleitet-intuitiven) Methode der Fall ist.

Das Vorgehen bei der analytischen Methode, wird häufig danach unterschieden, ob es sich eher am Verhalten der Stelleninhaber oder an ihren psychischen Anforderungen und Belastungen (Regulationserfordernissen) orientiert (Sonntag, 2006). Der Nachteil vieler dieser abstrakten und auf viele Arten von Tätigkeiten anwendbaren Verfahren liegt häufig darin, dass sie trotz aufwändiger Erhebung (z.B. ca. 220 Fragen beim Fragebogen zur Arbeitsanalyse (Frieling/Hoyos, 1978) nicht berufsspezifisch genug sind. Zur ersten Gruppe gehören beispielsweise Aufgabeninventare, bei denen Aufgaben in Bezug auf den konkreten Arbeitsplatz hinsichtlich Häufigkeit, Wichtigkeit und Schwierigkeit bewertet werden. Zur zweiten Gruppe sind als spezifisch anwendbare Verfahren beispielsweise das Fleishman – Job Analyse System für eigenschaftsbezogene Anforderungsanalysen (Kleinmann/Manzey/Schumacher/Fleishman, 2010) und das Verfahren zur Analyse psychischer Anforderungen und Belastungen in der Produktionsarbeit (Oesterreich/Leitner/Resch, 2000) zu zählen.

Methode der kritischen Ereignisse (Critical Incident Technique)

Ein sehr verbreitetes Verfahren der Anforderungsanalyse ist die Methode der kritischen Ereignisse, im Englischen Critical Incident Technique, abgekürzt CIT, Flanagan, 1954). Sie wird zwar von Schuler (2006) zu den arbeitsplatzspezifischen Verfahren gerechnet, unterscheidet sich durch ihren Expertenbezug aber deutlich von der analytischen Methode. Wenn Kanning/Pöttker/Klinge (2008) sie als die einfachste und methodisch anspruchsloseste Vorgehensweise bezeichnen, mag das zwar aus einer wissenschaftlichen Gesamtschau zutreffen, sollte aber nicht den erforderlichen Aufwand gering erscheinen lassen. Diese Methode orientiert sich am konkreten Arbeitsplatz und verzichtet auf eine Ableitung von notwendigen Kompetenzen aus strategischen Unternehmenszielen.

Bei der Methode der kritischen Ereignisse werden Experten für die Tätigkeit nach ihren Einschätzungen befragt. Als Experten können Personen dienen, die langjährige Erfahrung mit der Tätigkeit haben, z.B. durch eigene Ausübung der Tätigkeit oder durch engen Kontakt mit ihr und Einblick in sie, wie sie beispielsweise Vorgesetzte, Kollegen oder ggf. Kunden haben. Sie benötigen keine Kenntnisse spezieller psychologischer Persönlichkeitskonzepte (Blickle, 2011b).

Die Experten werden gebeten, über das Verhalten ihnen bekannter Stelleninhaber in der Vergangenheit nachzudenken. Im ersten Schritt werden dann anhand weniger Fragen Situationen, Verhaltensweisen und Bedingungen der Tätigkeit erfasst, die für die erfolgreiche Ausübung der Tätigkeit besonders kritisch sind (z.B. in einem Verkaufsgespräch den Kunden zum Vertragsabschluss zu bringen), d.h. besonders relevant für den Erfolg bzw. Misserfolg in der Tätigkeit.

Zielsetzung ist, aus den Antworten Verhaltensbeschreibungen zu erhalten, die besonders gut zwischen erfolgreichen und nicht erfolgreichen Stelleninhabern unterscheiden, also beispielsweise jenen, die regelmäßig Vertragsabschlüsse erreichen, und solchen, denen das nur selten gelingt. Ein Interview könnte sich auf folgende Fragen beziehen:

Methode der kritischen Ereignisse: Typische Fragen im ersten Schritt

- Was sind die wesentlichen Ziele der Tätigkeit?
- Welche Verhaltensweisen haben Sie in der Vergangenheit beobachtet, die besonders effektiv bzw. ineffektiv sind, um diese Ziele zu erreichen? Warum sind diese bzw. was an ihnen ist besonders effektiv bzw. ineffektiv?
- Wie kann das jeweilige (effektive/ineffektive) Verhalten genau beschrieben werden mit Umständen und Konsequenzen?

Die Antworten der Experten werden im zweiten Schritt nach jeweils ähnlich beurteilten Ereignissen (Situationen, Verhalten, Bedingungen) gruppiert und dann im Expertenkreis diskutiert. Ziel dieser Diskussion ist es, Konsens bzgl. der auslösenden Bedingungen, der zielführenden Verhaltensweisen und der Ergebnisse zu erhalten. Aus den übereinstimmend als wichtig für den Tätigkeitserfolg eingeschätzten Ereignissen wird anschließend das Anforderungsprofil für zukünftige Stelleninhaber abgeleitet.

Es wird deutlich, dass es bei diesem Verfahren nicht um die vollständige Erfassung aller tätigkeitsbezogenen Verhaltensweisen geht. Stattdessen wird der Fokus auf jene Verhaltensweisen gerichtet, die besonders kritisch für Erfolg bzw. Misserfolg der Tätigkeit sind. Wichtig ist dabei, möglichst alle erfolgskritischen Situationen zu erfassen. Diese Schwerpunktsetzung impliziert den Verzicht auf die Erfassung von Routineaufgaben, die zwar einen großen Anteil an der Arbeitszeit haben können, deren Ausführung aber nicht entscheidend für den Erfolg in dem Aufgabengebiet ist.

Intuitive (Erfahrungsgeleitet-intuitive) Methode

Bei dieser Vorgehensweise wird auf formale Erhebungsverfahren, wie sie in analytischen oder statistischen Methoden Anwendung finden, verzichtet. Grundlage dieser einfachen und weit verbreiteten Methode sind stattdessen Plausibilitätsüberlegungen (Kanning et al., 2008). Aus der Beschreibung von Anforderungen und Befriedigungspotenzial der Tätigkeit sollen die dafür notwendigen Personenmerkmale gewonnen werden (Schuler, 2006). Experten für die zu beurteilende Tätigkeit werden zunächst in Einzelinterviews nach ihrer Einschätzung der Stellenanforderungen befragt (Kanning, 2004).

Sie werden gebeten, diese im Hinblick auf die zu erledigenden Aufgaben, die Interaktion mit anderen Personen, den Umgang mit Materialien, technischen Geräten und Datenverarbeitungssystemen zu bewerten. Außerdem sollen sie die physische und psychische Beanspruchung des Stelleninhabers durch die Bedingungen des Arbeitsplatzes, wie Lärm, Schmutz, Hitze, Beleuchtungsbedingungen und hohe Frequenz kurz andauernder und wechselnder Tätigkeiten, abschätzen. Ferner ist das Ausmaß zu beurteilen, in dem der Stelleninhaber die Tätigkeit in Inhalt und Abfolge selbst steuert oder auf Reize reagieren muss. Augenmerk sollte dabei auch auf weniger augenfällige Aspekte des Aufgabenspektrums gerichtet werden, die häufig als nicht erwähnenswerte Selbstverständlichkeiten wahrgenommen werden. Ebenso ist es wichtig, auch Aspekte einzubeziehen, die selten vorkommen, aber entscheidend für eine erfolgreiche Ausübung der Tätigkeit sind. Besonderheiten der Tätigkeit im Vergleich zu anderen Arbeitsplätzen sollen außerdem berücksichtigt werden. Die Aussagen der Experten werden anschließend in ein Anforderungsprofil integriert, das von einem gemeinsamen Gremium zu verabschieden ist.

Die Beschreibung des Verfahrens macht deutlich, dass die Qualität der gewonnenen Daten – wie bei der Methode der kritischen Ereignisse – von der fachlichen Expertise der Befragten abhängt. Es ist daher wichtig, nur mit der Tätigkeit gut vertraute Personen einzubeziehen, wie Vorgesetzte, Kollegen, die dieselbe Tätigkeit ausüben oder ehemalige langjährige Stelleninhaber. Hilfreich ist außerdem, die Tätigkeit von mehreren Personen einschätzen zu lassen, um durch die Vielfalt der Eindrücke, die sich aus den unterschiedlichen Perspektiven ergeben, ein möglichst vollständiges Bild der Anforderungen zu erhalten.

Abb. 4.4: Mögliche Experten als Informationsquelle für die Erstellung des Anforderungsprofils

Statistische (personenbezogen-empirische) Methode

Bei diesem Verfahren werden die Anforderungen aufgrund des statistischen Zusammenhangs zwischen Merkmalen der in dem Beruf tätigen Personen einerseits und Erfolgskriterien der beruflichen Tätigkeit andererseits ermittelt. Personenmerkmale können beispielsweise die Erfahrung in der Tätigkeit (in Jahren) sein oder Persönlichkeitseigenschaften, wie Risikobereitschaft, Zuverlässigkeit oder Kreativität. Merkmale des Berufserfolgs sind beispielsweise Leistungsbeurteilungen durch Vorgesetzte und objektive Kriterien, wie erzielter Umsatz mit einem Produkt oder einer Dienstleistung, Anzahl gewonnener Neukunden, Anzahl produzierter Stücke etc. Im Unterschied zu den beiden zuvor geschilderten Verfahren werden keine Experteneinschätzungen benötigt. Die Schwierigkeit liegt hier allerdings häufig darin, dass keine Leistungsdaten zur Verfügung stehen, die den Erfolg bei der Ausübung der Tätigkeit reflektieren.

Studie zu Tätigkeiten im Verkauf

Vinchur/Schippmann/Switzer/Roth (1998) führten eine Studie durch, in der sie die Daten aus mehr als 100 Untersuchungen zum Zusammenhang von Personenmerkmalen und Berufserfolg bei Vertriebsleuten analysierten (sog. Meta-Analyse). Ihre Datenbasis umfasste knapp 46.000 Personen, die in den USA im Vertrieb tätig waren. Der Erfolg im Verkauf wurde über objektive Verkaufsdaten sowie über subjektive Leistungsbeurteilungen durch Vorgesetze erfasst. Bezüglich der Merkmale der Vertriebler wurden Persönlichkeitseigenschaften, verkaufsbezogenes Wissen und Interesse, Aspekte der (beruflichen) Lebensgeschichte, wie Alter, Jahre der Ausbildung und der Tätigkeit im Vertrieb (sog. Biodaten) sowie die geistige Leistungsfähigkeit in Form von z.B. Intelligenz und sprachlichem Vermögen erhoben. Es zeigten sich große Übereinstimmungen in den beiden verwendeten Erfolgskriterien: Das Interesse an verkäuferischen Tätigkeiten, das Wissen über Verkaufstechniken und die Persönlichkeitsmerkmale Extraversion, Gewissenhaftigkeit und Effizienz sowie der Anspruch, viel zu leisten (Leistungsmotiv), wiesen einen hohen Zusammenhang mit Erfolg auf. Je höher die jeweiligen Personenmerkmale ausgeprägt waren, desto größer war der Verkaufserfolg.

Die Intelligenz wies einen starken Zusammenhang in erster Linie mit subjektiven Einschätzungen auf. Auch in Bezug auf das Alter zeigte sich ein Zusammenhang zu subjektiven Einschätzungen. Je höher das Alter der im Vertrieb tätigen Person war, desto höher wurde ihre Leistung durch Vorgesetzte eingeschätzt. Allerdings zeigte sich dieser Zusammenhang nicht bei Verwendung objektiver Verkaufszahlen.

Nicht für alle Arten von Tätigkeiten liegen so detaillierte Befunde vor wie für den Vertriebsbereich. Deshalb wurde versucht, Merkmale zu identifizieren, die ganz generell, d.h. unabhängig von der Art der Tätigkeit, mit beruflichem Erfolg in Zusammenhang stehen. Diese sind hilfreich, wenn wir keine spezifischen Erkenntnisse in Bezug auf eine in Frage stehende Tätigkeit haben. So wissen wir, dass kognitive Leistungsindikatoren, zu denen die allgemeine Intelligenz gehört, eine bessere Prognose erlauben als nichtkognitive Persönlichkeitsmerkmale, wie etwa Flexibilität und Hilfsbereitschaft (z.B. Schmidt/Hunter, 1998). Das gilt insbesondere, wenn die Tätigkeit komplex ist. Intelligenz leistet auch eine gute Vorhersage, wenn sich die Tätigkeit häufig inhaltlich verändert. Das ist nicht verwunderlich, da intelligentere Menschen leichter neue Tätigkeitsanforderungen lernen. Von den Persönlichkeitsmerkmalen bieten Gewissenhaftigkeit und Integrität, damit sind Regelbefolgung und Loyalität gemeint, die beste Vorhersage auf beruflichen Erfolg.

Liegen keine Daten zu Erfolgskriterien in der Tätigkeit vor, besteht eine alternative Vorgehensweise darin, die Personenmerkmale vieler in dem interessierenden Beruf tätigen Personen zu analysieren. Auf der Grundlage dieser Beschreibung kann dann ein Anforderungsprofil erstellt werden. Diesem Verfahren liegt die Annahme zugrunde, dass die meisten Personen, die in einem Beruf über längere Zeit tätig sind, auch die Eignung für ihn besitzen und seine Anforderungen erfüllen (vgl. Abb. 4.5).

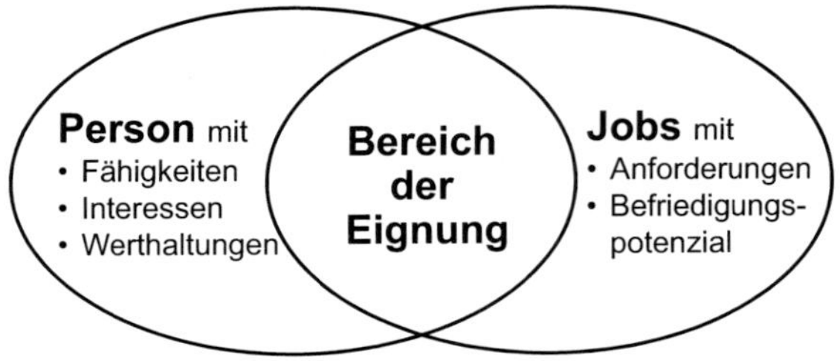

Abb. 4.5: Eignung als Grad der Überlappung zwischen Merkmalen der Person und Anforderungen der Tätigkeit

Solche Überlegungen basieren im Allgemeinen auf einer Berufsinteressentheorie. In Deutschland ist das meistens die Theorie der Berufsinteressen von Holland (2008). Dessen Theorie macht folgende Aussagen:

1. Menschen lassen sich durch sechs Interessentypen charakterisieren (siehe Abb. 4.6). Die Interessen sind Ausdruck ihrer Persönlichkeit und als solche relativ stabil. Bei den meisten Menschen ist einer dieser sechs Typen dominant und damit kennzeichnend. Drei Typen reichen zu einer relativ vollständigen Beschreibung einer Person aus.
2. Es gibt sechs Arten von beruflichen Umwelten. Sie werden vorteilhafter Weise in denselben Kategorien wie die Personen beschrieben, denn die Charakterisierung von Tätigkeiten durch Merkmale und physikalische Bedingungen und der Interessentyp der Personen, die in der jeweiligen Umwelt tätig sind, bedingen sich gegenseitig.
3. Menschen suchen sich eine Arbeitsumwelt, die es ihnen erlaubt, ihre Fähigkeiten, Interessen und Werte einzubringen, d.h., sie streben nach Kongruenz zwischen ihrer Persönlichkeit und der beruflichen Tätigkeit.

Nach dieser Theorie sollten Menschen dann besonders erfolgreich im Sinne beruflicher Leistung und Zufriedenheit sein, wenn beide Merkmalsgruppen (Interessentypen und berufliche Umwelten) möglichst eng miteinander verbunden sind und idealer Weise zur Deckung kommen. In Abbildung 4.6 wird das grafisch so dargestellt, dass Deckung vorliegt, wenn z.B. ein forschend-intellektueller Typ auch eine forschend-intellektuelle Tätigkeit ausübt. Sein Interessentyp ist außerdem enger mit einem handwerklich-technischen Beruf verbunden als mit einem unternehmerisch-verkaufenden, was in der Grafik dadurch abgebildet wird, dass die Verbindungslinie zu ersterem deutlich kürzer ist als zu letzterem. Als Kriterium der Anforderungserfüllung berücksichtigt diese Theorie neben Leistung und Zufriedenheit auch die berufliche Stabilität, d.h. den Verbleib innerhalb der Tätigkeit (vgl. Rolfs, 2001). Aufgrund der Verwendung der identischen Beschreibungskategorien für Personen und Tätigkeiten und der überschaubaren Anzahl von sechs ist die Theorie leicht handhabbar. Sie ist außerdem umfangreich erforscht worden und wurde von vielen Experten auf dem Gebiet der Berufspsychologie ergänzt. Darüber hinaus hat sie ihrerseits andere Theorien beeinflusst und ist vor allem in der praktischen Anwendung sehr weit verbreitet (vgl. Weinrach/Srebalus, 1994). Beispielsweise basieren das Tätigkeitsanalyseverfahren EXPLOJOB (beschrieben bei Proyer, 2007) und der in Baden-Württemberg eingesetzte Test zur Ermittlung von Studieninteressen auf diesem Modell.

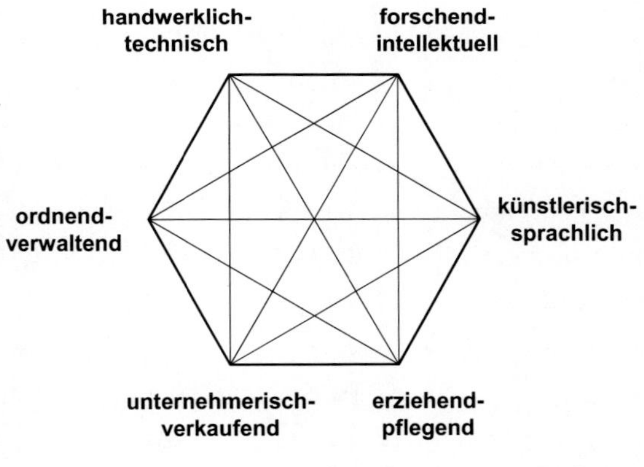

Abb. 4.6 Kategorien der beruflichen Interessen und der Merkmale von Tätigkeiten/beruflichen Umwelten nach der Theorie der Berufswahl von Holland

4.2 Anforderungsprofil

4.2.1 Beschreibung und Nutzen

Das Ergebnis der Anforderungsanalyse ist das Anforderungsprofil in Form einer übersichtliche Darstellung der Kriterien, die ein Bewerber bzw. Stelleninhaber erfüllen muss oder soll, und deren Ausprägungsgrad. Der Einsatz eines Anforderungsprofils im Personalauswahlverfahren hat neben der anforderungsbezogenen Informationssuche und Bewertung den weiteren Vorteil, dass weniger wichtige Kriterien, wie Eintrittstermin und Einkommenserwartungen, oder sachfremde Überlegungen, z.B. Sympathie, die Entscheidung nicht überproportional beeinflussen. Anscheinend verzichten trotzdem viele Unternehmen auf die Verwendung eines expliziten Anforderungsprofils bei der Personalauswahl (vgl. Weuster, 2008).

Bei der Gestaltung des Anforderungsprofils können Mindestprofil, Höchstprofil und Idealprofil unterschieden werden. Das Idealprofil ergibt sich direkt aus der zuvor beschriebenen Anforderungsanalyse und kennzeichnet den Wunschkandidaten. Es umfasst neben den unabdingbaren Kriterien (Muss-Kriterien) meist auch sog. Kann-Kriterien, deren Erfüllung vorteilhaft wäre, aber nicht unbedingt notwendig ist.

Das Mindestprofil gibt je Anforderungskriterium die Untergrenze der notwendigen Ausprägung an. Bei seiner Erstellung muss in Betracht gezogen werden, auf welchem Niveau ein Merkmal bereits am ersten Arbeitstag vorhanden sein muss, weil es für die Erledigung der Arbeit unmittelbar notwendig ist und nicht gewartet werden kann, bis es durch Learning by Doing oder Training erreicht wird. Das Mindestprofil dient dazu, Fehlbesetzungen durch Personen zu vermeiden, die den Anforderungen der Stelle nicht gewachsen sind und deren geringe Leistung dann zu Frühfluktuation führt oder durch andere Mitarbeiter kompensiert werden muss.

Das Höchstprofil beschreibt die Obergrenzen der Merkmalsausprägungen und dient dazu, die Besetzung einer Stelle durch eine überqualifizierte Person zu vermeiden. Diese wäre zwar sehr rasch in der Lage, die Position erfolgreich auszufüllen, würde sich aber wahrscheinlich in kurzer Zeit unterfordert und unzufrieden fühlen. Durch die Erstellung und Verwendung eines Höchstprofils können negative Konsequenzen enttäuschter Erwartungen (Fluktuation, Frustration, geringe Loyalität) vermieden werden.

In Abbildung 4.7 sind zwei typische Darstellungsweise für Anforderungsprofile dargestellt. Auf der linken Seite sind das Sollprofil der Stelle und das Istprofil der Person (z.B. Stelleninhaber oder Bewerber) eingetragen. Merkmale, in denen die Person die Anforderungen übererfüllt (Überdeckung), sind dadurch erkennbar, dass das Ist-Profil rechts vom Soll-Profil liegt (hier Englischkenntnisse), Merkmale, in denen die Anforderungen nicht erfüllt sind (Unterdeckung), liegen links des Soll-Profils (hier Belastbarkeit). Der rechte Teil der Abbildung zeigt das gleiche in anderer Darstellungsweise: vollständig mittelgraue Balken zeigen an, dass Soll- und Ist-Profil für dieses Merkmal übereinstimmen. Überdeckung ist durch helles Grau, das über das Mittelgrau hinausgeht, dargestellt. Eine Unterdeckung ist durch eine Straffur dargestellt, die das Ausmaß der Unterdeckung anzeigt. Da bei der linken Darstellungsweise leichter Profile mit mehr Anforderungen abgebildet werden können, ist dieses Format zu empfehlen (siehe auch Kap. 6).

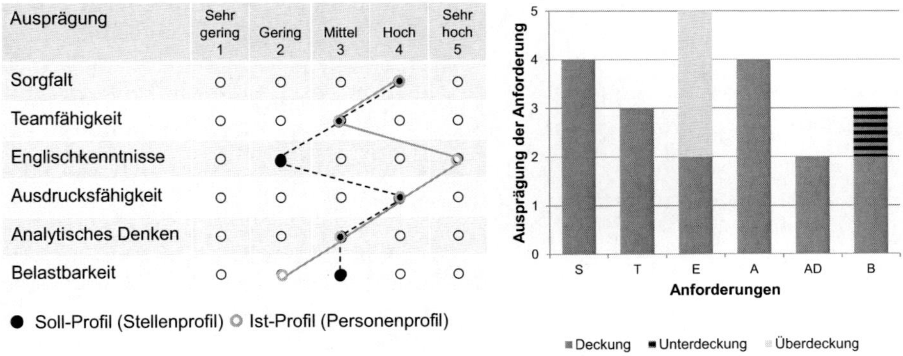

Abb. 4.7: Beispiele für die Darstellung von Anforderungsprofilen

4.2.2 Bestandteile des Anforderungsprofils

Meist besteht das Anforderungsprofil nicht nur aus den Kriterien, die sich unmittelbar aus der Anforderungsanalyse ergeben, sondern auch noch aus ergänzenden Merkmalen, deren Erfüllung sicherstellen soll, dass Anforderungen, die in der Anforderungsanalyse nicht erfasst wurden, erfüllt werden. Diese Anforderungen können sich beispielsweise auf die notwendige Vorbildung beziehen. Aus der Anforderungsanalyse und den ergänzenden Merkmalen können dann Unterprofile zu Anforderungsprofilen gebildet werden:

Bildungsprofil

- **Schulprofil**: Schulform, Noten, Aktivitäten (z.B. Praktika, Engagement in der Schülervertretung, künstlerische Aktivitäten)
- **Berufsausbildungsprofil**: Inhalt und Art notwendiger beruflicher Ausbildung (z.B. Schreinerlehre, kaufmännische Lehre, Gesellen- oder Meisterbrief)
- **Studienprofil**: Hochschulart, Studienfach, Studienschwerpunkt, Abschlussnote, Fachgebiet der Abschlussarbeit, zusätzliche Aktivitäten (z.B. Praktika und Engagement in der studentischen Vertretung)
- **Kenntnis- und Weiterbildungsprofil**: Bedienungskenntnisse technischer Geräte und von Softwareanwendungen sowie durch Weiterbildung erworbene Spezialkenntnisse (z.B. Steuerberater, Bilanzbuchhalter, Ausbildereignungsprüfung, Projektmanagementzertifizierung)

Wenn es sich bei der zu besetzenden Stelle nicht um eine Einsteigerposition im Anschluss an den Schul-, Berufsausbildungs- oder Studienabschluss handelt, sondern Berufserfahrung benötigt wird, ist zusätzlich zum Bildungsprofil ein Berufserfahrungsprofil notwendig.

Berufserfahrungsprofil

- **Aufgabenerfahrung**: Bisher wahrgenommene Aufgabengebiete, Haupt- und Nebenaufgaben mit Konkretisierungen der Umstände der Aufgabenerfüllung, wie Handlungs- und Entscheidungsspielraum, Führungsaufgaben, Budgetverantwortung, Kundenkontakte
- **Funktions- und Positionserfahrung**: Angaben zu Unternehmensfunktionen, wie Einkauf, Produktion, Rechnungswesen, Verkauf, Personalmanagement etc., sowie ggf. zu relevanten Objektspezialisierungen nach z.B. Kundengruppen, Produktgruppen oder Materialarten
- **Unternehmens- und Branchenerfahrung**: Beschreibung relevanter Betriebszwecke und Unternehmensmerkmale, wie Rechtsform, Internationalität, Konzernstruktur, Sektor- und Branchenzugehörigkeit

Während das Berufserfahrungsprofil in Abhängigkeit von der zu besetzenden Stelle nicht immer explizit formuliert wird, sollte in jedem Fall auf der Basis der Anforderungsanalyse ein Persönlichkeitsprofil erstellt werden. In ihm werden vor allem die stabilen persönlichen Merkmale, die direkt zur Aufgabenerfüllung notwendig sind und die Arbeitsleistung beeinflussen (aufgabenbezogene Leistung oder Intrarollenverhalten), erfasst. Je nach Position können auch Merkmale aufgenommen werden, die sich nicht direkt auf die Aufgabenerfüllung beziehen, sondern die sog. umfeldbezogene Leistung (Borman/Motowidlo 1997) oder das Extrarollenverhalten ausmachen. Letzteres wird inzwischen auch häufig als Organizational Citizenship Behavior (OCB, Organ, 1988) bezeichnet.

Persönlichkeitsprofil

- **Big Five**: Ausprägungen der fünf umfassenden Persönlichkeitsdimensionen nach einem gängigen Persönlichkeitsmodell. Diese Persönlichkeitsdimensionen sind: Extrovertiertheit, Gewissenhaftigkeit, Offenheit für Neues, Umgänglichkeit und Emotionale Stabilität. Sie werden jeweils anhand von wenigen universal geltenden Merkmalen beschrieben. Speziell bei Gewissenhaftigkeit ist ein hoher Zusammenhang zu beruflichem Erfolg unabhängig von der spezifischen Tätigkeit nachgewiesen.
- **Andere Persönlichkeitsmerkmale**: Häufig werden Merkmale verwendet, die sich unmittelbar aus der Anforderungsanalyse ergeben, aber nicht auf ein bestimmtes Persönlichkeitsmodell, wie das Big Five Modell, rückbezogen werden können. Beispiele hierfür sind Teamfähigkeit, Kundenorientierung, Leistungsbereitschaft.
- **Kognitive Leistungsfaktoren**: Intelligenz weist einen hohen Zusammenhang mit beruflichem Erfolg auf; speziell, wenn es sich um eine komplexe Tätigkeit handelt.

Zusätzlich zu den drei oben aufgeführten Unterprofilen von Anforderungsprofilen können weitere notwendige oder wünschenswerte Merkmale spezifiziert werden. Diese beziehen sich z.B. auf Mobilität (Umzug und Reisetätigkeit), zeitliche Flexibilität und die psychische wie physische Belastbarkeit, sofern diese nicht im Persönlichkeitsprofil abgebildet sind. So wünschenswert natürlich eine optimale Abdeckung ist, so notwendig ist es auch, die Anzahl der im Anforderungsprofil erfassten Kriterien zu beschränken, um die Urteils- und Unterscheidungsfähigkeit der Entscheidungsträger im Auswahlverfahren nicht zu überfordern.

Die in diesem Abschnitt vorgestellten Überlegungen können als Basis für jedes konkrete Anforderungsprofil dienen. Sie sind aber wahrscheinlich zu allgemein und abstrakt, um jedem Eigentümer eines Unternehmens mit z.B. sechs Beschäftigten, der eine Schlüsselposition neu besetzen muss, als praktikable Handreichung zu dienen. Wir beschreiben nachstehend ein Vorgehen, das die theoretischen Erörterungen zu Anforderungsanalyse und Anforderungsprofil berücksichtigt, aber in ein mit vertretbarem Zeitaufwand umsetzbares Anforderungsprofil mündet. Ausgangspunkt ist die Aufgabenbeschreibung der Stelle durch den Eigentümer. Aus seiner Beschreibung der von ihm für kritisch gehaltenen Ereignisse und des dazugehörenden positiven Verhaltens wird der Kern eines Anforderungsprofils entwickelt. Zusammen mit einigen ergänzenden Anforderungen sollte er dann über eine brauchbare Grundlage für die Stellenbesetzung verfügen.

Fallbeispiel: Entwicklung eines Anforderungsprofils in einem Elektrofachgeschäft

Das Beispiel bezieht sich auf ein Elektrofachgeschäft mit neun Beschäftigten, in dessen Abteilung für Antennenbau und Unterhaltungselektronik (TV, Video und HiFi einschließlich Reparatur-Werkstatt) die Stelle eines Mitarbeiters zu besetzen ist. Der bisherige Angestellte hatte eine Ausbildung als Elektroniker für Informations- und Telekommunikationstechnik und war sowohl für Beratung und Verkauf zuständig als auch für Antennenbau und Reparatur. Der Inhaber bereitet die Anforderungsanalyse vor, indem er überlegt, welche Ereignisse bzw. Handlungen in den Aufgabenbereichen wirklich erfolgskritisch sind. Dabei lässt er sich von seinen Erfahrungen, auch aus gelegentlichen Befragungen von Kunden nach Leistung und Umgangsformen seiner Mitarbeiter, leiten. Die kann er wie folgt zusammenfassen: „Wir leben von der Zufriedenheit unserer Kunden und davon, dass sie uns weiterempfehlen. Service ist bei uns alles. Er bietet uns die einzige Chance, uns von den preisaggressiven Flächenmärkten abzuheben." Da der Eigentümer weiß, worauf es ankommt, genügen ihm relativ wenige kritische Ereignisse. Zu diesen kritischen Ereignissen formuliert er den jeweils passenden positiven Umgang mit ihnen. Gewissermaßen zur Absicherung bzw. zur Abdeckung nicht ausdrücklich aufgenommener Tätigkeiten ergänzt er die kritischen Ereignisse durch Bedingungen zur Ausbildung, zur Arbeitszeit und bezüglich der Persönlichkeit des zukünftigen Mitarbeiters. Das Ergebnis seiner Anforderungsanalyse ist in dem nachstehenden tabellarischen Anforderungsprofil enthalten.

Tab. 4.1: Anforderungsprofil mit zusätzlichen Bedingungen auf der Grundlage kritischer Ereignisse

Anforderungen nach Aufgabenbereichen		
Aufgabenbereiche	**Kritische Ereignisse**	**Positiver Umgang**
Reparatur	Abwägung zwischen Reparatur und Neuanschaffung	Nimmt auch zweifelhafte Reparaturaufträge zur Prüfung an, prüft kompetent und gibt den Kunden schnell Bescheid, ob sich eine Reparatur lohnt
Antennenbau	Identifizierung der Anschluss-Möglichkeiten beim Kunden	Bietet den Kunden von sich aus an, vor einer Auftragserteilung zu ihm zu kommen und ihn an Ort und Stelle über alle Anschlussmöglichkeiten zu informieren
Beratung/ Verkauf	Erkennen des Kundenbedarfs	Erfragt den Grund für den Kundenbedarf und kann Wünsche und Möglichkeiten der Kunden erkennen
	Erklärung von Qualitäts-unterschieden	Kann jedem Kunden die Qualitätsunterschiede der zu seiner Bedarfsdeckung in Frage kommenden Produkte verständlich machen
	Erklärung von Preisunterschieden	Kann jedem Kunden die Preisunterschiede bei Produkten und die eigenen Preise plausibel machen
	Abschlussorientierung	Kann jedem Kunden die Vorteile eines Kaufs bei ihm vermitteln und die Kunden gleich oder nach vereinbarter Frist für einen Kauf gewinnen
Zusätzliche Bedingungen		
Ausbildung	Abgeschlossene Lehre	Ausbildung als Elektroniker für Informations- und Telekommunikationstechnik oder vergleichbare Ausbildung
Arbeitszeit	Richtet Arbeitszeit auch nach Kundenwünschen	Ist bereit, auch außerhalb der Regelarbeitszeit, z.B. nach 18:00 Uhr, zum Kunden zu gehen, um dort zu informieren und zu beraten
Persönlichkeit	Zuverlässigkeit	Ist pünktlich und hat keine auffälligen Fehlzeiten
	Ehrlichkeit	Hat keine Differenzen zwischen Kasse und Belegen und zwischen Buchbestand und Inventar

5 Verfahren der Personalauswahl

5.1 Zielgruppen für den Mittelstand

Die Personengruppen, aus denen mittelständische Betriebe, speziell Kleinstbetriebe, ihren Personalbedarf decken, ergeben sich aus ihrer in Kapitel 1 analysierten Qualifikationsstruktur und dem relativ hohen Anteil an Auszubildenden an ihrer Mitarbeiterzahl. Sie suchen – immer im Vergleich zu Großbetrieben – relativ mehr Beschäftigte ohne Berufsabschluss und mit Berufsausbildung sowie Auszubildende und relativ weniger Akademiker. Ein gewisser Filter sollte sich auch daraus ergeben, dass Kleinstbetriebe ganz überwiegend unbefristete Einstellungen vornehmen und kaum auf Leiharbeitskräfte zurückgreifen. Da die niedrigere Übernahmequote bei Kleinstbetrieben im Vergleich zu Großbetrieben auch auf eine dort teilweise übliche Dauerbeschäftigung von Auszubildenden zurückzuführen ist, muss auch dieser Sachverhalt bei der Suche nach Auszubildenden berücksichtigt werden. Aus den hier aufgeführten Hauptlinien für den Personalbedarf ergeben sich natürlich auch Konsequenzen für die Personalauswahl und die dafür Kleinstbetrieben zu empfehlenden Verfahren.

5.2 Ansätze der Eignungsdiagnose

Ansätze im Überblick

Jede ernsthafte Personalauswahl basiert auf einer Diagnose der Eignung von Bewerbern für eine zu besetzende Stelle. Bei den Verfahren der Berufseignungsdiagnose werden grundsätzlich drei verschiedene Ansätze genutzt (siehe Abb. 5.1). Der biografische Ansatz beruht auf der Überlegung, dass vergangenes Verhalten die beste Vorhersage auf zukünftiges Verhalten erlaubt (vgl. Schuler/Marcus, 2006). Menschliches Verhalten kann in vielen Bereichen als über lange Zeiträume stabil angesehen werden. So wird im

Rahmen der Personalauswahl angenommen, dass Kenntnisse und Fertigkeiten, die in der Vergangenheit gezeigt (dokumentiert z.B. in Arbeitszeugnissen) und nachgewiesen wurden (z.B. in Schul- und Hochschulzeugnissen sowie Zertifikaten), auch aktuell vorhanden sind und auf einer zukünftigen Position mit gleichem Erfolg genutzt werden können. Diese auf die Vergangenheit eines Bewerbers bezogenen Informationen werden typischerweise durch eine Analyse der Bewerbungsunterlagen (Lebenslauf, Arbeits- und Ausbildungszeugnisse, Referenzen) sowie über Personalfragebogen und Biografische Fragebogen gewonnen. Außerdem werden in Interviews häufig frühere Verhaltensweisen und Leistungen der Bewerber erfragt. Diese Herangehensweisen werden in den kommenden Abschnitten beschrieben.

Beim Simulationsansatz werden berufliche Situationen der Zielposition möglichst realistisch nachgestellt. Der Bewerber erhält die Aufgabe, sich in der Situation so zu verhalten, wie er es auch in der vergleichbaren realen Situation tun würde. Sein Verhalten in der Simulation wird beobachtet und in Bezug auf die Anforderungen der Zieltätigkeit bewertet. Im Gegensatz zum biografischen Ansatz soll die Leistung bzw. Leistungsfähigkeit direkt erfasst werden (vgl. Höft/Funke, 2006). Der Vorteil der Herangehensweise liegt in der großen Ähnlichkeit zum beruflichen Kontext und der ganzheitlichen Bearbeitung der Arbeitsaufgabe. Dieser Ansatz kommt bei Arbeitsproben und im Rahmen von Assessment Centern mit den typischen Übungsformen Rollenspiel, Gruppendiskussion, Präsentation oder Postkorb zum Tragen. Eine ausführliche Darstellung dieser Verfahren findet sich in den Kapiteln 5.7 und 5.8.

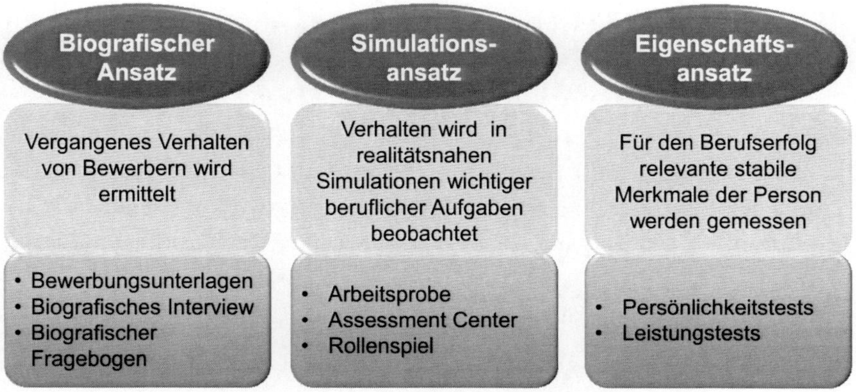

Abb. 5.1: Ansätze der beruflichen Eignungsfeststellung mit Prinzip und typischen Verfahren (vgl. Schuler, 2006)

Der Eigenschaftsansatz basiert auf der Annahme, dass stabile Merkmale von Menschen aus dem Bereich der Persönlichkeit (Charaktereigenschaften) und der kognitiven Fähigkeiten (d.h. intellektuelle, auf das Denken bezogene Fähigkeiten) mit Berufserfolg zusammenhängen (vgl. Schuler/Höft, 2006). Diese Merkmale werden in standardisierten psychologischen Tests erfasst, wie sie in Kapitel 5.6 beschrieben werden. Im Vergleich zum Simulationsansatz, bei dem aus dem in der nachgestellten Situation gezeigten Verhalten auf das spätere Verhalten in einer gleichartigen Berufssituation geschlossen wird, hat der Eigenschaftsansatz den großen Vorteil, dass die gemessenen Merkmale sehr abstrakt sind und daher eine Vorhersage auf eine breite Klasse von Verhalten erlauben. Das heißt, wenn im Test erhoben wurde, dass ein Bewerber sehr gewissenhaft ist, über hohe soziale Kompetenz verfügt und sehr kreativ ist, darf berechtigterweise darauf geschlossen werden, dass das er sich in jeder beruflichen Situation gewissenhaft, sozial kompetent und kreativ verhalten wird. Unterschiedliche Situationen müssen also nicht einzeln überprüft werden.

Verbreitung eignungsdiagnostischer Verfahren

Schuler und Kollegen (Schuler/Hell/Trapmann/Schaar/Boramir, 2007) berichten von einer 2003 mit 125 deutschen Unternehmen verschiedener Größe und Branchen durchgeführten Studie zum Einsatz von eignungsdiagnostischen Verfahren bei der externen Personalauswahl: Die am häufigsten eingesetzten Verfahren sind das Interview mit Bewerbern (100% der Unternehmen), dicht gefolgt von der Analyse der Bewerbungsunterlagen (99%). Häufig wird das Interview von Personalabteilung und Fachabteilung gemeinsam geführt; und im Vergleich zu früheren Studien stellten die Autoren einen Trend zur Durchführung strukturierter statt unstrukturierter Gespräche fest. Auch die Einsatzhäufigkeit von Assessment Centern ist gestiegen. Im Bereich der Online-Verfahren spielt lediglich die Online-Eingabe und -Analyse der Bewerbungsunterlagen eine Rolle. Mehr als 50% der befragten Unternehmen setzen Personalfragebogen, Assessment Center und zusätzliche Referenzen ein.

Tab. 5.1: Einsatzhäufigkeit von Verfahren zur externen Personalauswahl bei deutschen Unternehmen (Schuler et al., 2007)

Verfahren	**Einsatzhäufigkeit (in %, gerundet)**
Analyse der Bewerbungsunterlagen (klassisch)	99
Analyse der Bewerbungsunterlagen (online)	71
Personalfragebogen (klassisch)	69
Personalfragebogen (online)	22
Biografische Fragebogen	2
Zusätzliche Referenzen	57
Telefoninterview (strukturiert)	32
Telefoninterview (unstrukturiert)	24
Interview (in irgendeiner Form)	100
Interview durch Personalabteilung (strukturiert)	82
Interview durch Personalabteilung (unstrukturiert)	34
Interview durch Fachabteilung (strukturiert)	64
Interview durch Fachabteilung (unstrukturiert)	51
Assessment Center	58
Gruppengespräch/Gruppendiskussion	42
Persönlichkeitstest	20
Leistungstest (z.B. Bürotest)	41
Intelligenztest	30
Arbeitsproben	45
Grafologisches Gutachten	2
Medizinische Begutachtung	41

Betrachtet man nur die Angaben zu den verschiedenen Testverfahren, fällt auf, dass am häufigsten Leistungstests eingesetzt werden, Intelligenztests seltener und Persönlichkeitstests lediglich von jedem fünften Unternehmen. Eine Studie bei Schweizer Unternehmen hat ebenfalls eine geringere Einsatzhäufigkeit von Tests im Vergleich zu anderen Verfahren ergeben (vgl. König/Jöri/Knüsel, 2011). Während Persönlichkeitstests in Deutschland nach Ansicht von Tangenberg (2005) unter einem Imageproblem leiden, werden sie in anderen Ländern deutlich häufiger eingesetzt. Bezugnehmend auf unterschiedliche Studien weisen Rothstein/Goffin (2006) auf die zunehmende Verwendung von Persönlichkeitstests für die Personalauswahl hin und nennen eine Einsatzhäufigkeit von 30–40% für amerikanische Unternehmen und von über 70% bei englischen. Grafologische Gutachten, d.h. die Analyse der Handschrift zur Schlussfolgerung auf Persönlichkeitseigenschaften, werden nahezu nicht verwendet.

Bewertung von Verfahren durch Bewerber

Die verschiedenen Auswahlelemente sind bei Bewerbern unterschiedlich beliebt. In einer Meta-Analyse von Hausknecht/Day/Thomas (2004) über 86 Studien, in die die Einschätzungen von insgesamt knapp 49.000 Personen einbezogen wurden, zeigte sich, dass Verfahren, die auf dem Eigenschaftsansatz basieren, als weniger günstig (im englischen Original: „favorable") bewertet wurden als Verfahren, die sich auf die anderen beiden Ansätze stützen (vgl. Tab. 5.2).

Tab. 5.2: Von Teilnehmern an Auswahlverfahren bewertete Günstigkeit (Favorability) der Verfahren auf einer Skala von 1 bis 5 (höhere Werte bedeuten eine positivere Einschätzung), aus Hausknecht/Day/Thomas (2004)

Rang	Verfahren	Mittelwert
1.	Interview	3,84
2.	Arbeitsprobe	3,63
3.	Bewerbungsunterlagen	3,57
4.	Referenzen	3,33
5.	Kognitiver Fähigkeitstest	3,14
6.	Persönlichkeitstest	2,88
7.	Biodaten	2,81

Rang	Verfahren	Mittelwert
8.	Persönliche Kontakte	2,51
9.	Ehrlichkeitstest	2,47
10.	Grafologie	1,76

Im Hinblick auf ihren größeren Anteil an Ungelernten und Mitarbeitern mit handwerklicher Berufsausbildung sowie Auszubildenden im Vergleich zu Großbetrieben müssen KMU nicht nur überlegen, welche Auswahlverfahren für ihre Zielgruppen geeignet sind, sondern auch, welche sie diesen „zumuten" können. Erfahrungsgemäß hängt die Akzeptanz von Auswahlverfahren auch von der Vorbildung bzw. den Vorerfahrungen potenzieller Bewerber ab. Während Bewerbungsunterlagen, Gespräche und Referenzen mehr oder weniger selbstverständlich akzeptiert werden, gilt dies für Arbeitsproben schon nicht mehr generell.

Bewerber mit dokumentierter Ausbildung und Berufserfahrung oder Meisterbrief könnten das Verlangen einer Arbeitsprobe schon als „ehrenrührig" auffassen. Weit verbreitet bei Personen, die nur wenig Berührung mit wissenschaftlichen Inhalten hatten, sind Vorbehalte gegen Tests; und unter diesen vor allem gegen solche, hinter denen psychologische „Fallen" vermutet werden. Auch wenn die meisten dieser Vorbehalte argumentativ entkräftet werden können, muss doch damit gerechnet werden, dass der viel schwerer zu überwindende emotionale Widerstand gute potenzielle Bewerber von einer tatsächlichen Bewerbung abhält oder zu einer Selbstselektion während des Auswahlprozesses führt.

5.3 Analyse der Bewerbungsunterlagen

5.3.1 Der erste Kontakt zum Unternehmen

Bedeutung für die Vorauswahl von Bewerbern

Obgleich in nahezu jedem Unternehmen die Analyse der Bewerbungsunterlagen als Verfahren der Personalauswahl eingesetzt wird, ist es nie das alleinige Instrument. Es dient vielmehr in einem mehrstufigen Auswahlprozess dazu, zu klären, ob ein Bewerber die formalen Einstellungsvoraussetzungen für die ausgeschriebene Stelle erfüllt. Dazu gehören zum Beispiel ein Hochschulstudium in einem bestimmten Fach, ein Gesellen- oder Meisterbrief oder der Führerschein. Eine endgültige Entscheidung allein auf der Grundlage der Bewerbungsunterlagen wird im Allgemeinen nur dann getroffen, wenn ein Bewerber offensichtlich nicht die notwendigen formalen Voraussetzungen erfüllt.

Dennoch ist diese Phase der Vorauswahl sehr wichtig für den gesamten Auswahlprozess. Es muss in besonderem Maße darauf geachtet werden, nicht den Fehler erster Art zu begehen (vgl. Kap. 2.4, Abb. 2.4), d.h. geeignete Bewerber voreilig auszusortieren. In dieser Phase abgelehnte Bewerber sind meist für das komplette Auswahlverfahren und das Unternehmen verloren. Trotz der Bedeutung dieser Phase wird häufig nicht genug Sorgfalt auf die Sichtung der Unterlagen gerichtet. Meist existieren nur wenige Daumenregeln, um die Bewertung vorzunehmen, und in vielen Fällen wird diese Aufgabe von den unerfahrensten Mitarbeitern der Personalabteilung oder gar Praktikanten erledigt. Eine Befragung von 101 mittelständischen Unternehmen zur Auswahl von Führungskräften (Stephan/Westhoff, 2002) ergab, dass zwar 99% der Unternehmen die Unterlagen nutzen, um das Interview mit den Kandidaten vorzubereiten, aber nur 47% gaben an, dafür explizite Regeln zu verwenden.

Häufig werden die eingesandten Unterlagen in dieser Phase in drei Kategorien sortiert (ABC-Analyse). Die gut geeignet erscheinenden A-Kandidaten werden im weiteren Prozess bevorzugt angeschaut. Bei B-Kandidaten werden leichte bis mittlere Abstriche im Vergleich zum Anforderungsprofil deutlich. Sie dienen als Reserve, falls es nicht gelingt, die Stelle aus der Gruppe der A-Kandidaten heraus zu besetzen. Die C-Kandidaten sind offensichtlich ungeeignet. Ihre Unterlagen werden im weiteren Auswahlprozess nicht berücksichtigt und am Ende des Verfahrens mit einem Absageschreiben zurückgesandt. Verschiedene Studien zeigen dahingehend übereinstimmende Ergebnisse, dass in dieser Vorauswahlphase typischerweise ca. 10 Minuten auf die Sichtung der Unterlagen eines Bewerbers verwendet werden (vgl. Weuster, 2008, S. 92).

Die Sichtung der Bewerbungsunterlagen erfolgt zumindest in größeren Unternehmen durch die Personalabteilung. Sie leitet entweder alle Unterlagen oder lediglich die der A- und B-Kandidaten an die jeweilige Fachabteilung weiter und behält die Unterlagen der offensichtlich ungeeigneten Kandidaten bei sich. Das letzte Wort bei der Einladung zu einem Gespräch hat üblicherweise die Fachabteilung, die für die Beurteilung der fachlichen Kompetenzen zuständig ist.

Die Bewerbungsunterlagen beeinflussen nicht nur, wer zu einem Gespräch eingeladen wird, sie nehmen auch als Vorinformation über Bewerber Einfluss auf die Eindrücke, die Interviewer im Gespräch über die Bewerber gewinnen. So berichtet Weuster (2008, S. 93f) über Studien, in denen Bewerber in Videoaufzeichnungen von Interviews besser bewertet wurden, wenn den Interviewern über den gezeigten Bewerber positive Vorinformationen vorlagen, als wenn ihnen keine Informationen zugänglich waren. In letzterem Fall wurde der Bewerber aber immer noch besser bewertet, als wenn den Interviewern negative Vorinformationen geboten wurden.

Online- versus Offline-Bewerbung

Immer mehr Unternehmen bieten Bewerbern an, ihre Unterlagen per Email zu schicken oder die Daten über eine Maske auf der Homepage des Unternehmens einzugeben (vgl. Kap. 5.5.1). Letzteres hat den großen Vorteil, dass die Angaben so vorstrukturiert werden können, dass die Unternehmen eine hohe Vergleichbarkeit zwischen Bewerbern herstellen können, die Prüfung des Vorhandenseins der formalen Einstellungsvoraussetzungen erleichtert ist, sich die Daten leicht elektronisch weiterverarbeiten lassen und nicht erst erfasst werden müssen. Ein Nachteil besteht darin, dass die strikte Strukturvorgabe zu einer hohen Einheitlichkeit der Darstellung auf Seiten der Bewerber führt und so Informationen über Bewerber, die Personalverantwortliche ansonsten aus der unterschiedlichen Gestaltung der Unterlagen erhalten, wegfallen (vgl. Batinic/Appel, 2009). Tendenziell erhalten größere und modernere Unternehmen nach der Studie von Batinic/Appel (2009) mehr online-Bewerbungen als kleinere und traditionelle Unternehmen. Außerdem zeigte sich, dass je höher die ausgeschriebene Position ist, desto eher werden klassische postalische Bewerbungen eingereicht. Als häufigste Mängel von Online-Bewerbungen gaben die befragten Unternehmen Unvollständigkeit, Formatierungsprobleme bei den Dokumenten sowie Mängel im Sprachstil und der Rechtschreibung an. Von Bewerbern um Ausbildungsplätze mit IT-Bezug erwarten immer mehr Unternehmen nicht nur aus organisatorischen Gründen Online-Bewerbungen, sondern auch, weil sie denen schon entnehmen können, wie gut Bewerber bereits mit diesem Medium vertraut sind. Sie schließen aus dem Grad der Vertrautheit auf den später erforderlichen Lernaufwand.

5.3.2 Bestandteile von Bewerbungsunterlagen

Bei Bewerbungsunterlagen handelt es sich um eine Zusammenstellung sehr unterschiedlicher Informationen über den Interessenten, die fast alle genutzt werden können, um Bewerber bzgl. ihrer Eignung einzuschätzen. Dabei wird prinzipiell der biografische Ansatz verfolgt, d.h., es wird davon ausgegangen, dass in der Vergangenheit gezeigte Verhaltensweisen und Leistungen auch in der Zukunft zu erwarten sind. Bewerbungsunterlagen liefern besonders dann eine tragfähige Entscheidungsgrundlage, wenn aus den verschiedenen Komponenten Eindrücke gewonnen werden können, die sich zu einem einheitlichen Gesamtbild vom Bewerber zusammenfassen lassen (Kanning, 2004). Allerdings ist die Information meist nicht eindeutig, sondern muss interpretiert werden.

Nach Schuler (2000) können die Bewerbungsunterlagen wie eine Arbeitsprobe gewertet werden, denn der Bewerber will mit ihnen für sich werben. Die Gestaltung der Unterlagen stellt damit eine Leistung an der Obergrenze dar, denn es ist anzunehmen, dass jeder Bewerber sich so gut wie ihm möglich präsentiert, um ein Vertragsangebot zu erhalten. Sind die Unterlagen beispielsweise nachlässig, fehlerhaft und unvollständig gestaltet, kann das als Hinweis auf eine entsprechende allgemeine Arbeitsweise des Bewerbers gewertet werden. Allerdings ist bei der Analyse der Bewerbungsunterlagen generell Vorsicht geboten, da nicht eindeutig ermittelt werden kann, ob und wie viel Unterstützung der Bewerber bei der Abfassung, Gestaltung und Zusammenstellung der Unterlagen genutzt hat. Welche Kriterien zur Bewertung der Unterlagen herangezogen und wie diese gewichtet werden, hängt in der Praxis vom Ausbildungsstand der Bewerber und vom Niveau der zu besetzenden Stelle ab.

Der erste Eindruck: Bewerbungsmappe und Lichtbild

Die Bewerbungsmappe mit den grafischen Gestaltungselementen und das Lichtbild gehören zu den Informationen, die von Beurteilern aufgrund des visuellen Eindrucks sehr rasch aufgenommen werden können. Sie werden außerdem gut im Gedächtnis verankert (vgl. Kanning, 2004). Sie sind aber aus diagnostischer Sicht als weniger bedeutsam einzuordnen. Außerdem ist mit starken Unterschieden in ihrer Bewertung durch die analysierenden Personen zu rechnen, da diese geschmacksabhängig ist. Bei der Mappe kommen die Art und die Farbe zum Tragen. Sie können bestenfalls daraufhin bewertet werden, ob sie dem Inhalt und dem Niveau der Stelle angemessen sind. Bei einer Bewerbung auf eine Managementposition ist eine hochwertigere und aufwändigere Mappe zu erwarten als bei einer Sachbearbeitungsposition. Während die meisten Bewerber Mappe und Gestaltungsstil eher unauffällig und klassisch wählen, ist von Bewerbern auf eine Stelle, die hohe Anforderungen an Kreativität und Gestaltungsvermögen stellt, z.B. als Designer bei einer Werbeagentur, mit ausgefalleneren Mappen und Darstellungsweisen zu rechnen.

Einen größeren Einfluss auf die Eindrucksbildung dürfte das Lichtbild haben. Die wahrgenommene Attraktivität von Bewerbern wirkt sich häufig auf die Bewertung anderer Kriterien aus (Halo- oder Überstrahlungseffekt, vgl. Kanning, 2004). Aus vielen Situationen ist bekannt, dass attraktivere Personen bessere Chancen haben. Wir schreiben ihnen mehr soziale Kompetenz zu, mehr Selbstsicherheit, mögen sie lieber und lassen uns von ihnen leichter überzeugen als von weniger attraktiven Personen (vgl. Hewstone/Stroebe/Jonas, 2008). Ihnen wird auch eine höhere fachliche Kompetenz zugeschrieben (Langlois/Kalakanis/Rubenstein/Larson/Hallam/Smoot, 2000; Hosoda/Stone-Romero/Coats, 2003). Der Attraktivitätseffekt gilt für beide Geschlechter.

Im Allgemeinen ergeben Befragungen von Unternehmen eine geringe bis mittlere Bedeutung des Lichtbilds. Vielfach werden lediglich generelle Aspekte bewertet, wie die Qualität des Fotos (Fotografen- vs. Automatenfoto, farbig vs. schwarz-weiß, Format) und die Angemessenheit der Kleidung für die ausgeschriebene Position, und wird das gepflegte Äußere beurteilt. Doch sollten diese Antworten nicht den Blick dafür verstellen, dass die weiter oben erwähnten Halo- bzw. Überstrahlungseffekte unbewusst beeinflussen. Eine günstigere Bewertung erhalten erwartungsgemäß passend gekleidete, gepflegt wirkende Personen, die außerdem direkt in die Kamera blicken. Übergewichtige Personen werden tendenziell negativer bewertet als normalgewichtige und hinsichtlich intellektueller Merkmale und Arbeitstugenden Brillenträger positiver als Personen ohne Brille (vgl. Weuster, 2008). Natürlich gibt es auch Tätigkeiten, bei denen bekannt ist, dass das Aussehen einen starken Einfluss auf den Berufserfolg hat, wie beispielsweise bei Fotomodellen und bestimmten Außendiensten. In diesen Fällen sollte das Foto explizit als Beurteilungskriterium verwendet werden.

Aufgrund der stark verzerrenden Wirkung der äußeren Erscheinung von Bewerbern auf die Eignungsbeurteilung (Beautyful-is-good-Stereotyp) sollte überlegt werden, das Lichtbild vor der Begutachtung zu entfernen oder abzudecken. Auf diese Weise kann eine stärkere Fokussierung auf die tätigkeitsrelevanten Kriterien erreicht werden. Das ist außerdem berechtigt, weil bekannt ist, dass der Attraktivitätseffekt im Allgemeinen nur kurzfristig wirkt, d.h., je mehr Information über einen Bewerber vorliegt, desto geringer ist die Bedeutsamkeit seines äußeren Eindrucks (vgl. Myers/Abell/ Kolstad/Sani, 2010).

Das Anschreiben

Aufgrund der wachsenden Fülle an Bewerbungsratgebern ist in den letzten Jahren eine zunehmende Standardisierung der Anschreiben festzustellen. Unterschiede zwischen Bewerbern basieren dadurch häufig nur noch auf einer Negativauslese. Von den Personen, die die Unterlagen bewerten, werden speziell Rechtschreibfehler, das Fehlen der Unterschrift und sehr lange Sätze negativ wahrgenommen. Bei der inhaltlichen Analyse kommt es am stärksten auf die Berufserfahrung, den Abgleich mit den in der Stellenanzeige genannten Anforderungen und auf zusätzliche Qualifikationen an. Weniger bedeutsam sind persönliche Informationen (vgl. Weuster, 2008). Häufig wird das Anschreiben verwendet, um Annahmen über den Bewerber zu bilden, die anhand der weiteren Unterlagen und im Gespräch überprüft werden.

Das Anschreiben bietet einen ersten Eindruck vom sprachlichen Ausdrucksvermögen des Bewerbers und der Angemessenheit der Ausdrucksweise sowie bzgl. der Stringenz und der Prägnanz seiner Argumentation. Die Begründung für die Bewerbung in Bezug auf die Branche, die Organisation und die Tätigkeit kann Hinweise darauf geben, wie stark sich der Bewerber mit dem Unternehmen auseinandergesetzt hat. Wichtig ist eine sinnvolle Begründung und wenig nachvollziehbar ist die Bekundung eines ausschließlichen Interesses an der ausgeschriebenen Stelle. In einer aus der Sicht der Arbeitssuchenden schwierigen Arbeitsmarktsituation kann ein Arbeitgeber nicht erwarten, dass sich ein Bewerber nur für sein Unternehmen und die angebotene Stelle interessiert und auf weitere Bewerbungen verzichtet. Speziell in Bezug auf diese Aspekte muss damit gerechnet werden, dass sich Bewerber Begründungen einfallen lassen, die nicht ursächlich sind, von denen sie aber annehmen, dass sie dem Empfänger gefallen (vgl. Weuster, 2008).

Der Lebenslauf

Die Analyse des Lebenslaufs dient den meisten Unternehmen als Grundlage für die Vorauswahl von Bewerbern, allerdings stärker bei kaufmännischen und Leitungspositionen als bei Bewerbungen von gewerblichen Arbeitnehmern. Bei der Gewinnung von höheren Führungskräften wird bei einer Direktansprache, d.h. der Kontaktaufnahme zu einer persönlich bekannten Person aus dem eigenen Netzwerk, die zu einem Unternehmenswechsel veranlasst werden soll, auf eine Analyse des Lebenslaufs gänzlich verzichtet. In diesem Fall ist davon auszugehen, dass eine hinreichende Passung zum Anforderungsprofil bekannt ist. Dem Lebenslauf lassen sich viele Faktoren über den Bewerber entnehmen, wie Ausbildungen, beruflicher Werdegang, Auslandsaufenthalte und Zusatzqualifikationen. Er enthält im Allgemeinen auch persönliche Informationen, wie Alter, Familienstand, Wohnort etc. Während die Fakten meistens eindeutig sind, ist ihre Interpretation, d.h. die Einschätzung ihrer Bedeutung für beruflichen Erfolg, nicht immer einfach. Um Überinterpretationen mit Fehlschlüssen zu vermeiden, sollten Folgerungen daher sehr eng an der Faktenlage orientiert sein. So kann einem Bewerber, der Studienaufenthalte in verschiedenen Ländern angibt, ziemlich sicher ein gewisses Ausmaß an interkultureller Erfahrung zugeschrieben werden, die sich vermutlich positiv auswirkt, wenn die Stelle internationale Zusammenarbeit erfordert. Mit deutlich geringerer Sicherheit kann aus diesen Angaben aber auf Merkmale wie Leistungsorientierung oder Flexibilität geschlossen werden. Auf keinen Fall sollte aber dem Fehlen entsprechender Angaben ein Mangel an gewünschten Eigenschaften entnommen werden, weil es immer sehr unterschiedliche Gründe für das Nichtnutzen von Möglichkeiten geben kann, z.B. finanzielle Beschränkungen. Auch bei der Interpretation vermeintlich negativer Information ist Vorsicht geboten. So könnte eine betriebsbedingte Kündigung die Annahme nahe legen, dass es sich bei dem Bewerber um eine leistungsschwache Person handelt, weil bei einer leistungsstarken vermutlich die Sozialauswahl umgangen worden wäre. Es ist daher zu empfehlen, die Interpretationen der Lebenslaufdaten lediglich als Annahmen zu nutzen, die dann durch eine Analyse der weiteren Unterlagen oder im Gespräch mit dem Bewerber eingehender überprüft werden.

Bei der Analyse des Lebenslaufes sind mehrere Herangehensweisen möglich. Die Positionsanalyse stellt eine inhaltlich orientierte Auswertung dar. Bei ihr werden die Angaben im Lebenslauf mit dem Anforderungsprofil der Stelle verglichen. Bisherige Positionen werden im Hinblick auf den Umfang der Funktions- und Führungserfahrung, auf Aufgaben, Kompetenzen und Verantwortung hin bewertet. Es wird überprüft, ob die Berufserfahrung für die zu besetzende Stelle ausreicht und notwendige Spezialkenntnisse vorhanden sind. Kanning (2004) warnt davor, die Dauer der Berufserfahrung zu überschätzten und stattdessen lieber auf Vielfalt zu achten. Lange Berufserfahrung auf einer Stelle kann sich im Extremfall, z.B. bei kreativen Tätigkeiten, sogar als Hindernis erweisen, weil auf ihr eine gewissen Betriebsblindheit und einschränkende Denk- und Verhaltensgewohnheiten entstanden sein können. Auch Schuler/Marcus (2006) weisen darauf hin, dass Berufserfahrung (gemessen an der reinen Dauer) nur bedingt mit Berufserfolg zusammenhängt. Wichtiger ist die Häufigkeit, mit der eine bestimmte Tätigkeit ausgeübt wurde. Dennoch kann die Analyse der bisherigen Tätigkeiten gute Hinweise darauf geben, über welche Kenntnisse ein Bewerber verfügt. Das Unternehmen kann im Fall der Einstellung vielleicht sogar interessante Produkt- oder Marktkenntnisse sowie Kundenkontaktdaten gewinnen. Auch gibt der Lebenslauf Aufschluss über die Art der bisherigen Arbeit im Hinblick auf Führung, Projekt- und Teamarbeit. Hier kommt es ebenso wie bei der Betrachtung der bisherigen Branchen und Unternehmen auf Passung zur ausgeschriebenen Stelle und zum eigenen Unternehmen an. Hat ein Bewerber beispielsweise bisher in derselben Branche gearbeitet, wirken sich die vorhandenen Kenntnisse positiv aus und verkürzen voraussichtlich die Einarbeitungszeit. War der Bewerber allerdings bisher in einem international agierenden Großkonzern mit ausgeprägter hierarchischer Struktur tätig, wird er sich in einem regional orientierten Start-up Unternehmen mit flacher Hierarchie, geringem Regelungsgrad bei hohem Anteil von Improvisationen und umfangreichem Handlungs- und Entscheidungsspielraum möglicherweise unwohl fühlen.

In Bezug auf die bisherige berufliche Entwicklung kann analysiert werden, wie zielstrebig und kontinuierlich der Berufsweg war und in welchem Ausmaß es berufliche Auf- und Abstiege sowie Seitwärtsbewegungen gab. Branchen- und Arbeitgeberwechsel werden hinsichtlich ihrer Häufigkeit und Stringenz zu einem auch inhaltlichen Wechsel der Tätigkeit in Beziehung gesetzt. Es wird versucht, daraus auf die aktuelle Wechselmotivation zu schließen. Auch hier sollte die Interpretation vorsichtig sein. Hat die bisherige Stelle eines Bewerbers beispielsweise in großem Umfang Reisetätigkeiten erfordert, so muss die Suche nach einer Position ohne diese Anforderung nicht negativ gewertet werden, denn sie kann einem zur aktuellen Lebenssituation passenden Bedürfnis entsprechen. Wenn es sich hierbei nicht um ein erfolgsrelevantes Merkmal handelt, was aus dem Vergleich mit dem Anforderungsprofil zu klären ist, sollte ihm keine zu große Bedeutung beigemessen werden.

Der Lebenslauf wird außerdem häufig in formaler Hinsicht analysiert. Es geht dabei darum, festzustellen, ob Angaben hinreichend präzise sind und ob sie mit den beigefügten Dokumenten übereinstimmen. Es wird auf Ausbildungsabbrüche, Lücken in den Angaben und Zeiten der Erwerbslosigkeit geachtet. Fehlende Belege sollten bei ansonsten geeignet wirkenden Bewerbern unbedingt nachgefordert werden, um diese Bewerber nicht zu früh aus dem Verfahren auszuschließen.

Die Analyse des Lebenslaufs bildet häufig eine Grundlage für Fragen im späteren Interview.

Arbeitszeugnisse und Referenzen

Die Aussagekraft von Arbeitszeugnissen wird durch die Vorschriften des deutschen Arbeitsrechts eingeschränkt, weil aufgrund der Fürsorgepflicht des Arbeitgebers kaum ausdrücklich Negatives über die beurteilte Person ausgesagt werden darf (siehe Kasten). Beispielsweise dürfen einmalige Vorfälle, Abmahnungen, Fehlzeiten aufgrund von Krankheit (sofern sie unter 50% der Arbeitszeit liegen), Entzug von Vollmachten und Betriebsratstätigkeiten nicht erwähnt werden, denn sie könnten zukünftige Beschäftigungschancen erheblich reduzieren (vgl. Nicolai, 2009).

Grundsätze der Zeugniserstellung:
- Wahrheitspflicht: Alle wichtigen Leistungen und Verhaltensweisen müssen genannt sein mit korrekter Darstellung des Niveaus
- Sorgfaltspflicht: Genaue und vollständige Angaben erforderlich
- Fürsorgepflicht: Wohlwollende Beurteilung vornehmen, die Chancen auf weitere Beschäftigung nicht einschränkt; Ungünstige Aussagen vermeiden, ohne gegen die Wahrheitspflicht zu verstoßen

Generell ist auch bei der Interpretation von Arbeitszeugnissen Vorsicht geboten. Eine weniger günstig erscheinende Einschätzung kann einerseits auf Leistung und Verhalten der beurteilten Person zurückgehen, könnte andererseits aber auch durch mangelnde Kompetenz des Zeugnisausstellers bedingt sein. Häufig werden Arbeitszeugnisse auch vom Arbeitnehmer selbst geschrieben und unternehmensseitig lediglich noch auf Firmenpapier gedruckt und unterzeichnet.

Als zuverlässig gelten die faktischen Angaben zu Beschäftigungsdauer und zur Art des Beschäftigungsverhältnisses sowie die Beschreibung der Aufgaben. Außerdem wird bezüglich des Schlusssatzes, d.h. des Dankes und der Zukunftswünsche, davon ausgegangen, dass er glaubhaft ist, da Dank für den geleisteten Beitrag und gute Wünsche für die Zukunft im Gegensatz zu den übrigen Zeugnisbestandteilen nicht einklagbar sind.

Zusätzliche Referenzen werden typischerweise lediglich bei der Besetzung von Führungskräftepositionen und häufig durch Personalberater eingeholt. Schuler (2000) empfiehlt mündliche Anfragen im Vergleich zu schriftlichen, weil sie offener und informativer sind. Allerdings stellt sich bei Referenzen immer die Frage, wie groß der Bezug der Aussagen zur neuen Stelle ist. Die meisten Bewerber informieren ihren derzeitigen Arbeitgeber nicht über die Stellensuche und können also auch häufig keine Referenzgeber angeben, die ihre aktuellen Leistungen bewerten könnten. Referenzgeber aus früheren Arbeitsverhältnissen können entsprechend nur Tätigkeiten beurteilen, die länger zurück liegen. Ihre Erinnerungsfähigkeit könnte eingeschränkt und demzufolge ihr Urteil weniger zuverlässig sein.

Im Vergleich zum angelsächsischen Raum, in dem das Einholen von Referenzen weit verbreitet ist, wird es in deutschen Unternehmen eher fallweise anstatt routinemäßig für Personalauswahlzwecke eingesetzt (vgl. Weuster, 2008). Der Unterschied in der Verbreitung dürfte auch darauf zurückzuführen sein, dass im angelsächsischen Sprachraum Arbeitszeugnisse weniger üblich sind als im deutschen. Das Einholen einer persönlichen Auskunft ist dann wahrscheinlicher, wenn sich Referenzgeber und der Auskunft Einholende persönlich kennen, was bei einem begrenzten Arbeitsmarkt für bestimmte Tätigkeiten häufiger der Fall ist (z.B. Handwerksmeister in derselben Region, Absolventen von seltenen Studienfächern, Professoren für ein bestimmtes Fachgebiet, Chefärzte in Kliniken). Referenzen gelten unter Personalverantwortlichen als wenig zuverlässig und prognoserelevant, was auch durch Forschungsergebnisse belegt ist (vgl. Weuster, 2008, S. 408). Schmidt/Hunter (1998) führen diese Einschränkung u.a. darauf zurück, dass sich Referenzgeber scheuen, negative Einschätzungen zu geben, weil sie (speziell in den USA) fürchten, dafür von ehemaligen Mitarbeitern verklagt zu werden.

Schul- und Ausbildungszeugnisse

Schulzeugnisse sind nützlich, weil sie einen Hinweis auf die intellektuelle Leistungsfähigkeit und das Arbeitsverhalten von Bewerbern geben. Sie ermöglichen außerdem eine gute Vorhersage auf Studien- und Ausbildungserfolg, weil in beiden Bildungsformen ähnliche Anforderungen gestellt werden wie in der Schule. Hingegen erlauben sie nur in beschränktem Maß einen Rückschluss auf beruflichen Erfolg.

Bei beruflichen Tätigkeiten kommt es stärker auf Fach- und Sozialkompetenz sowie ggf. auf motorische Fähigkeiten an. Es sollten also zusätzliche Kriterien herangezogen werden. Schul- wie Hochschulzeugnisse geben Informationen darüber, welche fachlichen Inhalte der Bewerber erlernt hat, und erlauben durch Abgleich mit dem Anforderungsprofil die Feststellung, ob ein Bewerber bezüglich der spezifizierten Bildungsvoraussetzungen grundsätzlich für die ausgeschriebene Stelle geeignet ist. Allerdings sind Schlussfolgerungen aus dem Notenniveau problematisch, da sich bei Schulen wie Hochschulen bzw. Universitäten die Notengebung je nach Fach und Institution sehr unterscheiden kann. So zitiert Weuster (2008, S. 150) eine

Studie, die belegt, dass die Häufigkeit der Note "sehr gut" in ausgewählten deutschen wirtschafts- und sozialwissenschaftlichen Fakultäten zwischen weniger als 1% und mehr als einem Drittel der bestandenen Prüfungen schwankt. Die beste Vorhersage auf den Ausbildungs- und Studienerfolg bietet im Fall von Schulleistungen die Durchschnittsnote aller Einzelnoten. (vgl. Kanning/Pöttker/Klinge, 2008).

In Bezug auf Hochschulzeugnisse werden typischerweise die Hochschulart, die Fachrichtung mit evtl. Schwerpunktwahl und Fächerkombination, die Studiendauer und ein Studienfachwechsel bewertet. Ein zur ausgeschriebenen Stelle möglichst gut passender Studienschwerpunkt bietet Hinweise darauf, dass die Einarbeitung rasch funktionieren sollte. Allerdings ist davor zu warnen, einzelnen Leistungen, wie z.B. einer Abschlussarbeit mit zur Stelle passendem Thema, eine zu hohe Bedeutung beizumessen, denn sie lässt keine Vorhersage auf den mittel- und langfristigen beruflichen Erfolg zu. Um eine voreilige Fokussierung auf Einzelleistungen zu vermeiden, sollte das Anforderungsprofil diesbezüglich nicht zu eng formuliert werden. Eine lange Studiendauer kann ein Hinweis auf geringe Leistungsorientierung sein, wenn sie nicht durch andere Aktivitäten, wie die Notwendigkeit paralleler Erwerbstätigkeit, Studienaufenthalte im Ausland oder Praktika, erklärt werden kann. Auch ein Studienabbruch bzw. Studienfachwechsel sollte kritisch, aber vorbehaltlos hinterfragt werden. Er kann ebenso durch mangelnde Selbsteinschätzung von Leistungsfähigkeit und Interessen vor Beginn des Studiums bedingt sein wie aus einer nachträglichen Korrektur der von den Eltern erzwungenen Studienfachwahl resultieren. Er kann auch sinnvoll sein, wenn dadurch der Verlust des Prüfungsanspruchs vermieden werden kann und die Möglichkeit der Studienfortführung in einem anderen Fach bzw. an einer anderen Hochschule besteht. Es sollte demnach vor allem darauf geachtet werden, wie Abbruch oder Wechsel begründet werden.

In Abbildung 5.2 befindet sich eine Checkliste zur systematischen Analyse und Bewertung von Bewerbungsunterlagen.

5.4 Interview

5.4.1 Begriff, Verbreitung und Nutzen

Begriff und Verbreitung

> Das Interview oder Auswahlgespräch ist ein persönliches Gespräch zwischen einem Stellenbewerber und mindestens einem Unternehmensvertreter (i.d.R. Mitarbeiter der Personalabteilung und/oder Führungskräfte). Es wird geführt mit dem Ziel, den beruflichen Erfolg des Bewerbers zu prognostizieren. Die beteiligten Personen klären darin die Vorteilhaftigkeit eines zukünftigen Arbeitsverhältnisses für beide Seiten und entscheiden darüber in vielen Fällen nach dem Ergebnis des Interviews (vgl. Mussel, 2007, S. 503).

Interviews oder Auswahlgespräche sind das am häufigsten eingesetzte Verfahren der Personalauswahl (vgl. Schuler/Hell/Trapmann/Schaar/Boramir, 2007, siehe Tab. 5.1) in deutschen Großunternehmen und sind darüber hinaus in irgendeiner Form, d.h. mit unterschiedlichem Strukturierungsgrad und unterschiedlichen Teilnehmern, Bestandteil jedes Auswahlverfahrens. Sie sind bei Vorgesetzten und Mitarbeitern des Personalmanagements die beliebteste Methode (vgl. Macan, 2009) und werden auch von Bewerbern vorgezogen (vgl. Hausknecht/Day/Thomas, 2004, siehe Tab. 5.2). Beide Seiten nehmen das Gespräch als stärker unter ihrer Kontrolle stehend wahr als andere Auswahlverfahren. Sie sehen es als wichtige Grundlage zur Gewinnung von Informationen an und halten diese für glaubwürdiger als schriftlich vermittelte Aussagen (vgl. Schuler/Marcus, 2006). Aus Sicht von Bewerbern ist das Interview ein elementarer Bestandteil des Auswahlprozesses und für sie die wichtigste Grundlage für ihre Entscheidung (Selbstselektion). So fanden beispielsweise Uggerslev/Fassina/Kraichy, 2012), dass das Interesse der Bewerber an einer Stelle am stärksten von ihrem Eindruck abhing, zum Unternehmen zu passen. Bewerber schätzen Interviews als fairer ein als andere Auswahlmethoden (vgl. Macan, 2009).

Checkliste Bewerbungsunterlagen

H&L KarriereBeratung

Ausgeschriebene Stelle: ______________________________

Name: ____________________ Bewerbungseingang: ____________

	☺☺	☺	😐	☹	☹☹
Anschreiben					
Sprachliche Ausdrucksfähigkeit, Originalität	☐	☐	☐	☐	☐
Strukturierung, Prägnanz	☐	☐	☐	☐	☐
Art der Selbstdarstellung	☐	☐	☐	☐	☐
Lebenslauf und Belege					
Schulabschluss	☐	☐	☐	☐	☐
Schulnoten	☐	☐	☐	☐	☐
Ausbildung	☐	☐	☐	☐	☐
Studienleistungen	☐	☐	☐	☐	☐
Erforderliche Spezialkenntnisse	☐	☐	☐	☐	☐
Einschlägige Berufserfahrung	☐	☐	☐	☐	☐
Arbeitszeugnisse	☐	☐	☐	☐	☐
Plausibilität von Stellenwechseln	☐	☐	☐	☐	☐
Reputation früherer Arbeitgeber	☐	☐	☐	☐	☐
Formale Aspekte					
Übereinstimmung Lebenslauf und Belege	☐	☐	☐	☐	☐
Sorgfalt, Fehlerfreiheit	☐	☐	☐	☐	☐
Vollständigkeit	☐	☐	☐	☐	☐

Einschätzung:

☐ A-Kandidat ☐ B-Kandidat ☐ C-Kandidat

☐ Weiterleitung an Fachabteilung am: ____________ Ergebnis: ____________

☐ zum Interview einladen, Termin: ____________ ☐ Absage

Unterlagen nachfordern:

____

Offene Fragen:

____

____

Abb. 5.2 Beispiel für eine Checkliste zur Analyse von Bewerbungsunterlagen

Interviews werden (meist nach der Analyse der Bewerbungsunterlagen) als einziges Auswahlinstrument oder als Teil eines umfangreicheren Verfahrens, z.B. mit Tests oder Assessment Centern, eingesetzt. Es können außerdem mehrere Interviews vorgesehen werden, die entweder mit unterschiedlichen Angehörigen des Unternehmens geführt werden oder in gleicher Besetzung in verschiedenen Phasen des Auswahlprozesses.

Fallbeispiel: Mehrere Interviews als Instrument der Personalauswahl
Ein mittelständisches IT-Beratungsunternehmen suchte regelmäßig IT-Berater für den Bereich Finanzdienstleitungen. Dabei befand es sich in starker Konkurrenz mit anderen Arbeitgebern. Nach der Sichtung der Bewerbungsunterlagen wurden die Kandidaten zu einem Interviewtermin eingeladen. Tatsächlich handelte es sich um insgesamt vier Interviews direkt hintereinander. Im ersten Gespräch klärte die direkte Führungskraft die fachliche Eignung und die Motivation für eine Tätigkeit im Unternehmen. Anschließend prüfte eine höhere Führungskraft des Unternehmensbereichs die Passung des Kandidaten ins Unternehmen. Im dritten Gespräch bekamen die Bewerber Kontakt mit Teammitgliedern, die mit ihnen auch einen kurzen Rundgang durch die Büros machten. Währenddessen verständigten sich die Führungskräfte der ersten beiden Gespräche, ob sie ein Vertragsangebot machen wollten. Bei einer positiven Entscheidung wurde ein vorbereitetes Vertragsangebot bereitgehalten. Das vierte Gespräch führte dann wieder der direkte Vorgesetzte, der bereits das erste Interview bestritten hatte. Im Fall der positiven Bewertung des Bewerbers wurde dem Bewerber im Verlauf dieses Gespräch ein Arbeitsvertrag angeboten und ihm die schriftliche Fassung überreicht mit der Bitte, die angebotenen Konditionen zu bedenken und sich innerhalb weniger Tage zu entscheiden. Im Fall einer Ablehnung wurde diese nicht sofort kommuniziert, sondern es wurde lediglich für das gegenseitige Kennenlernen gedankt und eine Entscheidung innerhalb weniger Tage in Aussicht gestellt.
Mit diesem Verfahren konnte das Unternehmen viele Bewerber für sich gewinnen, die von der hohen Wertschätzung durch die sofortige Zusage des Unternehmens begeistert waren. Bemerkenswert an diesem Auswahlverfahren ist auch, dass die Personalabteilung nicht in die Interviews einbezogen war.

Funktionen des Auswahlgesprächs

Für Arbeitgeber und Bewerber erfüllt das Interview sehr viele Funktionen (Schuler, 2002). Während es dem Arbeitgeber in erster Linie darum geht, eine Prognose erstellen zu können, ob der Bewerber die ausgeschriebene Stelle erfolgreich ausfüllen kann, ist für den Bewerber das wichtigste Ziel, ein Vertragsangebot zu erhalten. Neben diesen beiden übergeordneten Zielen spielen weitere Aspekte eine Rolle (siehe Abb. 5.3). Dabei gibt es auch einige Gemeinsamkeiten auf Arbeitgeber- und Bewerberseite.

Der Interviewer möchte ein möglichst umfassendes Bild des Bewerbers in Bezug auf seine fachliche und persönliche Eignung für die ausgeschriebene Stelle erhalten. Er will außerdem herausfinden, ob der Bewerber auch auf Dauer in das Unternehmen passt. Dafür muss er die Erwartungen des Bewerbers kennen lernen, z.B. in Bezug auf Arbeitsinhalte, Zusammenarbeit, seine mittelfristige fachliche Entwicklung und die Vergütung. Er nutzt das Gespräch, um Eindrücke, die er aus der Sichtung der Bewerbungsunterlagen gewonnen hat, zu bestätigen oder zu verwerfen. Er vermittelt seinerseits einen Eindruck der Unternehmenskultur, damit der Bewerber ebenfalls einschätzen kann, ob er zum Unternehmen passt.

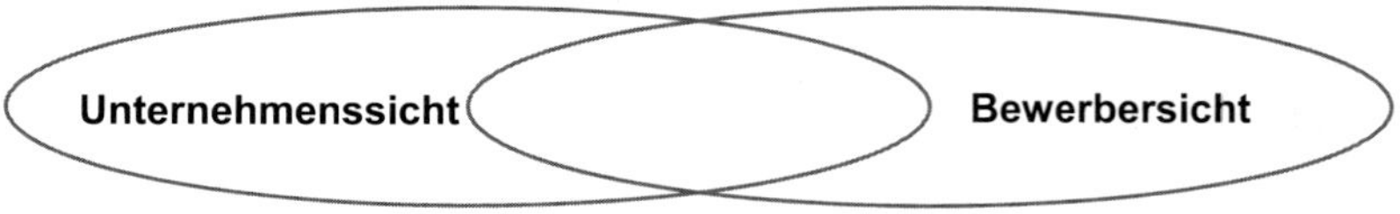

- Kompetenzen ermitteln, um eine Prognose des Berufserfolgs zu stellen
- Erwartungen des Bewerbers kennen lernen
- Informationen aus Bewerbungsunterlagen überprüfen, ergänzen
- Unternehmenskultur vermitteln

- Sich/das Unternehmen positiv darstellen
- Stellen- und unternehmensrelevante Information geben/erhalten
- gegenseitig kennen lernen
- Sympathie und Vertrauen aufbauen
- Passung abschätzen
- Bedingungen aushandeln

- Vertragsangebot erhalten
- Arbeitsbedingungen kennen lernen
- Zwischen Stellenoptionen vergleichen können
- Eigenen Marktwert abschätzen

Abb. 5.3: Funktionen des Interviews aus Sicht von Unternehmen und Bewerber (nach Schuler, 2002)

Für beide Seiten gilt, dass sie sich im Gespräch positiv und attraktiv präsentieren möchten. Der Interviewer will erreichen, dass der Bewerber sein

Interesse an der ausgeschriebenen Position behält bzw. verstärkt. Umgekehrt möchte der Bewerber, dass das Unternehmen weiterhin an ihm interessiert ist. Es geht darum, wichtige Informationen über die Tätigkeit und das Unternehmen zu vermitteln bzw. zu erhalten und sich gegenseitig kennen zu lernen. Das Gespräch erlaubt es, Vertrauen zu einander zu gewinnen und im besten Fall Sympathie füreinander zu entwickeln. Wenn gegenseitig der Eindruck entsteht, zu einander zu passen, kann das Gespräch genutzt werden, um Bedingungen für eine Zusammenarbeit zu spezifizieren.

Neben den gemeinsamen Interessen verfolgt der Bewerber weitere eigene. Sein Hauptziel für das Gespräch ist es, den Arbeitsplatz angeboten zu bekommen. Wenn er dies erreicht hat, liegt die Entscheidung bei ihm, ihn anzunehmen oder abzulehnen. Das ist insbesondere attraktiv, wenn ihm weitere Stellenangebote vorliegen. Um eine Entscheidung treffen zu können, benötigt er neben der inhaltlichen Information über die Tätigkeiten Aufschluss über Arbeitsbedingungen und vertragliche Konditionen. Speziell letztgenannte geben viele Interviewer nicht gern in einem ersten Interview preis. Die Kenntnis der angebotenen Bedingungen liefert dem Bewerber eine gute Grundlage, den eigenen Marktwert abzuschätzen.

Vorhersage des Berufserfolgs

Auswahlgespräche leisten einen sehr guten Beitrag zur Vorhersage des Berufserfolgs und verbessern nach Erkenntnissen von Schmidt/Hunter (1998) sogar die Prognose, die allein auf der Grundlage eines Intelligenztests gestellt werden kann. Gemessen werden meist Persönlichkeitsmerkmale und soziale Kompetenzen (vgl. Sackett/Lievens, 2008) sowie fachliche Fähigkeiten, Fertigkeiten und Kenntnisse zusätzlich zu Interessen der Bewerber (vgl. Schuler/Marcus, 2006). Berufliche Interessen für sich genommen bieten selbst wieder eine gute Vorhersage auf Arbeitsleistung und Fachwissen (van Iddekinge/Putka/Campbell, 2011).

Zwar sind Interviews anfälliger für eine beschönigende Selbstdarstellung der Kandidaten als Assessment Center, doch können absichtliche Schönfärbungen der Aussagen durch bestimmte Fragetechniken, z.B. Verhaltensbeschreibungsfragen, die detaillierte Nachfragen umfassen (siehe Kasten), besser unterbunden werden als bei anderen Selbstreportinstrumenten, etwa Persönlichkeitstests (vgl. Sackett/Lievens, 2008).

Beispiel für verketteten Fragenstil bei einer Verhaltensbeschreibungsfrage zum Test interpersoneller Kompetenz
(aus Peeters/Lievens, 2006, S. 222, eigene Übersetzung):
Beschreiben Sie eine Situation, in der Sie den Eindruck hatten, dass jemand seine/ihre Verantwortung für eine Aufgabe nicht wahrgenommen hat, so dass Sie mehr arbeiten mussten als eigentlich vorgesehen.

- Können Sie die Situation bitte noch ausführlicher beschreiben:
- Wann und in welchem Zusammenhang hat das stattgefunden?
- Was genau war die Aufgabe?
- Wie sind Sie genau damit umgegangen?
- Was war das Ergebnis und seine Auswirkungen?

Gleichwohl haben verschiedene Studien gezeigt, dass die Selbstdarstellungsfähigkeit der Kandidaten erheblichen Einfluss auf ihre Bewertung in Interviews hat (vgl. Huffcutt, 2011). In mehreren Studien konnte außerdem gezeigt werden, dass Kandidaten, die korrekt erkannten, auf welche Anforderung eine Frage abzielt, besser beurteilt wurden als Kandidaten, die das nicht erkannten (z.B. Melchers/Kleinmann/Richter/König/Klehe, 2004). Das soll an einem Beispiel kurz erläutert werden:

Angenommen, in einer Interviewfrage wird einem Kandidaten eine Situation im Arbeitsteam geschildert, bei der ein Problem auftritt. Der Kandidat soll sagen, wie er sich in der entsprechenden Situation verhalten würde. Die Frage wird gestellt, um die Teamfähigkeit der Kandidaten, eine wichtige Anforderung der zu besetzenden Stelle, zu testen. Ein Kandidat, der korrekt vermutet, es gehe in der Frage um Teamfähigkeit, wird sein Verhalten als möglichst teamfähig beschreiben. Ein anderer Kandidat, der annimmt, es gehe in der Frage um Durchsetzungsvermögen, wird sich in der unterstellten Situation als möglichst durchsetzungsfähig darstellen. Der erste Kandidat wird für seine Antwort zweifellos die deutliche bessere Bewertung erhalten als der zweite Bewerber für sein angegebenes Verhalten. An diesem Beispiel wird auch klar, dass mit der Frage nicht so sehr Teamfähigkeit gemessen wird, sondern eher die Fähigkeit der Kandidaten, korrekt zu erkennen, worauf eine Frage abzielt. Allerdings gilt auch für jede berufliche Situation, dass es wichtig ist zu erkennen, worin die Anforderung besteht.

Eine hohe Vorhersagekraft ist allerdings nicht bei jeder Form des Interviews gegeben, sondern hängt im Wesentlichen von Faktoren ab (siehe Abb. 5.4), die sich unter dem Stichwort Strukturierung zusammenfassen lassen (vgl. Macan, 2009).

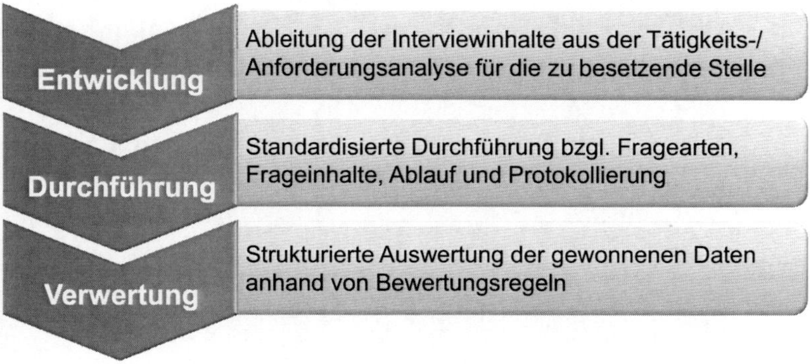

Abb. 5.4: Facetten der Strukturierung von Interviews

Strukturierte Interviews ermöglichen eine deutlich bessere Vorhersage des Berufserfolgs als unstrukturierte, wenn sie die obigen Faktorenkomplexe bzw. Facetten berücksichtigen. Die Strukturierung bezieht sich also auf alle Phasen des Interviews. Für die Entwicklung des Interviews bedeutet das: Es muss auf einer systematischen Tätigkeits- und Anforderungsanalyse basieren. Auf dieser Grundlage werden tätigkeitsrelevante Inhaltsbereiche abgeleitet, für die Interviewfragen formuliert werden. Aus der außerdem wünschenswerten Standardisierung folgt, dass das Interview für alle Bewerber im Ablauf gleich ist, dass gleichartige Fragen und Frageinhalte verwendet werden und dass die Protokollierung in gleicher Weise erfolgt. Nach Abschluss des Interviews werden die gewonnenen Daten für alle Bewerber einheitlich weiterverarbeitet, anstatt die Information – wie bei unstrukturierten Interviews – intuitiv zu kombinieren und zu gewichten, um zu einer Gesamteinschätzung zu kommen. Erst durch die Anwendung eines Auswertungs- und Interpretationsschemas wird ein einheitlicher Bewertungsmaßstab sichergestellt, d.h. erreicht, dass aus gleichen Verhaltensweisen auch gleiche Schlussfolgerungen gezogen werden. Die Strukturierungsmerkmale der Phasen Durchführung und Verwertung zeichnen sich damit durch eine hohe Objektivität aus, die zur Zuverlässigkeit des Verfahrens beiträgt und damit eine wichtige Grundlage für die Vorhersagekraft liefert (vgl. Kapitel 3.2).

Der Grad der Strukturierung von Interviews kann von vollständig unstrukturiert bis zu vollständig strukturiert reichen. Vollständig unstrukturierte Interviews sind dadurch gekennzeichnet, dass die Frageninhalte im Vorhinein nicht festgelegt sind und u.U. jedem Bewerber ganz unterschiedliche Fragen gestellt werden. Der Verlauf des Gesprächs wird dann sehr stark von der Persönlichkeit des Interviewers und der des Bewerbers beeinflusst. Unstrukturierte Interviews haben den Vorteil, dass sie den Interviewer nicht einschränken, da es nicht einmal einen Gesprächsleitfaden gibt. Der Interviewer muss sich nicht auf sie vorbereiten, sondern kann spontanen Eingebungen nachgehen. Das Gespräch läuft dann häufig sehr ungezwungen und natürlich ab. Aus Bewerbersicht wird das unstrukturierte Gespräch bevorzugt. Es hat für ihn den großen Vorteil, dass er selbst viel stärker steuern kann, welche Information er über sich preisgibt. Arbeitgeberseitig ist als nachteilig anzumerken, dass nicht sichergestellt ist, alle relevanten Information zu erheben. Aufgrund des unterschiedlichen Gesprächsverlaufs können auch Bewerber nur sehr eingeschränkt miteinander verglichen werden und eine regelgeleitete Auswertung, wie sie für die Verwertungsphase sinnvoll ist, kann nicht erfolgen. Aus Forschungssicht ist daher eindeutig das hoch strukturierte Gespräch zu bevorzugen. Da das aber sehr steif und unnatürlich wirken kann, denn streng genommen dürfte eine Antwort des Bewerbers nicht mehr hinterfragt werden, besteht das Risiko, dass die Gesprächsatmosphäre unter der Strukturierung leidet. Daher wird in der Praxis normalerweise eine Form gewählt, die zwischen den beiden Interviewextremen liegt, nämlich das teilstrukturierte Interview.

Schuler (2002) hat eine Form des Interviews entwickelt, die es in besonderer Weise erlaubt, einen hohen Strukturierungsgrad mit Anteilen freier Gesprächsführung zu verbinden. Es wird im nächsten Abschnitt vorgestellt.

5.4.2 Das Multimodale Interview

Das Multimodale Interview (Schuler, 2002) leitet seinen Namen daraus ab, dass alle drei Ansatzpunkte der berufsbezogenen Eignungsdiagnostik (vgl.

Abb. 5.1) berücksichtigt werden. Das Interview enthält entsprechend eigenschaftsbezogene, simulationsbezogene und biografiebezogene Fragen und umfasst neben den bewerteten Anteilen auch Gesprächsphasen, in denen keine Bewertung vorgenommen wird, so dass ein harmonischer Gesprächsverlauf trotz standardisierter Erhebung der relevanten Daten erreicht werden kann. In Tabelle 5.3 sind die Gesprächsphasen im Überblick dargestellt. Sie werden anschließend ausführlich beschrieben.

Tab. 5.3: Phasen des Multimodalen Interviews (Schuler, 2002) mit Bewertung, Fokus und Inhalt der Phasen

Gesprächsphase	**Bewertung**	**Fokus**	**Inhalte**
1. Gesprächsbeginn	Keine	Atmosphäre schaffen	Begrüßung, Vorstellung
2. Selbstvorstellung	Auf die Anforderungen bezogen	Überblick über Werdegang	Beruflicher und persönlicher Hintergrund, Erwartungen
3. Berufliche Orientierung	Anhand von verhaltensverankerten Skalen	Interessen, Zielorientierung	Gründe für Entscheidungen, Interessen, Fachwissen
4. Freies Gespräch	Summarisch	Offene Punkte klären	An Selbstvorstellung anknüpfen und offene Fragen klären
5. Biografiebezogene Fragen	Anhand von verhaltensverankerten Skalen	Vergangenheit: „Was haben Sie getan?“	Mit Bezug auf die Anforderungen nach relevanten Erfahrungen fragen
6. Realistische Tätigkeitsinformation	Keine	Informieren, werben	Information über Tätigkeit, Arbeitsplatz und Unternehmen geben
7. Situative Fragen	Anhand von verhaltensverankerten Skalen	Zukunft: „Was würden Sie tun?“	Mit Bezug zu Anforderungen Verhalten in erfolgskritischen Situation erfragen
8. Gesprächsabschluss	Keine	Atmosphäre schaffen	Information zum weiteren Ablauf des Verfahrens, Verabschiedung

Der Interviewer beginnt das Gespräch mit einer Begrüßung des Kandidaten, dankt für dessen Kommen und fragt ggf. nach der Anreise. Dann werden die am Gespräch beteiligten Personen vorgestellt und die Zielsetzung, die Inhalte und die Dauer des Gesprächs skizziert. Der Gesprächsbeginn dient dazu, eine positive Atmosphäre zu schaffen, in der sich der Bewerber wohlfühlt und sich die bei den meisten Bewerbern gegebene Anspannung löst. Daher wird in dieser Phase auf eine Bewertung verzichtet.

Das eigentliche Interview wird meist mit der Bitte eingeleitet, sich selbst vorzustellen. Je nachdem, wie viel Berufserfahrung der Bewerber hat, wird nach dem bisherigen Lebensweg, dem beruflichen Werdegang der letzten Jahre oder lediglich nach der aktuellen Position gefragt. Für den Bewerber hat das den Vorteil, dass er auf diese Frage vorbereitet ist und gut ins Gespräch finden kann. Der Interviewer wird sein Augenmerk darauf richten, ob gezielt auf eine spezifische Bitte (z.B. die berufliche Entwicklung der letzten drei Jahre darzustellen) eingegangen wird oder ob ein vorbereiteter Komplettlebenslauf „abgespult" wird. Bei der Darstellung des Werdegangs wird darauf geachtet, welche Zusammenhänge zur ausgeschriebenen Stelle herausgestellt werden. Dieser Gesprächsteil wird auf die Stellenanforderungen bezogen bewertet. Der Interviewer erhält auch Anknüpfungspunkte, um auf die nächste Gesprächsphase überzuleiten.

In der dritten Phase geht es um Fragen nach beruflichen Interessen. Es werden die Motive für die Berufs- und ggf. Studienwahl überprüft. Der Interviewer will herausfinden, ob die Entscheidungen eher überlegt oder zufällig, selbst oder von anderen gesteuert getroffen wurden. Ihn interessieren die Zielstrebigkeit des Bewerbers und die Stabilität seiner Motive. Auch Fragen nach Änderungen im Berufsweg werden gestellt. Können diese schlüssig begründet werden oder wirken sie willkürlich und unüberlegt oder sind sie aus einer Notsituation heraus entstanden? Liegt z.B. ein Studienfachwechsel aufgrund des Verlusts des Prüfungsanspruchs im eigentlichen Fach vor bzw. war eine Umschulung von einem handwerklichen auf einen Büroberuf aufgrund körperlicher Einschränkungen notwendig? Das Themenfeld bietet gute Anknüpfungspunkte, um notwendiges Fachwissen des Bewerbers zu testen. So können beispielsweise gezielte Fragen nach Inhalten bestimmter Studienfächer, bisher in der Praxis angewandter Verfahren etc. einen guten Einblick in Breite und Tiefe des Know-how bieten. In dieser Phase wird außerdem geklärt, warum sich der Bewerber bei diesem Unternehmen und auf genau diese Position beworben hat. Damit kann überprüft werden, ob es sich um eine gezielte und interessengeleitete Bewerbung handelt, bei der sich der Bewerber sowohl über das Unternehmen als auch die Stelle im Vorfeld informiert hat. Es geht nicht darum, dass sich der Kandidat ausschließlich bei diesem Unternehmen und für die angebotene Tätigkeit beworben hat. Das wäre in Zeiten knapper Arbeitsplätze unglaubwürdig. Ein Unternehmen kann aber sehr wohl erwarten, dass sich der Bewerber für die Tätigkeit interessiert und sich mit dem Unternehmen als potenziellem Arbeitgeber auseinandergesetzt hat. Eine Bewerbung verdient größere Beachtung, wenn sie nicht eine wahllose Standardbewerbung auf viele unterschiedliche Ausschreibungen hin ist. Die Fragen in dieser Phase werden möglichst standardisiert gestellt und anhand zuvor formulierter, durch Verhaltensbeispiele auf verschiedenen Leistungsstufen markierter Skalen (sog. verhaltensverankerte Skalen) bewertet.

Die vierte Phase wird als freies Gespräch, d.h. ohne vorformulierte Fragen, geführt. Der Interviewer nutzt sie, um Fragen zu Punkten zu stellen, die nach Sichtung der Bewerbungsunterlagen offen geblieben und nach der Selbstdarstellung des Bewerbers noch nicht geklärt sind. Für diesen Gesprächsteil nimmt der Interviewer eine zusammenfassende freie Bewertung vor.

In Phase fünf stellt der Interviewer biografiebezogene Fragen. Im Hinblick auf die Anforderungen der ausgeschriebenen Stelle wird geklärt, welche Erfahrungen der Bewerber hat. Die Art der Fragen basiert auf der Annahme, dass vergangenes Verhalten der beste Prädiktor für zukünftiges Verhalten ist. Das bedeutet beispielsweise, dass nach dem Grad der Selbststeuerung in den bisherigen Tätigkeiten gefragt wird, wenn selbständiges Arbeiten eine wichtige Anforderung der zu besetzenden Position darstellt. Dabei kommt es darauf an, miteinander verkettete Fragen zu stellen (siehe Kasten Beispiele zu Verhaltensbeschreibungsfragen), die die Situation, des Verhalten und seine Ergebnisse umfassen.

Verhaltensdreieck bei biografiebezogenen Fragen (vgl. Schuler, 2002, S. 180)

- **Situation/Aufgabe**: Ausgangspunkt für Handlung des Bewerbers
- **Vorgehen**: spezifisches Verhalten, Maßnahme des Bewerbers
- **Ergebnis**: die durch sein Handeln bewirkte Veränderung und Reaktionen darauf

Je stärker eine Situation aus der Vergangenheit hinterfragt, je detaillierter ihre Beschreibung gewünscht wird, desto geringer ist das Risiko, dass der Bewerber sein Verhalten geschönt darstellt. Wenn die erfahrungs- oder biografiebezogenen Fragen geschickt gestellt werden, beschreibt der Bewerber seine typische Leistung und nicht – wie bei vielen anderen Verfahren – die hypothetische Leistungsobergrenze. Die Fragen dieser Phase sind standardisiert und die Bewertung erfolgt anhand verhaltensverankerter Skalen (siehe Kasten unten).

Beispiel für eine verkettete Frage zu Kollegialität mit ihren Bewertungsalternativen
(in Anlehnung an Schuler, 2002):
Fragen:
- In welchem Fall haben Sie einen Kollegen/eine Kollegin unterstützt, ein Problem zu lösen?
- Wie haben Sie erkannt, dass er oder sie Hilfe braucht?
- Wie sind Sie vorgegangen?
- Wie hat er/sie darauf reagiert?

Bewertung:
- 1 Punkt: Kein Beispiel oder belangloses Beispiel
- 3 Punkte: Beispiel für Unterstützung, die auf Ersuchen des Kollegen/der Kollegin erfolgte, oder Hilfe, die nicht zur Selbsthilfe führt
- 5 Punkte: Beispiel für Unterstützung, die über den alltäglichen Rahmen hinausgeht; Interesse am Wohlergehen und Erfolg anderer; aktive Hilfsbereitschaft, Hilfe zur Selbsthilfe

Anschließend, in Phase 6, gibt der Interviewer Informationen über die ausgeschriebene Stelle mit Tätigkeitsinhalten, Arbeitsbedingungen und Entwicklungsmöglichkeiten. Hierbei ist es wichtig, positive und negative Informationen ausgewogen zu geben, um die Situation nicht unrealistisch rosig darzustellen, was zwar den Bewerber für die Stelle einnehmen würde, aber bei tatsächlichem Stellenantritt Enttäuschung und Rückzug bewirken könnte (siehe Kapitel 3.3 zur realistischen Tätigkeitsvorschau). Andererseits muss die Darstellung attraktiv genug sein, um das Interesse des Bewerbers daran aufrechtzuerhalten. Diese Phase sollte daher auch dazu genutzt werden, das Unternehmen mit seinen Produkten und Dienstleistungen, seiner Marktposition, seinen Strukturen und seiner Kultur angemessen darzustellen. Der Bewerber sollte auch ausreichend Gelegenheit bekommen, seine diesbezüglichen Fragen zu klären. Da diese Phase in erster Linie vom Interviewer bestritten wird, erfolgt keine Bewertung.

Die siebte Phase ist durch sog. Situative Fragen gekennzeichnet: Aus den Anforderungen für die Stelle wurden zuvor Critical Incidents (siehe Kap. 4), also besonders erfolgsrelevante Situationen identifiziert. Für diese Situationen werden Interviewfragen derart formuliert, dass die Situation mit ihren wesentlichen Merkmalen geschildert wird und der Kandidat sagen soll, wie er sich in einer entsprechenden Situation verhalten würde. Im Gegensatz zu den biografischen Fragen wird hier also nicht nach der tatsächlichen, d.h. typischen, Leistung gefragt. Weil der Kandidat seine Antwort vermutlich daraufhin ausrichtet, welches Verhalten der Interviewer positiv bewerten würde, wird er mit der Frage an seiner hypothetischen Leistungsobergrenze getestet. Das bedeutet, der Interviewer kann nicht sicher sein, ob ein Bewerber das geschilderte Verhalten in einer realen Situation tatsächlich zeigen würde oder ob er in seiner Leistung darunter bliebe. Wenn aber schon die Schilderung ungünstiges Verhalten erkennen lässt, ist kaum zu vermuten, dass das tatsächliche Verhalten günstiger ausfallen würde. Dieser Zusammenhang wird im folgenden Kasten vereinfacht dargestellt. Die Bewertung der Antworten erfolgt wiederum anhand verhaltensverankerter Urteilsskalen.

Situative Frage für Empfangspersonal in Beratungsunternehmen
„Angenommen, Sie beginnen Ihre Tätigkeit in unserer Hauptgeschäftsstelle am Empfang. Dorthin kommen viele unserer angestellten Berater und natürlich auch Besucher. Unsere Berater bemerken u.U. zunächst nicht, dass Sie ein neuer Mitarbeiter und Ansprechpartner für sie sind. Wie gehen Sie damit um?"
Wenn ein Kandidat angibt, sich den Mitarbeitern aktiv vorzustellen, seine Funktion zu erläutern und Unterstützung anzubieten, bleibt trotz dieser positiv zu bewertenden Antwort unklar, ob er das geschilderte Verhalten tatsächlich so zeigen wird. Antwortet der Kandidat hingegen, die Mitarbeiter würden schon irgendwann merken, dass es ihn gibt, und spätestens dann auf ihn zukommen, wenn sie Hilfe benötigten, kann man relativ sicher sein, dass sich dieser Bewerber nicht aktiv vorstellen und seine Unterstützung anbieten würde.

In der letzten Phase beantwortet der Interviewer ggf. immer noch offen gebliebene Fragen des Bewerbers, gibt einen Ausblick auf das weitere Vorgehen im Auswahlprozess, dankt dem Bewerber für das Gespräch und verabschiedet ihn. Der Gesprächsabschluss wird nicht bewertet.

Fragebeispiele für KMU

Wenn Probearbeiten oder Arbeitsproben nicht in Frage kommen, ist das Interview meist das entscheidende Auswahlinstrument für kleinere Unternehmen. In vielen Fällen wird der Firmeninhaber darin hauptsächlich Fragen stellen, aus deren Beantwortung er aufgrund seiner beruflichen Erfahrung ableiten kann, ob bzw. wie fachlich geeignet ein Bewerber für die bei ihm zu besetzende Stelle ist. Das schließt selbstverständlich nicht aus, dass auch die Motivationslage und Persönlichkeitsmerkmale (z.B. Zuverlässigkeit) thematisiert werden. Man darf aber wohl davon ausgehen, dass er zur Einschätzung der Antworten gewöhnlich keine verhaltensverankerten Antwortalternativen mit Bewertungen vorbereitet. Da nach dem Bisherigen deren Vorteile – zumindest bezüglich des Vergleichs mehrerer Bewerber miteinander – auf der Hand liegen, werden nachstehend zwei Interviewfragen in dieser Form präsentiert. Es handelt sich um eine situative Frage und eine biografische Frage, die der Inhaber eines Elektrofachgeschäfts Bewerbern um eine Stelle als Berater bzw. Verkäufer stellen könnte.

Die situative Frage wird mit folgender Beschreibung der Situation eingeleitet: Ein Kunde lässt sich vom Berater ein Gerät vorführen und sagt dann, dieses Teil gebe es im Online-Handel 50 Euro billiger und welchen Nachlass er hier erwarten könne. Der Berater soll keine, kann aber unter besonderen Umständen trotzdem Rabatte gewähren. In der nachstehenden Tabelle hat der Inhaber vier Antwortalternativen für sich aufgelistet, die er für möglich hält, aber bezüglich der Eignung für die Stelle unterschiedlich bewertet. Die aus seiner (subjektiven) Sicht beste Antwort bekommt die höchste Punktzahl (6), die Antwort, die einen Bewerber als am wenigsten geeignet kennzeichnet, die niedrigste Punktzahl (0). Natürlich ist damit zu rechnen, dass die Antwort nicht genau seiner Formulierung entspricht und er eine annäherungsweise Zuordnung vornehmen muss. Entsprechendes kann er im Kommentar vermerken. Es sei noch einmal darauf hingewiesen, dass die Bewertung immer von der Einstellung und den Erfahrungen des Interviewers abhängt und – wie auch in den beiden Beispielen – nicht als objektiv richtig angesehen werden darf.

	Mögliche Antwort	**Bewertung**	**Kommentar**
A	Wir haben schon scharf kalkuliert. Bedenken Sie bitte, dass wir uns für Ihre fachkundige Beratung Zeit nehmen und dies natürlich auch vergütet werden muss.	6	
B	Bei uns gibt es keine Rabatte. Vergessen Sie aber nicht: Wenn Sie online kaufen und das Gerät beschädigt bei Ihnen ankommt oder wenn Sie es reparieren lassen müssen, wird es sehr umständlich für Sie.	4	
C	Wenn Sie jetzt gleich kaufen, kann ich Ihnen 10 % nachlassen. Aber dann können Sie das Gerät nicht mehr umtauschen.	2	
D	Bei unserer Kostenstruktur können wir nicht weiter untergehen. Leute, die sich im Fachhandel beraten lassen und dann bei Online-Händlern kaufen, ruinieren den örtlichen Fachhandel.	0	

Die biografische Frage lautet: Wie haben Sie bei Ihrem früheren Arbeitgeber reagiert, wenn Sie um Überstunden gebeten wurden? Für die nachstehende Antworttabelle gilt das zur situativen Frage Ausgeführte analog.

	Mögliche Antwort	Bewertung	Kommentar
A	Ich war mit allem einverstanden, wenn sie nur entsprechend bezahlt wurden.	6	
B	Montags bis freitags hatte ich damit kein Problem, aber Samstagsarbeit kam für mich nicht in Frage.	4	
C	Das kam darauf an, ob es in meinen Kalender passte. Wenn ich Zeit hatte, waren Überstunden o.k.	2	
D	Wenn die Arbeit gut eingeteilt ist, kommt man ohne Überstunden aus. Ich habe Überstunden deshalb immer abgelehnt.	0	

5.4.3 Vorbereitung und Durchführung

Interviewertraining

Interviewer haben während des Gesprächs eine Vielzahl von Aufgaben zu erledigen. Sie stellen Fragen, hören Teilnehmern zu und beobachten sie, protokollieren den Gesprächsverlauf und bewerten die Teilnehmer. Außerdem geben sie den Teilnehmern Informationen zur Stelle und zum Unternehmen und beantworten deren Fragen. Sie sind auch dafür zuständig, eine angenehme Gesprächsatmosphäre aufzubauen und aufrechtzuhalten. Aus dieser Beschreibung allein wird deutlich, dass Interviewer auf ihre Rolle vorbereitet werden sollten. Darüber hinaus hat Forschung gezeigt, dass Interviewer mit ihrem Verhalten einen starken Einfluss auf Verlauf und Ergebnis der Gespräche nehmen. Ihre Freundlichkeit in der Rolle des Recruiters ist mitbestimmend für die von den Bewerbern empfundene Arbeitgeberattraktivität und beeinflusst dadurch deren Entscheidung, im Auswahlprozess zu bleiben oder nicht (Eberz/Baum/Kabst, 2012). Umgekehrt beeinflussen erste Eindrücke des Interviewers vom Bewerber dessen Einschätzung und sogar die Auswahlentscheidung (Barrick/Swider/Stewart, 2010). Eine Studie von Middendorf/Macan (2002) hat gezeigt, dass die Protokollierung des Gesprächs zwar die Erinnerung stützt, aber nicht zu einer höheren Urteilsqualität bei den Interviewern führt. Die Dokumentation kann aber für eventuelle spätere rechtliche Auseinandersetzungen sinnvoll sein. Die Einschätzung des Interviewers wird auch im Verlauf des Gesprächs durch die Reaktionen des Bewerbers beeinflusst. Zuvor wurde bereits darauf hingewiesen, dass eine positive Selbstdarstellung des Bewerbers im Interview ihn in ein günstiges Licht rückt. So konnten Roulin/Bangerter/Yerly (2011) zeigen, dass Bewerber, die einzigartige Antworten gaben, bessere Bewertungen erhielten als Bewerber, die übliche Antworten gaben. Allerdings weisen Jansen/König/Stadelmann/Kleinmann (2012) darauf hin, dass Recruiter Selbstpräsentationsstrategien der Bewerber in gewissem Umfang für angemessen halten und dass Bewerber diese einsetzen, weil sie glauben, dadurch die Erwartungen ihrer Gesprächspartner am besten erfüllen zu können.

1. **Interviewstandardisierung**: Information über Unterschiede zwischen strukturierten und unstrukturierten Interviews
2. **Stellenbeschreibung**: Tätigkeitsbeschreibung für die zu besetzende Position und die sich daraus ergebenden Anforderungen erläutern
3. **Anforderungsmerkmale**: Zu bewertende Kriterien mit Definitionen und Verhaltensbeispielen erklären und mit den Teilnehmern diskutieren
4. **Übungsaufgabe**: Interviewfragen mit Antwortvarianten auf drei Leistungsstufen (schlecht, mittel, gut) darbieten und die Antworten den Leistungsniveaus zuordnen lassen. Bewertungen diskutieren
5. **Interviewleitfaden**: Den zu verwendenden Interviewleitfaden mit Fragen und verhaltensverankerten Beurteilungsskalen besprechen

Abb. 5.5: Ablauf eines Interviewertrainings (in Anlehnung an Melchers et al., 2011)

Melchers/Lienhardt/Aarburg/Kleinmann (2011) beschreiben eine Form des Interviewertrainings, die dazu beiträgt, die Qualität der Einschätzungen der Interviewer deutlich zu verbessern. Das Training nutzt dafür zwei Ansatzpunkte: die Vermittlung eines einheitlichen Beurteilungsmaßstabs, d.h. die Verminderung individueller Eigenheiten bei der Beurteilung, und die Verwendung verhaltensverankerter Beurteilungsskalen. Die Schritte dieses

Trainings sind in Anlehnung an die Autoren in Abb. 5.5 dargestellt. Ein derartiges Training ist prinzipiell in eineinhalb bis zwei Stunden durchführbar.

Beteiligung von Personalabteilung und Fachabteilung

Forschung hat gezeigt, dass die Beteiligung mehrerer Personen auf Seiten der Interviewer, das sog. Panel Interview, keinen relevanten Beitrag zur Verbesserung der Vorhersage von Berufserfolg leistet (vgl. Macan, 2009). Dennoch kann es sinnvoll sein, mehr als eine Person einzubeziehen. Das gibt dem Bewerber die Chance, verschiedene Repräsentanten des Unternehmens kennen zu lernen und so seine Einschätzung der Passung zum Unternehmen auf eine breitere Basis zu stellen. Aus Sicht des Arbeitgebers kann es außerdem sinnvoll sein, sowohl Vertreter der Fachabteilung als auch der Personalabteilung am Gespräch zu beteiligen, denn beide Bereiche haben unterschiedliche Sichtweisen (vgl. Hinterer, 2005), die sich ergänzen können (siehe Abb. 5.6).

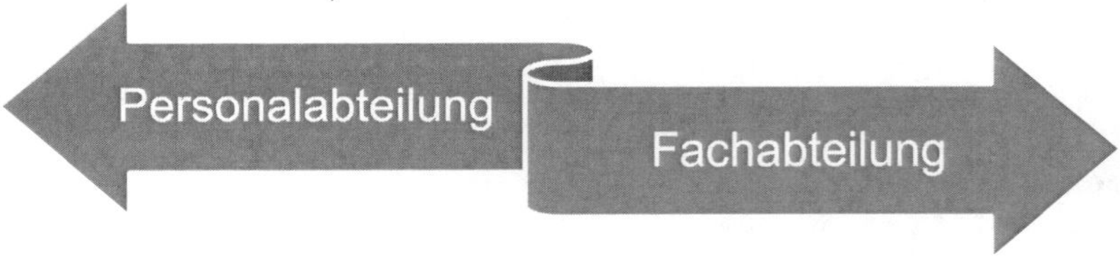

Langfristige Perspektive	**Kurzfristige Perspektive**
Mittel- bis langfristige Einsatzfähigkeit im Unternehmen: Fokus auf Entwicklungsfähigkeit	Kurzfristige Einsatzfähigkeit im Team: Fokus auf aktuellen Fachkompetenzen
Passung ins Unternehmen: Fokus auf sozialen Kompetenzen, Werthaltungen und Erwartungen	Passung ins Team: Fokus auf Kooperation mit aktuellen Vorgesetzten und Teammitgliedern

Abb. 5.6: Unterschiedliche Perspektiven von Personal- und Fachabteilung im Auswahlprozess (nach Hinterer, 2005)

Die Personalabteilung hat das längerfristige Interesse des Unternehmens als Ganzes im Blick. Daraus ergibt sich ihr Anspruch, Personal zu gewinnen, das nicht nur die aktuellen Arbeitsanforderungen erfüllt, sondern auch auf die Dauer im Unternehmen einsatzfähig bleibt. Sie muss daher besonders auf die Entwicklungsfähigkeit eines Bewerbers achten, der bei Änderungen der Arbeitsinhalte anpassungsfähig sein muss und sich ggf. auf einen neuen Arbeitsplatz einstellen kann. Er muss leistungsmotiviert bleiben, auch wenn sich die Vorgesetzen, die Zusammensetzung des Teams oder die Arbeitsbedingungen ändern. Außerdem muss er mit den im Unternehmen geltenden allgemeinen Bedingungen, wie beispielsweise dem Vergütungsniveau, der Unternehmenskultur, den Arbeitszeitmodellen, zufrieden sein (vgl. Kap. 2.1). Wenn das nicht der Fall ist, wird der Bewerber u.U. nur kurz im Unternehmen bleiben.

Diese allgemeinen Überlegungen werden im Normalfall von Vertretern der Fachabteilung nicht angestellt. Der Sachverhalt, dass in ihrem Bereich eine Stelle zu besetzen ist, weist auf einen akuten Bedarf an zusätzlicher Arbeitskraft hin. Ihnen geht es dementsprechend darum, schnell einen neuen Mitarbeiter zu gewinnen, der über das notwendige Fachwissen verfügt, um bei möglichst kurzer Einarbeitungszeit voll produktiv zu arbeiten. Dabei spielt auch eine Rolle, dass er zu den aktuellen Teammitgliedern passen soll, damit die Zusammenarbeit reibungslos läuft und das Betriebsklima gut ist.

Telefoninterviews

Neben den häufigeren von Angesicht zu Angesicht geführten Gesprächen werden auch Telefoninterviews im Auswahlprozess eingesetzt. Im einfachsten Fall dienen sie lediglich dazu, relevante Informationen einzuholen, die aus den Bewerbungsunterlagen nicht ersichtlich waren, um zu entscheiden, ob der Bewerber zum Auswahlprozess eingeladen werden sollte. Darüber hinaus ist es eine zeitsparende und kostengünstige Möglichkeit, Bewerber, die weit entfernt wohnen, zu testen. Allerdings erscheinen sie im Vergleich zu Interviews von Angesicht zu Angesicht als weniger vorteilhaft, da sie von Bewerbern als nicht so fair eingeschätzt werden und die Absicht der Teilnehmer, ein Stellenangebot anzunehmen, geringer ist (Chapman/Uggerslev/Webster, 2003). Posthuma/Morgeson/Campion (2002) weisen auf die Bedeutung von non-verbaler Information neben der verbalen im Auswahlprozess hin, aber im Telefonat sind zumindest Teile der nonverbalen Information nicht zugänglich. Das kann allerdings auch für physisch weniger attraktive Personen von Vorteil sein (Schmidt/Rader, 1999). Silvester/Anderson/Haddleton/Snell-Cunningham/Gibb, 2000) fanden, dass

Bewerber im Telefoninterview generell deutlich schlechter bewertet wurden als in Gesprächen von Angesicht zu Angesicht.

Vorbereitung des Interviews

Im Normalfall ist die Personalabteilung dafür zuständig, das Auswahlgespräch zu organisieren. Im Folgenden wird ein kurzer Leitfaden für die Vorbereitung von Gesprächen geboten, die von Angesicht zu Angesicht geführt werden. Eine zugehörige Checkliste findet sich in Abbildung 5.7.

- Bewerbungsunterlagen auswerten: Auf der Grundlage der Bewerbungsunterlagen wird in Abstimmung mit der Fachabteilung entschieden, welche Bewerber zum Gespräch eingeladen werden
- Gesprächsablauf und Fragen auf der Basis der Anforderungen planen: Der zuvor anforderungsanalytisch entwickelte Standardleitfaden für das Interview wird um Fragen ergänzt, die sich aus der Sichtung der Bewerbungsunterlagen ergeben haben
- Einladung der Bewerber: Zusammen mit der telefonischen oder schriftlichen Einladung zum Gespräch werden ggf. fehlende Unterlagen angefordert, u.U. wird ein Personalfragebogen mitgeschickt. In jedem Fall sollte um Terminbestätigung gebeten werden
- Ggf. andere Gesprächsteilnehmer informieren: Auf der Grundlage der zuvor grundsätzlich vereinbarten Termine werden weitere Gesprächspartner, z.B. aus der Fachabteilung, über Ort, Zeit und Kandidaten für das Interview informiert
- Ungestörte Gesprächsgelegenheit schaffen: Für die Gespräche wird ein ansprechender Raum reserviert und ggf. Bewirtung sichergestellt, um angenehme äußere Bedingungen zu schaffen. Unterbrechungen werden vorbeugend ausgeschlossen
- Unterlagen und Schreibmaterial vorbereiten: Für das Gespräch sollten den unternehmensseitig Beteiligten die Bewerbungsunterlagen vorliegen sowie der Gesprächsleitfaden mit den Beurteilungsskalen. Ggf. werden zusätzliche Notizen gemacht
- Roter Faden für das Gespräch: Kurz vor dem Gespräch sollten sich die Beteiligten noch einmal mit den Unterlagen vertraut machen und den Ablauf festlegen

Checkliste Vorbereitung Interview

H&L KarriereBeratung

Aufgabe	Anmerkung	Erledigt
Bewerber in Abstimmung mit Fachabteilung für Interview auswählen		☐
Interviewtermin festlegen		☐
Kandidaten einladen		☐
Raum buchen		☐
Interviewleitfaden erstellen		☐
Interviewertraining durchführen		☐
Getränke organisieren		☐
Störungen ausschließen		☐
Bewerbungsunterlagen der Kandidaten bereitlegen		☐
Schreibmaterial bereitlegen		☐

Abb. 5.7: Checkliste zur organisatorischen Vorbereitung von Interviews

5.5 Personalfragebogen und Biografische Fragebogen

5.5.1 Personalfragebogen

Ein Personalfragebogen ist ein Formular, das Informationen zum Bewerber nach den Bedürfnissen des Unternehmens strukturiert erhebt. Es handelt sich dabei meist um Fakten, die vom Unternehmen für Zwecke der Personalauswahl, der Personaladministration und/oder der Personalplanung genutzt werden. Der Personalfragebogen wird zusätzlich zu oder anstelle von Bewerbungsunterlagen verwendet.

Einsatzgebiete für Personalfragebogen

Häufig werden Personalfragebogen genutzt, um in strukturierter Weise die Angaben von Bewerbern zu erfassen, die speziell zu Beginn des Arbeitsverhältnisses für Zwecke der Personalverwaltung benötigt werden. Dazu gehören Angaben zur Anlage und Pflege der Stammdaten und zur angemessenen Entgeltabrechnung sowie zur korrekten Anmeldung des Arbeitsverhältnisses bei den Sozialversicherungsträgern, d.h., es geht um Kontaktdaten, Rechtsstatus, abgegoltener Urlaubsanspruch im laufenden Jahr, Versicherungsdaten, Schwerbehinderung etc.

Ein weiteres Einsatzgebiet liegt in der Personalplanung. Wenn Angaben zum Bildungsweg, zur Berufserfahrung und zu fachlichen Qualifikationen sowie zur Weiterbildung (z.B. abgeschlossene Lehrgänge, Zusatzqualifikationen) und auch überfachliche Qualifikationen, wie beispielsweise Führerscheinklassen, erfasst werden, können diese Daten für die Personaleinsatzplanung genutzt werden. Sie sind häufig die Grundlage für die Zuweisung des konkreten Arbeitsgebietes und der Zuständigkeiten des neuen Mitarbeiters. Weiterhin können die Angaben für die Planung von Weiterbildungsmaßnahmen verwendet werden. Die diesbezügliche Daten geben dem Arbeitgeber Anhaltspunkte, ob und ggf. welche Entwicklungsmaßnahmen in absehbarer Zeit notwendig sind, damit der neue Mitarbeiter seine Arbeit erfolgreich ausführen kann. Solche Weiterbildungsmaßnahmen können sich beispielsweise auf produktspezifisches Know-how oder Verfahrenstechniken beziehen.

Außerdem können Personalfragebogen im selben Maß wie Bewerbungsunterlagen zur Personalauswahl bzw. -vorauswahl verwendet werden. Durch die strukturierte Abfrage der interessierenden Information liegen dem Arbeitgeber die Angaben von allen Bewerbern in gleicher Form vor und können so leicht mit den Anforderungen für die ausgeschriebene Stelle abgeglichen werden. Ferner können die Bewerber gut miteinander verglichen werden. Die Auswertung des Personalfragebogens erfolgt typischerweise mit dem Ziel, feststellen, in welchem Ausmaß ein Bewerber die formalen Eignungsvoraussetzungen erfüllt und ob er für die Einladung zum Vorstellungsgespräch in Frage kommt. Im Folgenden steht der Einsatz von Personalfragebogen für Zwecke der Personalauswahl im Mittelpunkt.

Personalfragebogen anstatt Bewerbungsunterlagen

Bei klassischen Bewerbungsunterlagen entscheidet der Bewerber nicht nur, welche Information er von sich preisgibt, sondern er bestimmt auch Reihenfolge, Detaillierungsgrad und Stil der Darstellung. Die für die Personalauswahl zuständigen Personen sind gezwungen, sich die für sie relevanten Informationen aus den Unterlagen herauszusuchen und unvollständige oder fehlende Information nachzufordern. Das bedeutet für sie einen deutlich höheren zeitlichen Aufwand, als wenn sie Bewerbern vorgeben, welche Information sie in welcher Form haben möchten. Auch tragen sie dabei das Risiko, sich durch nebensächliche Informationen von den relevanten Auswahlkriterien ablenken zu lassen. An dieser Überlegung ist das Prinzip des Personalfragebogens orientiert.

Der Einsatz von Personalfragebogen anstatt von Bewerbungsunterlagen ist auch für Fälle denkbar, wo Stelleninteressenten zunächst telefonisch Kontakt zum Unternehmen aufnehmen. Ihnen kann das Formular zugeschickt werden, und sie ersparen sich so ggf. die Formulierung von Anschreiben und Lebenslauf. Im gewerblichen Bereich wird häufiger so vorgegangen. Einen Nachteil der Verwendung von Personalfragebogen anstelle von Bewerbungsunterlagen ist darin zu sehen, dass Unterschiede zwischen Bewerbern, die sich nicht nur aus den reinen Fakten ergeben, sondern sich in der Darstellung der Bewerbungsunterlagen und dabei speziell des Anschreibens zeigen (z.B. kreative, sorgfältige Gestaltung, Rechtschreibkenntnisse), verloren gehen.

Online-Personalfragebogen

Die meisten Großunternehmen bieten den Personalfragebogen in online-Form an, d.h. als Bewerbungsformular auf ihrer Homepage (vgl. Kap. 5.2). Auf diese Weise erhalten sie alle für sie relevanten Informationen in der Form und der Reihenfolge, die eine rasche Bearbeitung erlauben. Die Weiterverarbeitung dieser Daten geschieht in vielen Fällen sogar automatisch durch nachgelagerte Auswertungsprogramme. Wenn ein Unternehmen beispielsweise für die Einstiegsposition von Ingenieuren in der Fahrzeugentwicklung ein ingenieurwissenschaftliches Studium mit einer Abschlussnote von 2,3 oder besser voraussetzt, können all jene Bewerber automatisch herausgefiltert werden, die eine Anforderung oder beide Kriterien nicht erfüllen. Ihre Unterlagen müssen dann gar nicht erst von den für die Personalauswahl Verantwortlichen gesichtet werden. Diese Vorgehensweise wird speziell gewählt, wenn Unternehmen mit einer Flut von Bewerbungen rechnen, deren Sichtung zu viel Personalkapazität in Anspruch nehmen würde.

Kleinere Unternehmen, die tendenziell deutlich weniger Bewerbungen je Stelle erhalten, können es sich meist nicht leisten, Bewerber bereits aufgrund formal nicht erfüllter Kriterien automatisch aus dem weiteren Verfahren auszuschließen. Sie müssen die Unterlagen daraufhin bewerten, ob nicht erfüllte Voraussetzungen durch Anderes kompensiert werden könnten, insbesondere, wenn die übrigen Angaben auf eine mögliche Eignung des Bewerbers hindeuten. Bei ihnen sind online-Personalfragebogen entsprechend seltener zu finden. Für die Fälle, in denen Personalfragebogen eingesetzt werden, bietet es sich an, das Formular als pdf-Dokument (ggf. am Rechner ausfüllbar) auf der Homepage zum Herunterladen anzubieten.

Inhalte von Personalfragebogen

Typische Inhaltsbereiche von Personalfragebogen sind in Tabelle 5.4 beispielhaft aufgeführt. Es werden zunächst Fragebereiche dargestellt, die für alle Positionen relevant sein können und immer erhoben werden dürfen. Im unteren Teil sind solche Inhalte aufgeführt, die lediglich unter bestimmten Bedingungen, d.h. in Abhängigkeit von der zu besetzenden Position und dem einstellenden Unternehmen, erhoben werden dürfen.

Tab. 5.4: Typische Inhaltsbereiche von Personalfragebogen (nach Schuler, 2000, S. 94)

Inhaltsbereich	**Beispiele**
Allgemein zulässige Fragen	
Die Person identifizierende Informationen	Name, Anschrift, Kontaktdaten, Geburtsdatum und Geburtsort
Familiäre Situation	Familienstand
Rechtsstatus	Staatsangehörigkeit, Arbeitserlaubnis, Kranken- und Rentenversicherungsangaben
Bildungsweg	Art und Inhalt der Ausbildung, Zeugnisnoten, Lehrgänge, Zusatzqualifikationen
Bisherige Berufstätigkeit	Arbeitsplätze mit Inhalten und Verantwortungsumfang, frühere Arbeitgeber, Kontinuität der Erwerbstätigkeit
Fachliche Qualifikation	Kenntnisse, Fertigkeiten, Erfahrungen
Urlaubsanspruch	Im Kalenderjahr gewährter oder abgegoltener Urlaub
Schwerbehinderung	Grad der Behinderung
Wettbewerbsverbot	
Wehr- oder Zivildienst	
Unter bestimmten Bedingungen zulässige Fragen	
Letztes Einkommen	Bei Bezug zur Tätigkeit, z.B. bei Vertriebsmitarbeitern, wenn das Einkommen vom Umsatz abhängig ist
Vermögensverhältnisse	Bei leitenden Angestellten in Vertrauenspositionen
Religions- oder Partei- sowie Gewerkschaftszugehörigkeit	Bei Tendenzbetrieben, wie konfessionellen Einrichtungen, Parteien, Gewerkschaften, Arbeitgeberverbänden, wo mit Interessenkonflikten zu rechnen ist
Gesundheitszustand	Sofern Bezug zur Tätigkeit besteht, z.B. gefährliche Infektionskrankheiten
Schwangerschaft	Wenn eine Gefährdung besteht, z.B. Infektionsgefahr, schwere körperliche Tätigkeit, Kontakt mit Röntgenstrahlung
Vorstrafen	Bei Einschlägigkeit, z.B. Unterschlagung bei Kassierer

Einführung von Personalfragebogen

Das Thema Personalfragebogen ist laut Betriebsverfassungsgesetz (BetrVG) mitbestimmungspflichtig. Das Initiativrecht zur Nutzung von Personalfragebogen liegt beim Arbeitgeber. Die grundsätzliche Entscheidung zur Einführung von Personalfragebogen bedarf jedoch der Zustimmung durch die Arbeitnehmervertretung ebenso wie die Aufnahme einzelner Fragen (vgl. Schuler, 2000). Bei ihrer Einführung ist zu beachten, dass nur solche Fragen eingebunden werden, die rechtlich zulässig sind. Auf die Abfrage unzulässiger Fragen, z.B. nach Familienplanung, Schwangerschaften, frühere und aktuelle Krankheiten, die nicht im unmittelbaren Zusammenhang mit Tätigkeitsanforderungen stehen, sollte von vornherein verzichtet werden. Werden rechtlich nicht zulässige Fragen gestellt, so muss sie der Bewerber nicht wahrheitsgemäß beantworten, und er kann auch später nicht für eine vorsätzliche Falschaussage zur Rechenschaft gezogen werden.

Beispiel für einen Personalfragebogen

Das nachstehende Beispiel eines Personalfragebogens berücksichtigt alle relevanten Angaben und sollte für jede Bewerbergruppe verständlich sein. Die Spalte „Für Vermerke der Personalabteilung“ kann genutzt werden, Eignungsbewertungen, z.B. erfüllt oder nicht ausreichend, zu notieren.

Personalfragebogen

H&L KarriereBeratung

Alle hier gewünschten Angaben sind rechtlich zulässig und hilfreich für die Bearbeitung Ihrer Bewerbung

Bitte in Druckbuchstaben ausfüllen bzw. Zutreffendes ankreuzen		Für Vermerke der Personalabteilung
Titel		
Name		
Vorname		
Geschlecht	männlich ☐ weiblich ☐	
Geburtsdatum und -ort		
Familienstand	ledig ☐ verheiratet ☐ geschieden ☐	
Staatsangehörigkeit	deutsch ☐ andere:	
Adresse		
Höchster Schulabschluss		
Hochschulabschluss	☐ nein ☐ ja, welcher:	
Berufsausbildung als	mit Abschluss ☐ ohne Abschluss ☐	
Weiterbildungen		
Derzeitiger Arbeitgeber		
Tätigkeit		
Beschäftigungsverhältnis	Vollzeit ☐ Teilzeit ☐ mit ...... Std./Woche geringfügig beschäftigt ☐ zur Zeit ohne Erwerbstätigkeit ☐	
Frühere Beschäftigungen		
Tätigkeit bei und von/bis		
Tätigkeit bei und von/bis		
Tätigkeit bei und von/bis		
Tätigkeit bei und von/bis		
Frühester Eintrittstermin		

Abb. 5.8: Beispielformular für einen Personalfragebogen

5.5.2 Biografische Fragebogen

Begriff und Einsatz

Biografische Fragebogen erheben Informationen (Fakten, Entscheidungen, Ereignisse) aus der Lebensgeschichte von Bewerbern. Sie basieren – wie alle biografisch orientierten Verfahren (vgl. Abb. 5.1) – auf der Annahme, dass vergangenes Verhalten der beste Prädiktor für zukünftiges Verhalten ist, d.h., Informationen aus Vergangenheit und Gegenwart von Bewerbern werden genutzt, um zukünftiges Verhalten und Arbeitsleistung zu prognostizieren.

Biografische Daten werden für eine große Bandbreite unterschiedlicher Tätigkeiten, von Hilfsarbeiten, Verwaltungstätigkeiten, militärischen Positionen, Verkäuferjobs bis zu Managementpositionen, verwendet. Sie werden nicht nur dazu genutzt, die berufliche Leistung vorherzusagen, was im Kontext der Personalauswahl das vorherrschende Ziel ist, sondern beispielsweise auch zur Prognose von Trainingserfolg, von Kündigungen seitens der Mitarbeiter und von Fehlzeiten eingesetzt (vgl. Schmidt/Hunter, 1998). Biografische Daten werden meistens in Form von Selbstbeschreibungen durch die Bewerber erhoben. In manchen Fällen kann die Richtigkeit der Angaben überprüft werden (z.B. Zeugnisnoten durch Vergleich mit dem Zeugnis), für vielen Angaben ist das aber nicht möglich oder wäre zu aufwändig (z.B. die Überprüfung, wie viele Bücher über Medikamente jemand gelesen hat, der sich für die Position eines Pharmareferenten bewirbt). Die Erhebung der Biodaten erfolgt meist durch schriftliche Abfrage auf einem Formular. Neuere Forschungsergebnisse weisen allerdings in die Richtung, dass die Erhebung am Computer oder per Telefon bessere Ergebnisse, d.h. eine bessere Vorhersage der späteren Arbeitsleistung, liefert (vgl. Breaugh, 2009b). Der Autor führt die höhere Validität der genannten Erhebungsformen im Vergleich zur Papier-und-Bleistift-Erhebung darauf zurück, dass die Angaben, warum auch immer, weniger stark willentlich verfälscht werden.

Konstruktion

Die Konstruktion biografischer Fragebogen ist sehr aufwändig. Es gibt dabei zwei grundsätzliche Herangehensweisen (vgl. Klehe, 2007). Beim rein empirischen Ansatz werden aus einem sehr umfangreichen Pool an Fragen, der von einer großen Stichprobe von Personen in der Zieltätigkeit beantwortet wurde, durch statistische Analysen diejenigen Fragen herausgefiltert, die gemeinsam die beste Vorhersage für das interessierende Kriterium (meist allgemein Berufserfolg oder Arbeitsleistung, evtl. aber auch spezifische Aspekte, wie Umsatz) erlauben. Dabei wird auch ermittelt, welchen Anteil eine einzelne Frage an der Prognose des Erfolgskriteriums hat. Die beschriebene Vorgehensweise macht deutlich, dass es lediglich darum geht, ob eine Frage oder ein erhobenes Merkmal einen Zusammenhang zum Berufserfolg aufweist, aber nicht, warum. Das Verfahren wird ohne Bezugnahme auf Theorien der Persönlichkeit oder der intellektuellen Leistungsfähigkeit durchgeführt. Das kann zur Folge haben, dass Merkmale erhoben bzw. Fragen gestellt werden, deren Relevanz für die Tätigkeit Bewerbern nicht direkt ersichtlich ist.

Fallbeispiel: Problem der fehlenden Transparenz bei empirisch konstruierten biografischen Fragebogen

Bei den Vorarbeiten zur Konstruktion eines biografischen Fragebogens könnte sich herausgestellt haben, dass Verkaufserfolg am stärksten mit der Schuhgröße und mit der Anzahl der Partybesuche eines Verkäufers zusammenhängt. Das wäre gar nicht so unplausibel, weil nachgewiesener Maßen größere Menschen im Allgemeinen kompetenter und überzeugender wirken als kleinere (ohne dass sie es deswegen auch sein müssen) und deshalb auch mehr Erfolg bei Vertriebstätigkeiten haben. Das gleiche gilt für das Partyargument. Leute, die auf Partys gehen, sind gewöhnlich aufgeschlossener und können leichter Kontakt mit Unbekannten aufnehmen und diese für sich gewinnen. Es ist zu daher erwarten, dass solche Personen im Vertrieb erfolgreicher sind als „Partymuffel". Wieder muss dahingestellt bleiben, was die wirkliche Ursache für den Verkaufserfolg ist. Das Prinzip des biografischen Fragebogens ist nun, Bewerber um Verkäuferpositionen nach ihrer Schuhgröße und der Häufigkeit von Partybesuchen zu befragen und auszuwählen. Bewerber könnten diese Fragen aber als nebensächlich und indiskret erleben und ein so durchgeführtes Auswahlverfahren ablehnen.

Die alternative Herangehensweise wird als deduktive Konstruktionsmethode innerhalb des rationalen Ansatzes bezeichnet. Bei ihr werden auf der Grundlage der Anforderungsanalyse der zu besetzenden Position oder einer Theorie Merkmale definiert, die mit beruflichem Erfolg zusammenhängen sollten. So wären beispielsweise bei einem Controller ein gutes Zahlenverständnis und analytisches Denkvermögen wichtige Kriterien für eine hohe Arbeitsleistung. Zu diesen Merkmalen werden passende auf die Vergangenheit und Gegenwart von Bewerbern bezogene Fragen formuliert. Beispiele dafür könnten die Note in Mathematik im letzten Schulzeugnis oder im Studium und das Ausmaß der Beschäftigung mit Denksportaufgaben sein. Die so formulierten Fragen müssen von einer großen Stichprobe von Personen beantwortet werden, die in der interessierenden Zielposition arbeiten und von denen gleichzeitig Ausprägungen des angestrebten Kriteriums (also des Berufserfolgs, der Arbeitsleistung etc.) vorliegen. Statistisch wird dann überprüft, welche der Fragen und der dazu gehörenden Antwortvarianten mit dem gewünschten Erfolgsmaß zusammenhängen. Diese Fragen werden dann in der endgültigen Fassung des Fragebogens verwendet.

Der Unterschied in der Vorgehensweise im Vergleich zum empirischen Ansatz liegt also in erster Linie darin, wie man zu den Fragen gelangt. Bei der rational-deduktiven Vorgehensweise ist aufgrund der Ableitung der Merkmale aus der Anforderungsanalyse das Risiko deutlich geringer, Fragen zu stellen, die Bewerber als inakzeptabel empfinden.

Für weitere Formen der Konstruktion siehe Kanning (2004).

Inhalte biografischer Fragebogen

Die Fragen, die in biografischen Fragebogen gestellt werden, können sehr breit gefächert sein. Bei der Beschreibung der Konstruktion biografischer Fragebogen nach dem empirischen Ansatz wurde bereits deutlich, dass ihr Zusammenhang mit dem Berufserfolg für Bewerber nicht immer transparent sein muss. Im Folgenden (Tab. 5.6) werden einige Beispiele typischer biografischer Fragen aufgeführt.

Tab. 5.5: Merkmalsbereiche und Beispielfragen als Bestandteile von biografischen Fragebogen (entnommen aus Schuler, 2000; Weinert, 2004 und Kanning, 2004)

Merkmalsbereich	**Beispielfragen (nach)**
Persönliche Angaben	Alter, Familienstand, wie viele Jahre verheiratet, Größe, Gewicht
Sozioökonomischer Status	Regelmäßige Ausgaben, Schulden, Haus-/Wohneigentum
Bildung	Art der Schulausbildung, Noten, bevorzugte Fächer, Schulbildung des Partners
Berufserfahrung	Anzahl früherer Positionen, Beschäftigungsdauer, Kündigungsgründe
Persönliches Umfeld	Berufe naher Verwandter, Elterliche Familie
Führungserfahrung	Häufigkeit der Übernahme des Klassensprecheramtes, Dauer der Führung von Arbeitsgruppen mit mehr als fünf Mitarbeitern
Teamfähigkeit	Dauer der Mitgliedschaft in der Fachschaft während des Studiums, Ausübung von Teamsportarten, Anzahl der Vereinsmitgliedschaften

Aufwand und Nutzen biografischer Fragebogen

Im vorausgehenden Abschnitt wurde deutlich, dass die Konstruktion von biografischen Fragebogen sehr aufwändig ist, weil sie große Gruppen für die Validierung, d.h. die Überprüfung der Prognose von Berufserfolg, erfordert. Die auf diese Weise gewonnenen Erkenntnisse über Merkmale, die den Berufserfolg vorhersagen, hängen stark von der Validierungsstichprobe ab. Diese hohe Anpassung an die Stichprobe hat eine eingeschränkte Generalisierbarkeit zur Folge (vgl. Schuler, 2000). Das bedeutet, dass biografische Fragebogen für den Einsatz in einem anderen Umfeld als dem von der Validierungsstichprobe abgedeckten, z.B. in einer anderen Branche, bei anderem Zuschnitt der Tätigkeiten und auch nach einigen Jahren auf ihre Validität hin überprüft werden müssen.

Liegt jedoch ein validierter biografischer Fragebogen vor, dann ist er sehr praktikabel und kostengünstig für die Personalauswahl einsetzbar und leistet eine zuverlässige Vorhersage von Berufserfolg. Schmidt/Hunter (1998) kommen auf der Grundlage ihrer Meta-Analyse verschiedener Personalauswahlverfahren zu dem Ergebnis, dass der Nutzen biografischer Messinstrumente hoch ist. Allerdings weisen sie auch darauf hin, dass diese bei dem gleichzeitigen Einsatz von Intelligenztests keinen zusätzlichen Nutzen stiften. Ein biografischer Fragebogen sollte demnach in erster Linie dann eingesetzt werden, wenn ein Arbeitgeber, z.B. aus Gründen der mangelnden Akzeptanz durch die Bewerber, keinen Intelligenztest für die Personalauswahl verwenden möchte.

Einsatz von Personal- und Biografischen Fragebogen in KMU

Im Hinblick auf die Verwendung von Personalfragebogen und Biografischen Fragebogen in KMU ist anzumerken, dass die in Personalfragebogen erhobenen Merkmale sehr gut aus der Erfahrung des einzelnen Unternehmens abgeleitet werden können. Wenn ein Firmeninhaber z.B. festgestellt hat, dass er mit Mitarbeitern immer nur gute Erfahrungen gemacht hat, wenn diese die gleiche Berufsausbildung wie er hatten, kann er dieses Merkmal mit einer hohen Erfolgsvoraussagewahrscheinlichkeit in seinen Personalfragebogen aufnehmen. Das gleiche gilt für die Frage nach dem Wohnort, falls er festgestellt hat, dass nur Bewerber aus der näheren Region längere Zeit Mitarbeiter blieben. Dagegen kann er Merkmale für einen Biografischen Fragebogen nicht aus seiner persönlichen Erfahrung ableiten. Dafür wäre, wie weiter oben ausführlich erläutert wurde, die vorherige Befragung einer sehr großen Zahl von Personen in der Zieltätigkeit mit ausreichend vielen Fragen zu vermuteten Zusammenhängen mit dem Berufserfolg notwendig. Das kann natürlich von keinem KMU geleistet werden. Ob bereits „getestete" Biografische Fragebogen, sofern sie überhaupt zur Verfügung stehen, den Personalauswahlbedürfnissen eines KMU entsprechen bzw. genügen, muss allerdings zurzeit noch bezweifelt werden.

5.6 Testverfahren

5.6.1 Begriff und Arten von Tests

Als Tests werden vollständig standardisierte Instrumente bezeichnet, die routinemäßig eingesetzt werden können, um Verhalten und Leistungen von Personen zu messen. Sie werden genutzt, um Schlüsse auf Eigenschaften von Personen und Verhaltensweisen in anderen Situationen zu ziehen (vgl. Schuler, 2000, S. 101).

Die Standardisierung, d.h. die für alle Teilnehmer gleiche Verfahrensweise, bezieht sich auf den Inhalt, die Durchführung und die Auswertung. Konkret bedeutet das: Alle Kandidaten bekommen den gleichen Test vorgelegt, d.h., es werden weder Fragen bzw. Aufgaben hinzugefügt oder weggelassen, noch wird die Reihenfolge geändert. Alle Teilnehmer erhalten außerdem dieselben Instruktionen und Hilfsmittel sowie die gleiche Bearbeitungszeit. Die Auswertung erfolgt nach vorgegebenen Regeln; bei Papierversionen häufig durch Schablonen und Vorgaben für die Verrechnung von Testwerten. Außerdem werden gleiche Testwerte, die von verschiedenen Personen erzielt wurden, immer in gleicher Weise nach den Vorgaben des Tests interpretiert. Auf diese Weise lassen sich Bewerber sehr leicht miteinander vergleichen. Mit routinemäßiger Anwendung ist gemeint, dass der Einsatz des Tests ohne spezielle Vorbereitung in jeweils ähnlichen Auswahlsituationen erfolgen kann.

Der Begriff Test wird meist als Sammelbezeichnung für alle Verfahren genutzt, die nach testtheoretischen Prinzipien entwickelt worden sind (vgl. z.B. Schuler, 2000; Krumm/Schmidt-Atzert, 2009). Andere Autoren (z.B. Kanning, 2004) unterscheiden zwischen Test und Fragebogenverfahren. Mit erstgenanntem sind Leistungstests gemeint, mit zweitgenanntem Persönlichkeitstests. In diesem Buch wird der Oberbegriff Tests und deren Unterteilung in Leistungs- und Persönlichkeitstests sowie Situationsbeurteilungstests gebraucht. Die Methode des Testens hat in der Psychologie eine lange Tradition, und es gibt eine Vielzahl von Tests für unterschiedliche Einsatzgebiete. In der beruflichen Eignungsfeststellung werden in erster Linie die in Abbildung 5.10 aufgeführten Leistungs- und Persönlichkeitstests eingesetzt (vgl. Schuler, 2000, S. 103) sowie die erst in letzter Zeit stärker verbreiteten situational judgment tests (Situationsbeurteilungstests) verwendet.

Leistungstests	Persönlichkeits-tests	Situations-beurteilungstests
• Allgemeine Intelligenztests • Tests spezifischer intellektueller Fähigkeiten • Tests der Aufmerksamkeit und Konzentration • Tests sensorischer und motorischer Leistung • Sonstige Leistungstests	• Allgemeine Persönlichkeitstests • Spezifische Persönlichkeitstests • Einstellungstests • Interessentests • Motivationstests	• Wissensbezogene Tests • Verhaltensbezogene Tests

Abb. 5.9: Wichtigste Arten von Tests für die Personalauswahl

Der Einsatz von Tests ist sinnvoll, wenn die interessierenden Merkmale eines Bewerbers nicht direkt beobachtet werden können, ihre Kenntnis aber wichtig ist, um seine Eignung für die ausgeschriebene Stelle beurteilen zu können. Beispielsweise können eine hohe Belastbarkeit, ein ausgeprägtes analytisches Denkvermögen und eine starke Risikobereitschaft für den Erfolg in einer Tätigkeit wichtig sein. Die Ausprägung dieser Merkmale ist keinem Bewerber direkt anzusehen. Natürlich gibt es auch alternative Möglichkeiten, die Ausprägungen der genannten Merkmale festzustellen. Beispielsweise könnte der Bewerber im Interview gefragt werden, wie risikobereit er ist; oder er könnte bei verschiedenen stresserzeugenden Tätigkeiten beobachtet werden, um festzustellen, wie belastbar er ist. Tests haben im Vergleich zu anderen Verfahren, wie der Arbeitsprobe und dem Assessment Center, den Vorteil, dass sie nicht erst in Abstimmung auf die Stellenanforderungen entwickelt werden müssen, sondern schon in großer Auswahl auf dem Markt sind und passend zu den Anforderungen ausgewählt werden können. Bedeutende Testanbieter für psychologisch fundierte Tests im deutschsprachigen Raum sind der Hogrefe Verlag in Göttingen sowie der Verlag Hans Huber in Bern. Eine Übersicht derartiger gängiger Tests findet man auf den Homepages der Verlage sowie auf www.assessment-info.de.

Die Kosten für Tests hängen sehr stark von der Anzahl der getesteten Bewerber ab, da zunächst eine Grundausstattung beschafft werden muss, die meist bei wenigen hundert, in Ausnahmenfällen auch um ca. 1.000 Euro liegt. Die Kosten für das Material für jeden einzelnen Testkandidaten belaufen sich dann meist nur auf wenige Euro. Welche Erhebungsweise letztlich genutzt wird, hängt von vielen Faktoren ab, wie der Verfügbarkeit von Tests und Erfahrungen mit ihrem Einsatz, von zeitlichen Restriktionen und von der Akzeptanz der Erhebungsweise durch Bewerber. Eine Übersicht der Vor- und Nachteile des Einsatzes von Tests gibt Abbildung 5.11.

Wie für alle anderen eignungsdiagnostischen Verfahren gilt auch für Tests, dass der vorgesehene Anwendungsbereich des Tests einen erkennbaren Bezug zu den Anforderungen der Stelle aufweisen muss, dass sie nur mit Zustimmung der Kandidaten durchgeführt werden dürfen und dass sie den Personen ermöglichen sollen, ihr typisches Verhalten zu zeigen.

- Hohe Objektivität und Schutz vor subjektiven Einflüssen der beurteilenden Person
- Kostengünstige und zeitsparende Diagnostik, da mehrere Bewerber gleichzeitig getestet werden können
- Es kann ein breiteres Spektrum des interessierenden Merkmals erfasst werden als beispielweise im Gespräch oder in einer Arbeitsprobe
- Es können Merkmale erfasst werden, die bei anderen Verfahren leicht übersehen werden
- Bewerber fühlen sich weniger beobachtet als im Gespräch/bei einer Arbeitsprobe
- Tests müssen nicht speziell auf die Stellenanforderungen angepasst werden

- Risiko der geringen Akzeptanz auf Seiten der Bewerber, weil ihnen der Bezug zu Anforderungen der Stelle häufig unklar ist
- Bewerber bevorzugen Gespräche, weil sie den direkten Kontakt suchen und Gespräche als stärker unter ihrer Kontrolle stehend wahrnehmen
- Verständnis der Testfragen kann unterschiedlich sein
- Es gibt während der Durchführung keine Möglichkeit der Rückfrage oder Konkretisierung

Abb. 5.10: Vor- und Nachteile des Einsatzes von Tests

5.6.2 Leistungstests

Leistungstests dienen dazu, Fähigkeiten (z.B. Intelligenz, räumliches Vorstellungsvermögen), Fertigkeiten, die durch Lernen und Übung erworben wurden (z.B. Grundrechenarten, Rechtschreibung, Wortschatz, motorische Geschicklichkeit), oder Wissen (z.B. Regeln der englischen Grammatik, fachspezifische Kenntnisse) zu erfassen. Es wird getestet, wie schnell und/oder wie gut die Bewerber vorgegebene Aufgaben bearbeiten (Krumm/Schmidt-Atzert, 2009).

Die Instruktion bei Leistungstests lautet, die Aufgaben in einer vorgegebenen Zeit so gut wie möglich zu bearbeiten. Für jede Aufgabe gibt es nur eine richtige Lösung. Aus einer falschen Lösung wird geschlossen, dass die Testperson die Aufgabe zwar verstanden hat, aber nicht richtig lösen kann. Unterschiede der Bewerber in der Anzahl richtig gelöster Aufgaben werden demzufolge als Unterschiede in der zugrunde liegenden Leistungsfähigkeit im getesteten Merkmal interpretiert, da die Testpersonen die Antworten nicht willentlich zu ihren Gunsten manipulieren können, ohne die richtige Antwort zu wissen. Damit wird deutlich, dass Leistungstests die maximale Leistung von Bewerbern erfassen. Sie testen an der Leistungsobergrenze, erlauben hingegen keine Aussage darüber, welche Leistung ein Bewerber im beruflichen Alltag typischerweise zeigen wird. Diese für alle Leistungstests geltenden Merkmale sind in Abbildung 5.11 zusammengefasst.

Merkmale von Leistungstests

- **Erfasste Merkmale**: Allgemeine oder spezifische Fähigkeiten, Fertigkeiten und Wissen
- **Spezifität**: Sie können allgemeine oder stellenspezifische Voraussetzungen abdecken
- **Prinzipien**: Test der maximalen Leistung; es gibt nur eine richtige Antwort
- **Verfälschung**: kommt kaum vor, da Bewerber normalerweise kein Interesse daran haben, bewusst eine falsche Antwort zu geben

Abb. 5.11: Merkmale von Leistungstests

Arten von Leistungstests

Da eine Vielzahl von Leistungstests für unterschiedliche Anwendungsbereiche, wie Personalauswahl, Personalentwicklung, Schulleistungen, Eignung zur Teilnahme am Straßenverkehr etc., existieren, soll hier eine Eingrenzung auf jene Tests vorgenommen werden, die für den Bereich der Personalauswahl relevant sind. Nach den Inhalten lassen sie sich grob in drei Gruppen einteilen (vgl. Krumm/Schmidt-Atzert, 2009):

Arten von Leistungstests für die Personalauswahl

- **Intelligenztests**, wie Intelligenzstrukturtests, Tests zum schlussfolgernden Denken
- **Allgemeine Leistungstests**, wie Konzentrations- und Aufmerksamkeitstests
- **Spezielle Leistungstests**, wie der Basistest für die Metall- und Elektroberufe und der Büroarbeitstest

Intelligenztests

Intelligenz wird als Fähigkeit verstanden, mit Denkaufgaben unterschiedlichen Komplexitätsgrads umzugehen (vgl. Krumm/Schmidt-Atzert, 2009, S. 5). Intelligenztests werden häufig auch als Testverfahren zur allgemeinen kognitiven (d.h. intellektuellen, geistigen) Leistungsfähigkeit bezeichnet. Ausgehend von sehr unterschiedlichen Definitionen und Modellen für Intelligenz gibt es zahlreiche Testverfahren. Sie decken entweder das Merkmal der Intelligenz vollständig ab (allgemeine Intelligenz) oder nur einzelne Facetten (z.B. räumliches Vorstellungsvermögen, schlussfolgerndes Denken, Arbeitsgedächtnis). Die meisten der üblichen Verfahren verwenden abstraktlogische Aufgaben, in denen die Testpersonen aus vorgegebenen Informationen sinnvolle Schlüsse ziehen sollen. Die Inhalte sind sprachlicher, mathematischer und geometrischer Art. Die einzelnen Aufgaben sind nicht aufeinander bezogen und unabhängig voneinander zu lösen. Beispiele für Aufgaben finden sich in Abbildung 5.12.

Sprachlich:
z.B. Analogie-Schlüsse bilden

Wald : Baum = Rasen : ?

a) Kräuter b) Grashalm c) Biene d) grün e) Wurm

Mathematisch:
z.B. Zahlenreihen fortsetzen

3 – 6 – 9 – 12 – 15 – ?

Geometrisch:
z.B. Figuren zusammenlegen:
Welche der Figuren a) – d) lassen sich aus 1, 2, 3 zusammenlegen, ohne dass Ecken überstehen?

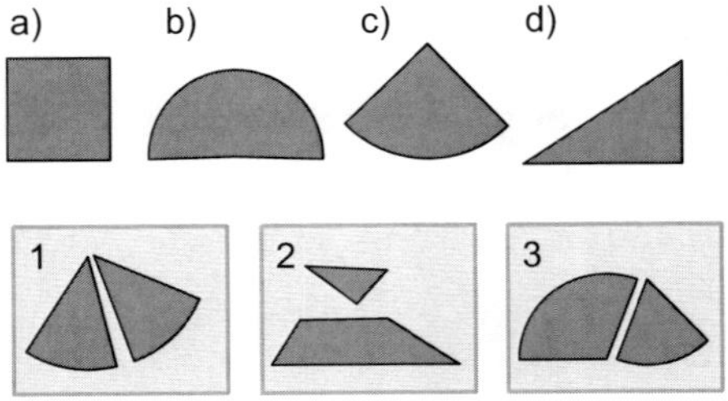

Abb. 5.12: Aufgabentypen in Intelligenztests

Die psychologische Forschung zur Intelligenz hat eine lange Tradition. Die allgemeine Intelligenz hat sich für viele berufliche Bereiche als bester einzelner Prädiktor für berufliche Leistung erwiesen (Schmidt/Hunter, 1998). Dabei ist die Vorhersagekraft umso besser, je komplexer die berufliche Tätigkeit ist. In einer Meta-Analyse von Studien aus der Europäischen Union fanden Salgado und Kollegen (Salgado/Anderson/Moscoso/Beruta/de Fruyt/Rolland, 2003) moderate bis hohe Zusammenhänge zwischen den Ergebnissen von Intelligenztests und der Einschätzung der beruflichen Leistung (siehe Abb. 5.13). Kuncel/Hezlett (2010) fanden außerdem moderate Zusammenhänge zwischen Intelligenz und Führungserfolg sowie Kreativität. Die gute Vorhersagekraft von Intelligenztests für berufliche Leistung ist dadurch bedingt, dass Personen mit einem höheren intellektuellen Leistungsniveau tätigkeitsbezogene Kenntnisse besser erwerben (vgl. Schuler/Höft, 2006).

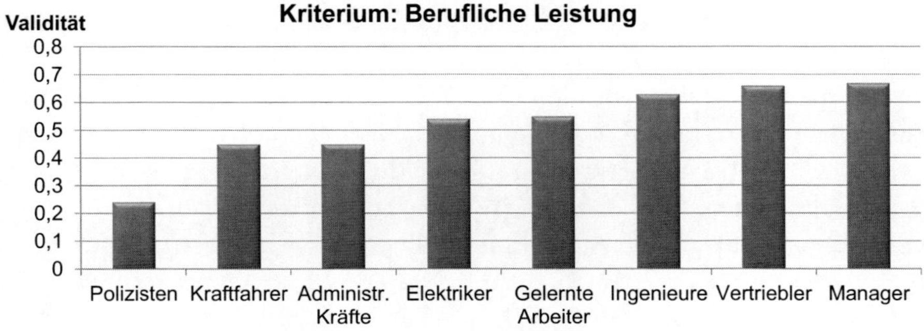

Abb. 5.13: Vorhersagekraft von Intelligenztests auf die berufliche Leistung für verschiedene Berufe. Die Validität kann max. 1 erreichen. Je höher die Validität, desto besser die Vorhersage (Daten aus Salgado/Anderson/Moscoso/Beruta/de Fruyt/Rolland, 2003)

Allgemeine Leistungstests

Zu den allgemeinen Leistungstests zählen Verfahren zur Messung von Aufmerksamkeit und Konzentration. Aufmerksamkeit ist nach Dorsch/Häcker/Stapf (1987, S. 62 und S. 353)

> „die auf die Beachtung eines Objekts (Vorgang, Gegenstand, Idee, usw.) gerichtete Bewußtseinshaltung, durch die das Beobachtungsobjekt apperzeptiert wird."

Mit dem Begriff apperzeptiert ist „bewusst wahrgenommen" gemeint. Unter Konzentration verstehen sie

> „Sammlung, Ausrichten der Aufmerksamkeit auf eng umgrenzte Sachverhalte".

Brickenkamp/Schmidt-Atzert/Liepmann (2010) weisen darauf hin, dass bei der Konzentration Reize kontinuierlich und leistungsbezogen selektiert werden, d.h. die Aufmerksamkeit auf relevante Reize beschränkt wird und irrelevante Reize ausgeblendet werden. Typische Tätigkeiten, in denen Aufmerksamkeit und Konzentration als rasche und gezielte Informationsaufnahme und -verarbeitung eine große Rolle spielen, sind Qualitätskontrollen (z.B. rasch vorüberlaufende Impfstoffflaschen auf Ausflockungen überprüfen), Überwachungstätigkeiten (z.B. in der Produktionssteuerung Störfälle anhand von Anzeigen auf Bedienungspanels erkennen) und Korrekturlesen (z.B. im Lektorat eines Verlags).

Bei den Aufmerksamkeits- und Konzentrationstests, die zu den Speed-Tests zählen (siehe unten), werden zwei Informationen über das Arbeitsverhalten der Testperson gewonnen: die Qualität als Genauigkeit der Bearbeitung in Form der Fehlerquote und die Quantität als Menge der bearbeiteten Aufgaben im vorgegebenen Zeitrahmen. Der im deutschsprachigen Raum am häufigsten eingesetzte Test ist der Test d2 – Aufmerksamkeits-Belastungs-Test von Brickenkamp (2002, vgl. Schuler/Höft, 2006; heute in Gebrauch in der revidierten Version von Brickenkamp/Schmidt-Atzert/Liepmann, 2010). Ein Beispiel zu diesem Test findet sich in Abbildung (5.14). Dort wird auch ein Beispiel für das ähnliche Frankfurter Aufmerksamkeitsinventar (Moosbrugger/Oehlschlägel, 1996) gegeben.

Spezielle Leistungstests

Unter die Rubrik der speziellen Leistungstests lassen sich sehr unterschiedliche Verfahren fassen. Als besonders wichtig sind Fachkenntnistests anzusehen. Als Fachkenntnisse kann Wissen über Fakten, Prozesse und Zusammenhänge zwischen Fakten und Abläufen verstanden werden (Schuler/Höft, 2006). Sie hängen eng mit beruflichem Erfolg zusammen. Ebenfalls in die Kategorie der spezifischen Leistungstests gehören allgemeine Wissenstests, wie der Bochumer Wissenstest (Hossiep/Schulte, 2007), der Allgemeinbildung erfasst. Der Revidierte Allgemeine Büroarbeitstest (Lienert/Schuler, 1994) wird zur Eignungsdiagnose für administrative Positionen, d.h. für kaufmännische Ausbildungsberufe, Sekretariats- und Verwaltungstätigkeiten, eingesetzt. In letzterem werden typische Büroarbeiten, wie gewissenhaftes Kontrollieren und Vergleichen, schnelles und fehlerfreies Sortieren, Umgang mit Zahlen und die Beherrschung der Rechtschreibung und Zeichensetzung geprüft.

Zu den speziellen Leistungstests werden auch motorische Tests, beispielsweise die Drahtbiegeprobe (Lienert, 1967), gezählt. Bei diesem Test muss ein Stück Draht nach einer Vorlage unter Beachtung der Formrichtigkeit gebogen werden. Andere spezielle Leistungstests sind sensorische Tests, mit denen z.B. die visuelle Wahrnehmung gemessen wird. Auch Sprachtests oder Rechentests zählen zu den speziellen Leistungstests.

Speed- versus Powertests

Sowohl innerhalb der allgemeinen wie auch der speziellen Leistungstests wird zwischen sog. Speed- und Powertests unterschieden. Speedtests sind dadurch gekennzeichnet, dass die Aufgaben relativ leicht zu bearbeiten sind und von den meisten Testpersonen fehlerfrei gelöst würden, wenn ihnen genügend Zeit zur Verfügung stände. Das ist allerdings nicht der Fall. Die Schwierigkeit in der Bearbeitung wird durch hohen Zeitdruck erzeugt. Die Bearbeitungszeit wird dabei so stark begrenzt, dass die Testpersonen die Aufgaben typischerweise nicht vollständig lösen können. Die entsprechende Instruktion lautet, die Aufgaben so schnell wie möglich, aber natürlich auch ohne Fehler zu bearbeiten. Beispiele für Speedtests sind die im vorherigen Abschnitt beschriebenen Aufmerksamkeits- und Konzentrationstests (siehe Abb. 5.14). Speedtests weisen bei wiederholter Bearbeitung Übungseffekte auf, d.h. die Leistung der Testperson verbessert sich vom einen zum anderen Mal. Das gilt besonders für die ersten Wiederholungen und durchaus auch bei einem zeitlichen Abstand von einer Woche (Hagemeister, 2003).

Frankfurter Aufmerksamkeitsinventar:

Instruktion:
Es müssen alle Kreise mit 2 Punkten und alle Quadrate mit 3 Punkten markiert werden

Beispiel für eine bearbeitete Testzeile:

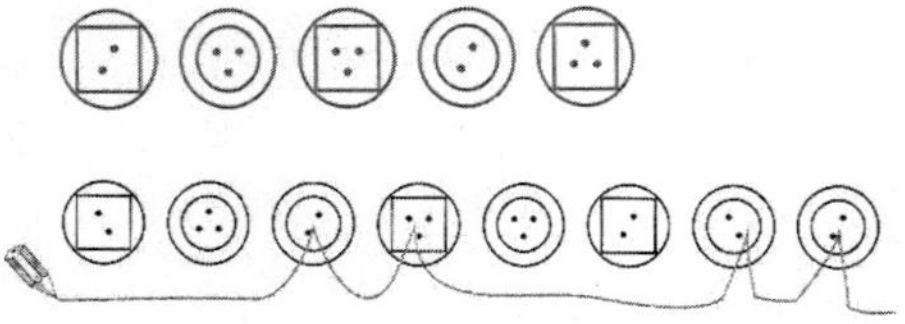

Test d2 – Aufmerksamkeits-Belastungs-Test

Instruktion:
Jedes d, das mit insgesamt zwei Strichen markiert ist, durchstreichen

'	'	'	"	"	'		'		'
d	p	p	d	d	d	p	d	d	p
'	"	'		"	"	"	'	'	"

Abb. 5.14: Beispielaufgaben aus Speedtests

Im Gegensatz zu den Speedtests wird bei Powertests keine Zeitbegrenzung vorgegeben. Die Testperson entscheidet selbst, wie lange sie an den im Schwierigkeitsgrad ansteigenden Aufgaben arbeitet. Ein typisches Beispiel für diese Testart sind sog. Matrizen, eine Form von Intelligenztest, bei dem eine unvollständige Anordnung von graphischen Symbolen oder geometrischen Mustern nach logischen Regeln ergänzt werden muss (siehe Abb. 5.15). Auch der Mechanisch-Technische Verständnistest (Lienert, 1958) ist dazuzuzählen.

Wie zu erwarten, gibt es auch Kombinationen beider Varianten, d.h. Aufgaben mit ansteigender Schwierigkeit, für deren Bearbeitung eine moderate Zeitvorgabe besteht. Sie sind in der vorgegebenen Zeit lösbar, jedoch normalerweise nicht von allen Testpersonen. Diese Variante wird bei vielen Intelligenztests eingesetzt.

Matrizentest

Instruktion:
Das fehlende Symbol muss einer logischen Regel folgend ergänzt werden

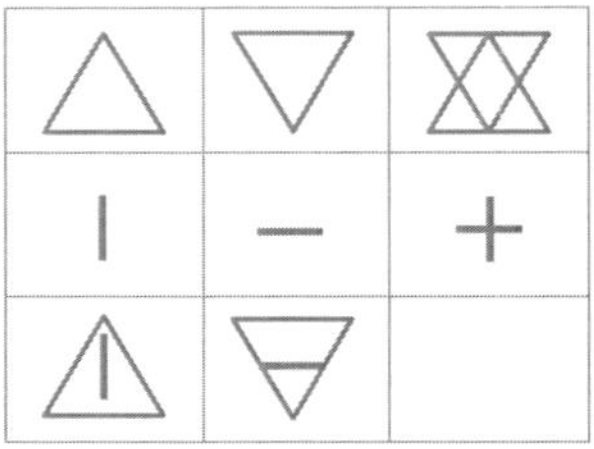

Das zu ergänzende Symbol ist aus diesen Alternativen auszuwählen:

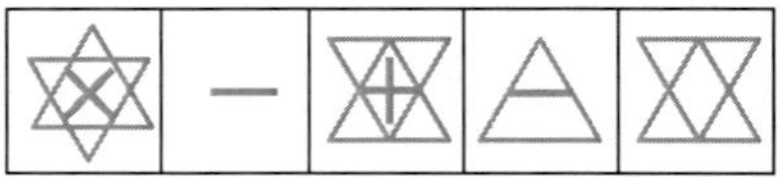

Abb. 5.15: Beispielaufgabe aus einem Powertest

Konventionelle und adaptive Tests

Normalerweise enthalten Tests Aufgaben unterschiedlicher Schwierigkeit, um Unterschiede in der Leistungsfähigkeit der Testpersonen möglichst differenziert ermitteln zu können. Von den leichten Aufgaben ist anzunehmen, dass die meisten Testpersonen sie lösen können, bei den schwierigen schaffen dies nur wenige. Wird in jedem Test das ganze Leistungsspektrum von sehr gering bis sehr hoch abgedeckt und werden dabei für jedes Schwierigkeitsniveau mehrere Aufgaben dargeboten, um die Zuverlässigkeit der Messung zu erhöhen, so umfasst ein Test sehr viele Aufgaben und die Durchführung dauert entsprechend lange. Solche konventionellen Tests sind nicht nur weniger praktikabel als kurze Tests, sondern können auch zu Ermüdungserscheinungen bei der Testperson und als Konsequenz daraus zu niedrigeren

Testergebnissen führen, als es dem tatsächlichen Leistungsniveau der Person entspricht.

Optimal wäre es demnach, für jede Testperson auf die Aufgaben zu verzichten, die sie sicher lösen kann, sowie auf jene, die sie auf keinen Fall zu lösen vermag. Damit würden das Risiko für Ermüdung und im Fall der letztgenannten Aufgaben für Frustration oder Resignation verringert. Dieses Prinzip greift das adaptive Testen auf. Bei ihm werden jeder Testperson möglichst nur solche Aufgaben gestellt, bei denen nicht ganz sicher ist, ob sie sie richtig lösen kann. Wird in diesem Schwierigkeitsbereich getestet, kann das tatsächliche Leistungsniveau der Testperson präzise und mit möglichst geringem Aufwand ermittelt werden. Um dieses Prinzip anwenden zu können, muss natürlich ihr ungefähres Leistungsniveau bekannt sein. Dieses wird ermittelt, indem man zunächst mit leichten Aufgaben beginnt. Wenn diese richtig gelöst worden sind, können weitere Aufgaben desselben Leistungsniveaus übersprungen und direkt schwierigere Aufgaben dargeboten werden. Da diese Vorgehensweise eine unmittelbare Bewertung der Richtigkeit von Lösungen erfordert, ist die Umsetzung im Grunde nur bei computergestützten Tests möglich. Kantrowitz/Dawson/Fetzer (2011) weisen auf den großen Vorteil von computergestützten adaptiven Tests hin, der darin besteht, dass alle Testpersonen einen individuellen Testverlauf haben und so die Weitergabe von Testinformationen, d.h. konkrete Aufgabenstellungen und Lösungshinweise, an andere Kandidaten nahezu nutzlos sind.

Normierung von Tests

Von der Standardisierung, die der Gewährleistung gleicher Bedingungen für alle Testpersonen dient, ist die Normierung zu unterscheiden. Es gibt im privaten Bereich zahlreiche Gelegenheiten, Tests kennenzulernen oder an Tests teilzunehmen. Man denke an die Tests in der Fahrschule, in Illustrierten oder im Internet. Insbesondere das letztgenannte Medium bietet inzwischen eine kaum mehr überschaubare Fülle an Tests, vor allem zum Thema „Wer bin ich?“ bzw. „Erkenne Dich selbst“ (z.B. www.testedich.de und www.test.erdbeerlounge.de). Auch zu Sachthemen stehen zahlreiche Tests im Internet, etwa um Deutschkenntnisse zu überprüfen (z.B. www.deutsch-lernen.com) oder um seinen Wissenstand in Mathematik kennenzulernen (z.B. www.testedich.de). Manchmal wird dort ein Test auch als Quiz bezeichnet. Wer einmal einen solchen Test gesehen oder an einem ähnlichen Test teilgenommen hat, kann sich wahrscheinlich vorstellen, auch selbst einen Test zu entwerfen. Ob man aber aus den Ergebnissen, die man in einem solchen Test erreicht, verwertbare Schlüsse auf seine Persönlichkeit ziehen kann bzw. seinen Kenntnisstand in Deutsch oder Mathematik abzuleiten vermag, darf bezweifelt werden. Menschen können sich nur im Vergleich zu anderen Menschen einschätzen. Wenn ich 175 cm messe und alle anderen nur 160 cm, bin ich offensichtlich groß. Sollten aber die anderen mindestens 180 cm groß sein, bin ich klein. Falls alle meine Nachbarn ihre Freunde jeden Tag treffen, ich aber meine nur einmal in der Woche, darf ich vermutlich als eher ungesellig gelten. Treffen meine Freunde ihre aber höchstens einmal im Monat, müsste ich dagegen für gesellig gehalten werden. Dieses Prinzip des Vergleichs gilt auch für die Tests, die der Personalauswahl zugrunde liegen. Vereinfacht ausgedrückt: Wenn jemand zwar in einem Eignungstest sehr hohe Werte erreicht hat, aber von denen, die früher ebenfalls diese Werte erreicht haben, sich viele später im Beruf bewährt haben, viele aber auch nicht, dann taugt dieser Test nicht zur Einschätzung der Eignung. Sollte aber von den meisten, die so gut abgeschnitten haben, bekannt sein, dass sie beruflich erfolgreich waren, kann man sich auf ihn verlassen. Voraussetzung dafür, dass man sich auf ihn verlassen kann, ist also, dass man für viele, die ihn absolviert haben, überprüft hat, wie sie sich beruflich entwickelt haben. Wenn festgestellt wurde, dass die Aufgaben eines Tests bzw. die Fragen zu Persönlichkeitsmerkmalen eng mit beruflichem Erfolg zusammenhängen, kann mit der Normierung begonnen werden. Dazu wird der Schwierigkeitsgrad der Aufgaben bzw. werden die Fragen so lange variiert, bis die Ergebnisse ihrer Absolvierung bzw. Beantwortung sich so verteilen, dass wenige sehr gut, viele mittel und wenige schlecht abschneiden. Man geht also davon aus, dass die Begabungen unter den in Frage kommenden Personen „normal" verteilt sind. Die in Frage kommenden Personen können z.B. alle Erwachsenen, alle Personen im Alter von 14 bis 25 Jahren, alle Männer, alle Frauen oder alle Personen mit deutscher Staatsangehörigkeit sein. Da Aufgaben und Merkmale eng mit Berufserfolg zusammenhängen, kann man jetzt schließen, dass diejenigen, die bei einem solchen Test hohe Werte erreichen, mit großer Wahrscheinlichkeit, und diejenigen, die geringe Werte erreichen, mit geringer Wahrscheinlichkeit Berufserfolg haben werden. Für die Gruppe mit einem mittleren Ergebnis kann dann beruflicher Erfolg mit mittlerer Wahrscheinlichkeit vorhergesagt werden. Das schließt natürlich nicht aus, dass auch Personen mit schwachem Abschneiden in einem Test beruflich erfolgreich sein können; aber das ist dann eher die Ausnahme. Wer bei der Personalauswahl solche Tests einsetzt, wird nach Möglichkeit den Bewerber einstellen, der im Test am besten abgeschnitten hat, weil die Wahrscheinlichkeit seines beruflichen Erfolgs dann am größten ist. Nach Möglichkeit heißt dabei auch, dass man bei Berücksichtigung weiterer Überlegungen, etwa, wie die Person in das Team passt, zu einem anderen Ergebnis kommen kann. Da Normierung die Untersuchung einer großen Zahl von Personen hinsichtlich des Vergleichs ihrer Testergebnisse mit ihrem Berufserfolg voraussetzt, liegt auf der Hand, dass die Durchführung und Auswertung solcher Untersuchungen sehr aufwändig ist und demzufolge die daraus resultierenden Tests ihren Preis haben.

5.6.3 Persönlichkeitstests

Aus den Aufgaben, die ein Stelleninhaber wahrnehmen soll, werden häufig Eigenschaften abgeleitet, von denen angenommen wird oder bekannt ist, dass sie eine Voraussetzung für die erfolgreiche Ausübung der Tätigkeit sind.

Eine Eigenschaft wird als relativ breite und zeitlich stabile Bereitschaft verstanden, über verschiedene Situationen hinweg jeweils bestimmte Verhaltensweisen zu zeigen (vgl. Hossiep/Paschen/Mühlhaus, 2000). Eigenschaften werden als situationsübergreifende Verhaltenstendenzen gesehen mit der Bedeutung, dass eine hohe Ausprägung einer Eigenschaft, wie z.B. Gewissenhaftigkeit, mit einer höheren Wahrscheinlichkeit zu entsprechendem Verhalten, z.B. mehrmaliges Korrekturlesen einer Email vor dem Senden, Aufräumen des Schreibtischs am Ende des Arbeitstags, schriftliche Bestätigung mündlich getroffener Verabredungen, Einhalten zugesagter Termine, führt als eine geringe Ausprägung dieses Merkmals.

Eine Eigenschaft stellt damit gewissermaßen eine zusammenfassende Bezeichnung für Verhaltensweisen in unterschiedlichen Situationen bei gleichartigen Anforderungen dar. Diese sprachökonomische Beschreibung von Menschen, d.h. der hohe Abstraktionsgrad von Eigenschaftsbegriffen, hat auch für die Eignungsdiagnostik den großen Vorteil, dass im Allgemeinen wenige Begriffe ausreichen, um sehr unterschiedliche Verhaltensweisen zu beschreiben bzw. abzudecken und vorherzusagen. Natürlich erlaubt eine hohe Ausprägung einer Eigenschaft keine hundertprozentige Vorhersage des Verhaltens, weil es in einer konkreten Situation immer auch von deren Bedingungen abhängt (z.B. der Raumtemperatur, der Gegenwart anderer Personen, der Formalität der Situation) sowie von vorübergehenden Zuständen der Person (z.B. Stimmung, Gesundheitszustand). Persönlichkeitstests sind entweder so konzipiert, dass die Persönlichkeit möglichst vollständig erfasst wird (Allgemeine Persönlichkeitstests), oder so angelegt, dass lediglich spezielle Facetten der Persönlichkeit in den Blick genommen werden (spezifische Persönlichkeitstests, z.B. Test der Risikobereitschaft, Test der sozialen Kompetenz).

Obgleich Intelligenztests als bessere Vorhersageinstrumente für Berufserfolg gelten (Schmidt/Hunter, 1998), leisten Persönlichkeitstests einen zusätzlichen Beitrag zur Vorhersage, allerdings eher in Bezug auf mittel- und langfristigen Erfolg (vgl. Hossiep/Paschen/Mühlhaus, 2000). Sackett/Lievens (2008) halten es zudem für wichtig, die Fragen in Persönlichkeitstests stärker auf das berufliche Umfeld zuzuschneiden, anstatt sie abstrakt zu formulieren, um die Vorhersage zu verbessern (Beispiel: „Bei der Arbeit achte ich sehr auf Details“ anstatt „Ich achte sehr auf Details“). Dennoch werden sie in Deutschland und anderen Ländern relativ selten für Zwecke der Personalauswahl eingesetzt. Hossiep/Mühlhaus (2005) führen das auf eine geringe Transparenz des Angebots und mangelnde Erfahrung im Umgang mit Persönlichkeitstests in Unternehmen zurück. Auch durften in der Vergangenheit nur ausgebildete Psychologen wissenschaftlich-psychologische Tests beziehen und durchführen.

Persönlichkeitstests sind Fragebogenverfahren, in denen Testpersonen Aussagen über menschliches Verhalten, Einstellungen oder Interessen vorgelegt werden. Sie sollen das Ausmaß angeben, in dem sie den Beschreibungen für sich zustimmen (siehe Abb. 5.16). Im Gegensatz zur Situation bei Leistungstests gibt es bei Persönlichkeitstests keine richtigen oder falschen Antworten, sondern es werden lediglich persönliche Vorlieben abgefragt.

Beispiel 1:
Instruktion: Angeben, in wie starkem Ausmaß die Aussage auf einen selbst zutrifft

Ich bin durchsetzungsfähig ○—○—○—○—⊗—○

trifft voll zu … trifft überhaupt nicht zu

Beispiel 2:
Instruktion: Angeben, welche der Beschreibungen am ehesten auf einen selbst zutrifft

a) Ich arbeite schnell und fehlerfrei ☐

b) Ich bevorzuge kreative Tätigkeiten ☒

c) Ich gebe anderen gern Anweisungen ☐

d) Ich arbeite gern nach klaren Vorgaben ☐

Beispiel 3:
Instruktion: Für die Eigenschaft, die auf einen selbst am ehesten zutrifft, werden 4 Punkte vergeben, dann für das am wenigsten zutreffende Merkmal einer, anschließend für die beiden dazwischen liegenden 2 und 3 Punkte

anspruchsvoll 2 **emotional** 1 **systematisch** 4 **teamfähig** 3

Abb. 5.16: Beispiele für Aussage- und Antwortformate in Persönlichkeitstests

Für Zwecke der Personalauswahl wird diese Selbsteinschätzung der Kandidaten anschließend mit dem für die ausgeschriebene Stelle gewünschten Persönlichkeitsprofil verglichen. Durch diese Beschreibung werden zwei Aspekte des Einsatzes von Persönlichkeitstests besonders deutlich: Zum einen ist klar, dass ein Anforderungsprofil zwingend notwendig ist, um eine Aussage über die Passung der Person zu der Stelle treffen zu können; zum anderen muss damit gerechnet werden, dass Testpersonen ihre Selbstbeschreibungen auf die von ihnen vermuteten Anforderungen des Unternehmens hin anpassen, d.h., die Aussagen zu ihren Gunsten manipulieren (vgl. van Hooft/Born, 2012). Dieses Problem scheint in der Praxis allerdings nicht sehr groß zu sein (vgl. Marcus, 2003). Die wesentlichen Merkmale von Persönlichkeitstests sind in Abbildung 5.17 im Überblick dargestellt.

Der Effekt der absichtlichen Manipulation von Persönlichkeitstests ist speziell bei der Personalauswahl zu erwarten, weil vermutet werden kann, dass die Testpersonen ein starkes Interesse daran haben, für die Stelle ausgewählt zu werden. Mit geringeren Verfälschungstendenzen ist beim Einsatz zum Zweck der Personalentwicklung zu rechnen. Hier wird dann auch häufig die Einschätzung der Testperson durch eine Fremdeinschätzung ergänzt, z.B. durch den Vorgesetzten oder durch Kollegen, um die Gegenüberstellung von Selbst- und Fremdbild für die persönliche Entwicklung des Mitarbeiters zu nutzen. Ones/Viswesvaran (2007) fanden eine stärkere Verfälschung zu eigenen Gunsten bei Bewerbern aus dem externen Arbeitsmarkt als bei internen Bewerbern. Dieser Effekt mag dadurch zu erklären sein, dass internen Bewerbern bewusst ist, dass man sie im Unternehmen kennt und eine deutliche Verfälschung bemerkt würde. Externe Bewerber haben dies nicht zu fürchten. Ployhart/Weekly/Holtz/Kemp (2003) fanden eine stärkere Verfälschung zu Gunsten der eigenen Person bei Bewerbern im Vergleich zu Stelleninhabern.

Merkmale von Persönlichkeitstests

- **Erfasste Merkmale**: Situationsunabhängige Grundtendenzen der Persönlichkeit
- **Spezifität:** Sie können sich auf die gesamte Persönlichkeit oder auf Teilaspekte beziehen
- **Prinzipien**: Test des typischen Verhaltens und der Einstellungen; es gibt keine richtigen oder falschen Antworten, sondern es werden Präferenzen abgefragt
- **Verfälschung**: Ist möglich und kann erwartet werden. Bewerber können ihre Präferenzen so beschreiben, dass sie den (vermuteten) Erwartungen des Unternehmens entsprechen

Abb. 5.17: Merkmale von Persönlichkeitstests

Persönlichkeitstests können ebenso wie Leistungstests computerbasiert durchgeführt werden. Diese Form der Darbietung hat sich als zuverlässiger erwiesen als die Durchführung mit Papier-Formularen (Ployhart/Weekly/Holtz/Kemp, 2003).

Persönlichkeitsstruktur- versus Persönlichkeitstypentests

Bei Persönlichkeitstests wird zwischen Strukturtests und Typentests unterschieden. Bei den Strukturtests geht es darum, die Persönlichkeit von Menschen anhand einer begrenzten Anzahl von grundlegenden Dimensionen zu beschreiben, die aber ausreichen, die Persönlichkeit umfassend zu kennzeichnen. Am stärksten verbreitet ist dabei das sog. 5-Faktoren-Modell bzw. die „Big Five" (siehe Abb. 5.18, z.B. Neo-Fünf-Faktoren-Inventar, Borkenau/Ostendorf, 2008). Es wurde in vielen Studien länderübergreifend bestätigt (vgl. Kanning, 2004).

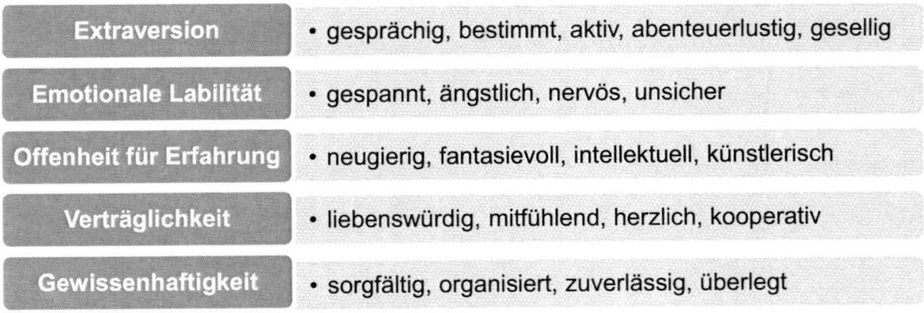

Abb. 5.18: Dimensionen der Persönlichkeit nach dem Fünf-Faktoren-Modell mit beschreibenden Eigenschaften

Ein anderes Persönlichkeitsinventar ist der 16-Faktoren-Test. Er unterscheidet, wie der Name schon sagt, 16 unterschiedliche Bereiche der Persönlichkeit. Persönlichkeitsstrukturtests sind wissenschaftlich-standardisierte Verfahren, die mehrheitlich von den bekannten Testverlagen Hogrefe und Hans Huber angeboten werden. Sie enthalten meist eine Vielzahl von Aussagen und erfordern dadurch eine relativ lange Bearbeitungszeit. Die Auswertung ergibt ein Profil der Ausprägungen in den verschiedenen Persönlichkeitsbereichen. Bei der Interpretation wird einerseits auf die Ausprägungen der einzelnen Dimensionen, aber auch auf deren Zusammenschau, das Profil bzw. die Stimmigkeit und Plausibilität der einzelnen Ausprägungen im Vergleich zu den Ausprägungen anderer Merkmale, geachtet. Das Profil wird außerdem mit einer Normstichprobe verglichen, d.h., es gibt Auskunft darüber, wie stark ein Merkmal bei der Testperson im Vergleich zu vielen anderen Personen ausgeprägt ist. Persönlichkeitsstrukturtests bieten viel Breite und Tiefe an Informationen. Abbildung 5.19 zeigt einen Ausschnitt aus dem fiktiven Profil einer (sehr wenig selbstbewussten) Testperson für das Bochumer Inventar zur berufsbezogenen Persönlichkeitsbeschreibung (Hossiep/Paschen/Mühlhaus, 2003). Für die Personalauswahl und die Berufsberatung werden eher Persönlichkeitsstrukturtests als Typentests eingesetzt.

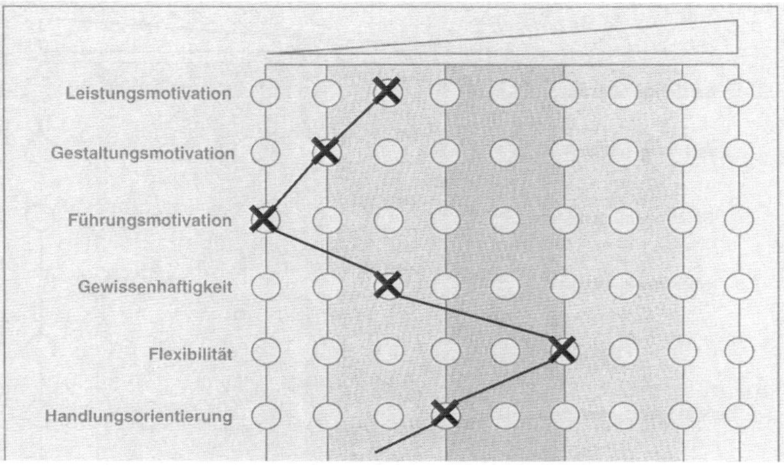

Abb. 5.19: Ausschnitt aus dem Profilbogen (Ergebnisbogen) einer fiktiven Testperson des Bochumer Inventars zur berufsbezogenen Persönlichkeitsbeschreibung.
Anmerkung: dunkelgrau unterlegt sind die durchschnittlichen Ausprägungen der Normgruppe, hellgrau links davon unterdurchschnittliche, rechts davon überdurchschnittliche Ausprägungen der Normgruppe. Nicht unterlegt sind extreme Ausprägungen des Merkmals

Im Gegensatz zu Strukturtests erfassen Typentests meist nur wenige Merkmale der Persönlichkeit und sind deshalb auch weniger differenziert. Sie konzentrieren sich darauf, welcher Denk- oder Handlungsstil bei der Testperson vorherrschend ist bzw. welcher eher gemieden wird. Es wird im Unterschied zu den Strukturtests gerade kein Profil über alle Merkmale erstellt, sondern die Persönlichkeit wird mit einem Begriff, dem „Typ" gekennzeichnet. Die Persönlichkeitstypen stehen gleichberechtigt nebeneinander, d.h., keiner gilt als einem anderen überlegen, sondern lediglich als verschieden von den anderen (vgl. Hossiep/Mühlhaus, 2005). Die Autoren heben als Vorteile der Typentests ihre leichte Anwendung und Interpretierbarkeit hervor, kritisieren aber, dass sie häufig auf veralteten Persönlichkeitsmodellen basieren. Da Typentests meist deutlich weniger Aussagen als Strukturtests enthalten, sind sie auch schneller zu bearbeiten. Sie werden vielfach von Beratungsunternehmen entwickelt und angeboten und eher für Personalentwicklungs- als für Personalauswahlzwecke eingesetzt, beispielsweise zur Selbstreflexion in Teamentwicklungsmaßnahmen. Die Interpretation und Nutzung der Ergebnisse erfolgt entsprechend häufig im Hinblick auf die Arbeitsweise und die Interaktionen mit Kollegen, z.B. welche Aufgaben präferiert werden, wie sich eigene Verhaltenstendenzen auf die Zusammenarbeit mit anderen Teammitgliedern auswirken etc.

Im englischsprachigen Raum ist der Myers-Briggs Typindikator (MBTI, Bents/Blank, 2003) weit verbreitet, in Deutschland findet man neben dem MBTI auch häufiger das Hermann-Dominanz-Instrument und das DISG-Persönlichkeitsprofil. Letzteres ist in Papier- bzw. Buchform als Selbsttest im Buchhandel frei erhältlich. Im DISG-Profil werden menschliche Reaktionen in vier Typen eingeteilt, die sich aus der Kombination der zwei Dimensionen Wahrnehmung des Umfelds und Wahrnehmung der eigenen Person mit jeweils zwei Polen ergeben (vgl. Hossiep/Mühlhaus, 2005; siehe Abb. 5.20).

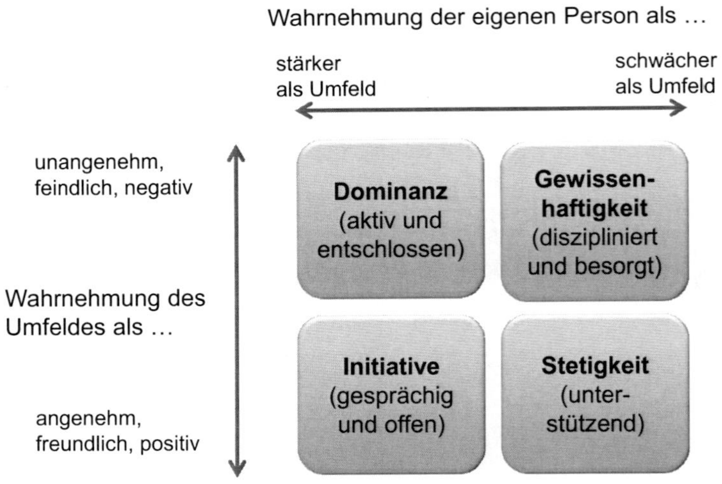

Abb. 5.20: Vier Typen menschlicher Reaktionen beim DISG-Persönlichkeitsprofil

Arten von Strukturtests

Zur Gruppe der Persönlichkeitstests gehören sehr unterschiedliche Arten von Tests. Im vorhergehenden Abschnitt wurde der prinzipielle Unterschied zwischen Struktur- und Typentests geklärt. In diesem Abschnitt werden verschiedene Arten von Strukturtests vorgestellt, die wissenschaftlich überprüft sind.

Allgemeine Persönlichkeitstests

> Allgemeine Persönlichkeitstests sind so konstruiert, dass sie die Persönlichkeit der Testpersonen nahezu vollständig abbilden. Sie orientieren sich dabei an einem Persönlichkeitsmodell. Am stärksten verbreitet sind Tests, die auf dem oben skizzierten Fünf-Faktoren-Modell basieren.

Ein weiterer allgemeiner Persönlichkeitstest, der speziell für Zwecke der Personalauswahl, aber auch der Personalentwicklung und Karriereberatung, Relevanz besitzt, ist das Bochumer Inventar zur berufsbezogenen Persönlichkeitsbeschreibung (Hossiep/Paschen/Mühlhaus, 2003). Dieser Test bildet für das Berufsleben wichtigen Eignungsvoraussetzungen in vier Bereichen mit insgesamt 14 Dimensionen ab (siehe Abb. 5.21). Für die Personalauswahl wird typischerweise nur die Selbsteinschätzung verwendet, in der Personalentwicklung (z.B. bei Trainings oder Coachings) wird häufig zusätzlich eine Fremdeinschätzung erhoben.

Abb. 5.21: Dimensionen des Bochumer Inventars zur berufsbezogenen Persönlichkeitsbeschreibung (BIP)

Spezifische Persönlichkeitstests

> Im Gegensatz zu allgemeinen bilden spezifische Persönlichkeitstests nur einen Teilbereich der Persönlichkeit ab. Im Unterschied zu Typentests, die anhand weniger Merkmale die ganze Person klassifizieren, wird hier bewusst nur ein Teilaspekt der Persönlichkeit beleuchtet. Der Vorteil des Einsatzes spezifischer Tests liegt darin, dass das interessierende Merkmal mit geringerem Aufwand (weniger Fragen, geringerer Bearbeitungsdauer) erhoben werden kann, und der Test bei offensichtlich erkennbarem Zusammenhang mit Berufserfolg von Bewerbern besser akzeptiert wird als ein allgemeiner Persönlichkeitstest.

Außerdem entspricht ein spezifischer Test auch besser dem Anspruch, sich bei der Eignungsdiagnose auf jene Merkmale zu beschränken, die im Anforderungsprofil spezifiziert wurden. Der Nachteil im Vergleich zum allgemeinen Test liegt darin, dass er möglicherweise aufgrund seiner inhaltlichen Beschränkung leichter durchschaubar ist und daher ein größeres Risiko besteht, dass Bewerber die Antworten zu ihren Gunsten verfälschen.

Beispiele für diese Testart sind Kreativitätstests, Tests der Risikobereitschaft und der sozialen Kompetenz. Speziell für den Mittelstand kann bei der Entscheidung über eine Unternehmensnachfolge oder die Einstellung von Führungskräften der Fragebogen zur Diagnose unternehmerischer Potenziale (F-DUP bzw. F-DUP^{N}, Müller, 2003) interessant sein. In ihm werden unternehmerisch relevante Eigenschaften wie Antriebsstärke, Problemlöseorientierung, Belastbarkeit, Risikoneigung und Durchsetzungsbereitschaft, getestet. Mit einer Lizenzgebühr von weniger als 100 Euro für eine uneingeschränkte Nutzung gehört er zu den preisgünstigsten Tests.

Beispielfrage aus dem Fragebogen zur Diagnose unternehmerischer Potenziale:
Nach einem einleitenden Satz zur Selbstbeschreibung gibt die Testperson an, welche der beiden Aussagen eher auf sie selbst zutrifft.

Menschen sind unterschiedlich. Ich selbst bin eher ein

☒ kontinuierlich leistungsstarker Ausdauer-Arbeiter

☐ Impuls-Arbeiter mit phasenweisen Leistungsspitzen

Für den Bereich Vertrieb liegt als spezifischer Persönlichkeitstest beispielsweise das Verkaufs- und Vertriebs-Kompetenz-Inventar (Liepmann/Beauducel, 2011) vor. Es testet berufsbezogene Persönlichkeitsdimensionen, die besondere Relevanz im Hinblick auf Kundenorientierung und Kundenbindung haben. Dazu gehören Aspekte wie die Suche nach Herausforderungen, die Fähigkeit, Rückschläge zu meistern, die Fähigkeit, erfolgreiche Beziehungen aufzubauen und zu erhalten, Gewissenhaftigkeit und Selbstdarstellungsfähigkeit.

Einstellungstests

Eine Gruppe von Persönlichkeitstests beschäftigt sich damit, die Einstellungen von Testpersonen zu messen. Dorsch/Häcker/Stapf (1987, S. 163) definieren Einstellung als

> „seelische Haltung gegenüber einer Person, einer Idee oder Sache, verbunden mit einer Wertung oder einer Erwartung."

Einstellungen sind Meinungen, die aus Erfahrung gewonnen wurden, Werte der Person reflektieren und Reaktionen gegenüber dem Gegenstand der Einstellung beeinflussen.

Für den Bereich der externen Personalauswahl haben besonders die aus dem englischen Sprachraum kommenden Integrity-Tests oder Integritätstests Bedeutung gewonnen. Sie werden manchmal auch vereinfachend als Ehrlichkeitstests bezeichnet. Integritätstests dienen dazu, kontraproduktives Verhalten im beruflichen Kontext vorherzusagen. Unter kontraproduktivem Verhalten wird absichtlich gezeigtes Verhalten verstanden, das die Organisation oder ihre Mitglieder potenziell oder tatsächlich schädigt (vgl. Zettler/Solga, 2008, S. 98). Es äußert sich beispielsweise in unentschuldigtem Fernbleiben vom Arbeitsplatz, in der Missachtung von Sicherheitsvorschriften sowie in Alkoholkonsum am Arbeitsplatz, Gewalt gegen andere Personen, Diebstahl und Verrat von Geschäftsgeheimnissen.

Während „Krankfeiern“, Diebstahl oder Sabotage das Unternehmen direkt schädigen, wird bei Alkohol- und Tablettenmissbrauch davon ausgegangen, dass der Mitarbeiter zwar zunächst nur sich selbst beeinträchtigt, aber durch die damit verbundenen Einschränkungen, wie verringerte Konzentrationsfähigkeit, verminderte Arbeitsleistung bis hin zum Arbeitsausfall wegen Krankheit, zumindest mittelfristig auch das Unternehmen schädigt. Kontraproduktives Verhalten muss aber nicht auf ein Persönlichkeitsmerkmal zurückzuführen sein. Es kann auch durch situative Bedingungen, wie Führungsverhalten, Betriebsklima und Arbeitsbedingungen, veranlasst sein und davon abhängen, ob sich ein Mitarbeiter gerecht behandelt fühlt oder nicht.

Integritätstests leisten einen guten Beitrag zur Vorhersage unterschiedlicher Kriterien für Berufserfolg. Sie ermöglichen nicht nur die Prognose kontraproduktiven Verhaltens am Arbeitsplatz, sondern auch die der Arbeitsleistung (Sackett/Schmidt, 2012). Nach einer Meta-Analyse von Schmidt/Hunter (1998) leisten sie zwar keine bessere Vorhersage auf den Berufserfolg als Intelligenztests, sie stellen aber eine sinnvolle Ergänzung von Intelligenztests dar und verbessern damit die Vorhersage. Die Zunahme der Vorhersagequalität ergibt sich zum einen daraus, dass Ergebnisse von Integritätstests nicht mit denen von Intelligenztests zusammenhängen (also etwas anderes messen als Intelligenz), und andererseits Integritätstests auch Persönlichkeitsmerkmale, wie Gewissenhaftigkeit, umfassen. Kontraproduktives Verhalten hat sich neben dem direkt der Arbeitsaufgabe zugehörigen Verhalten

(Rollenverhalten) und der sog. umfeldbezogenen Leistung als dritte unabhängige Facette der Arbeitsleistung erwiesen. Sie stellt damit gewissermaßen das Gegenstück zur umfeldbezogenen Leistung dar (siehe Abb. 5.22), zu der alle Aktivitäten gehören, die nicht Teil der eigentlichen Arbeitsrolle sind, aber einen positiven Beitrag zum Unternehmenserfolg leisten, wie Hilfsbereitschaft, Teamgeist und Loyalität (vgl. Zettler/Solga, 2008).

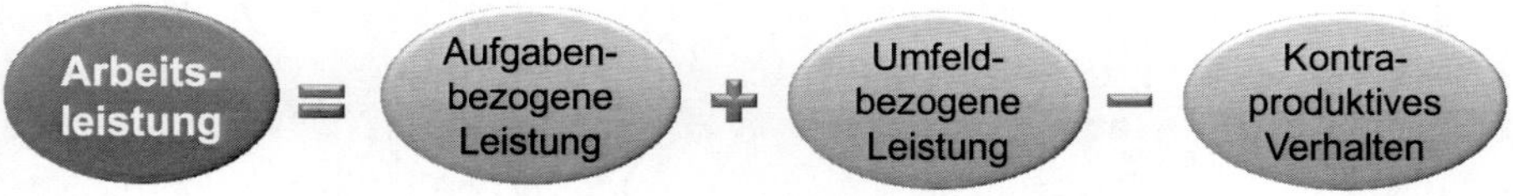

Abb. 5.22: Kontraproduktives Verhalten als eigenständige Facette der Arbeitsleistung neben direkt auf die Arbeitsrolle bezogenem und außerhalb der Arbeitsrolle liegendem hilfreichen Verhalten

Beispielfrage aus einem Integritätstest

Ein Beispiel für eine Aussage aus dem deutschsprachigen Integritätstest „Inventar berufsbezogener Einstellungen und Selbsteinschätzungen" (Marcus, 2006), zu dem die Testpersonen das Ausmaß ihrer Zustimmung angeben sollen, lautet:

> „Man hört oft etwas über Schwarzarbeit im Handwerk, aber ich glaube, dass die meisten Handwerker immer noch ehrlich sind."

Die Durchführung der Personalauswahl mit Hilfe von Integritätstests kann auch sehr deutliche monetäre Vorteile für ein Unternehmen haben. Oliver/Shafiro/Bullard/Thomas (2011) analysierten die Daten von über 30.000 Mitarbeitern aus vier verschiedenen Unternehmen, von denen ein Teil unter Einsatz von Integritätstests ausgewählt wurde, ein anderer Teil nicht. Diese beiden Gruppen wurden miteinander verglichen. Die Daten zeigten, dass Beschäftigte, die ohne Integritätstests ausgewählt worden waren, nach Unfällen mit einer deutlich höheren Wahrscheinlichkeit (2,5 bis 4,8mal höher) finanzielle Ansprüche an das Unternehmen stellten, als mit Integritätstests ausgewählte. Die Kosten zur Befriedigung solcher Ansprüche waren bei den nicht getesteten Personen pro Beschäftigtem 2,6 bis 7,8mal höher als bei den getesteten.

Interessentests

Interessentests zählen zu den Persönlichkeitstests, die vor allem in der Phase der beruflichen Orientierung, d.h. für die Berufswahl und Karriereberatung, eingesetzt werden. Sie können aber auch für innerbetriebliche Laufbahn- und Personalentscheidungen genutzt werden. Ein gängiger Test dieser Kategorie ist in revidierter Fassung der Allgemeine Interessen-Struktur-Test mit Umwelt-Struktur-Test (UST-R) von Bergmann/Eder (2005). Er basiert auf dem in Kapitel 4.1 dargestellten Interessenmodell von Holland (2008). Ebenso gehört zu diesen Verfahren das EXPLORIX (Fux/Stoll/Bergmann/Hell/Eder, 2013). Es ist ein Instrument, das bei der Berufswahl und Laufbahnplanung unterstützt und ebenfalls auf dem Interessenmodell von Holland basiert. Bei ihm schätzen Testpersonen ihre Interessen und Fähigkeiten in verschiedenen Bereichen ein. Im Rahmen der Auswertung werden zum ermittelten Profil passende Berufe, Ausbildungsberufe und Studienrichtungen angeboten.

Motivationstests

Bekanntestes Beispiel für Motivationstests ist das Leistungsmotivationsinventar (Schuler/Prochaska/Frintrup, 2001). Es bezieht sich auf die wichtigen Theorien zur Leistungsmotivation und prüft berufsrelevante Dimensionen der Leistungsmotivation ab, wie beispielsweise Lernbereitschaft, Selbstständigkeit, Selbstkontrolle, Beharrlichkeit, Erfolgszuversicht, Wettbewerbsorientierung, Leistungsstolz, Schwierigkeitspräferenz und Zielsetzung. Auf einer siebenstufigen Skala geben die Testpersonen an, wie stark eine Aussage auf sie selbst zutrifft. Da, wie bei vielen Persönlichkeitstests, der Bezug zur ausgeschriebenen Stelle zum Teil relativ leicht erkennbar ist, muss beim Einsatz für Personalauswahlzwecke zumindest in begrenztem Umfang mit Verfälschungstendenzen gerechnet werden. Bewerber merken, dass es für sie vorteilhaft ist, eine hohe Ausprägung der oben aufgelisteten Merkmale erkennen zu lassen.

5.6.4 Situational Judgment Tests (Situationsbeurteilungstests)

Situational Judgment Tests (SJT), die in Deutsch als Situationsbeurteilungstests bezeichnet werden können, erfreuen sich wegen ihrer – zumindest vermeintlich – großen Praxisnähe steigender Beliebtheit als Personalauswahlverfahren (vgl. Whetzel/McDaniel, 2009). Bei ihnen geht es darum, dass Testpersonen Situationen beurteilen, wie sie sie im Arbeitsleben antreffen können. Zu jeder Situation werden verschiedene Reaktionsmöglichkeiten angeboten, die die Testperson beispielsweise nach ihrer Angemessenheit einzeln bewerten oder in eine Rangfolge bringen soll. In einer anderen Variante werden die Testpersonen instruiert, anzugeben, mit welcher Wahrscheinlichkeit sie selbst die Verhaltensalternativen zeigen würden. Die Auswertung erfolgt durch Vergleich der Antworten mit einer im Vorfeld entwickelten Referenzlösung. Sie kann in Abhängigkeit von der Instruktion auf verschiedene Weise erfolgen. Beispielsweise können Punkte für korrekte Antworten summiert oder Minuspunkte für die Wahl nicht effektiver Verhaltensweisen zusammengezählt werden. Eine andere Art der Auswertung ist die Verrechnungen der Profildifferenzen bei Rangreihenbildung (vgl. Behrmann, 2007).

> Die Situationsbeurteilungstests sind je nach Instruktion eher mit Leistungs- oder eher mit Persönlichkeitstests zu vergleichen. Wird abgefragt, welches Verhalten das effektivste ist, um das beschriebene Problem zu lösen, wird im Grunde Wissen abgefragt. Entsprechend gibt es hohe Zusammenhänge zu anderen Maßen der intellektuellen Leistungsfähigkeit, wie etwa den Kriterien in Intelligenztests. Werden die Testpersonen dagegen gebeten, die Wahrscheinlichkeit anzugeben, mit der sie selbst das beschriebene Verhalten zeigen würden, gibt es höhere Zusammenhänge mit Maßen der Persönlichkeit, wie Gewissenhaftigkeit, Verträglichkeit und emotionale Stabilität (vgl. Whetzel/McDaniel, 2009).

Der Situationsbeurteilungstest orientiert sich an der Erkenntnis, dass vergangenes Verhalten die beste Prognose für zukünftiges Verhalten bietet. Die Testpersonen versetzen sich in die beschriebene Situation und vergleichen sie vermutlich mit ihrem bisherigen Verhalten in ähnlichen Situationen und bewerten auf dieser Grundlage die Antwortalternativen. SJT stellen eine mentale Arbeitsprobe dar, d.h. es ist keine Beobachtung des Verhaltens in einer realen beruflichen Situation möglich. Der Kandidat gibt stattdessen Verhaltensabsichten an (vgl. Behrmann, 2007). Ihre Fälschbarkeit hängt von der Instruktion ab bzw. davon, ob er eher als Leistungs- oder als Persönlichkeitstest eingesetzt wird (siehe Abb. 5.23).

Merkmale von Situationsbeurteilungstests

- **Erfasste Merkmale**: Wissen oder Verhaltensweisen in zwischenmenschlichen Situationen
- **Spezifität:** Die meisten Fragen enthalten sowohl Facetten kognitiver Leistungsfähigkeit als auch Persönlichkeitsmerkmale
- **Prinzipien**: Test der maximalen Leistung; es gibt entweder nur eine richtige Antwort oder zuvor ermittelte Rangfolgen der Angemessenheit
- **Verfälschung**: Bei der Instruktion, die Angemessenheit in Rangfolge zu bringen, handelt es sich um einen Leistungstest. Hier ist Verfälschung kaum möglich bzw. nicht im Interesse des Bewerbers.
  Bei der Instruktion, die Wahrscheinlichkeit anzugeben, mit der das Verhalten gezeigt würde, wird typisches Verhalten getestet. Es muss mit Verfälschung gerechnet werden, indem Antworten an die vermuteten Erwartungen des Unternehmens angepasst werden.

Abb. 5.23: Merkmale von Situationsbeurteilungstests

Christian/Edward/Bradley (2010) haben untersucht, welche Merkmale am häufigsten über SJT gemessen werden. Sie fanden, dass in der Mehrzahl der Fälle solche Tests eingesetzt werden, um Führungsverhalten und generell interpersonale Kompetenzen, wie z.B. Teamfähigkeit, zu testen. Diese Verfahren leisten nach Erkenntnissen der Autoren eine gute Prognose für die Gesamtarbeitsleistung. Weitere Aspekte, die durch einen SJT erfasst werden sollen, sind Fachwissen, Initiative und Integrität.

Beispiel für eine Aufgabe aus einem Situationsbeurteilungstest
(entnommen aus Whetzel/McDaniel, 2009, S. 188, eigene Übersetzung):
Sie arbeiten an einem Projekt mit einer Deadline. Zum jetzigen Zeitpunkt fürchten Sie, das Projekt nicht rechtzeitig fertigstellen zu können. Für Ihren Vorgesetzten ist es sehr wichtig, dass die Frist eingehalten wird. Sie haben keine Möglichkeit, Hilfe von anderen Kollegen zu erhalten. Was tun Sie?

a) Sie bitten um eine Fristverlängerung.
b) Sie informieren Ihren Vorgesetzten, dass Sie die Frist möglicherweise nicht einhalten können.
c) Sie machen so viele Überstunden wie nötig, um das Projekt fristgerecht abzuschließen.
d) Am Tag der Abgabefrist reichen Sie das ein, was Sie bis dahin erledigen konnten.
e) Sie erledigen die wichtigsten Teile bis zur Deadline, die übrigen Projektaufgaben bearbeiten Sie danach.
f) Sie informieren Ihren Vorgesetzten darüber, dass die gesetzte Frist unzumutbar ist.
g) Sie geben Ihrem Vorgesetzen eine Meldung zum aktuellen Zwischenstand und äußern Ihre Bedenken, das Projekt fristgerecht abschließen zu können.
h) Sie kündigen.

Die beschriebenen Situationen sind im Vergleich zu den Fragen bzw. Aussagen, wie sie in Persönlichkeitstests verwendet werden, viel komplexer. Dementsprechend umfassen sie gewöhnlich auch nicht nur ein Merkmal, sondern mehrere. In der Situation im Beispiel (siehe Kasten) sind bei Antwortalternative c) beispielsweise Anteile von Gewissenhaftigkeit und von Belastbarkeit enthalten. Häufig wird bei diesen Tests nicht genau spezifiziert, welche unterliegenden Merkmale gemessen werden. Das liegt u.a. daran, dass sie praxisorientiert auf der Basis der Methode der kritischen Ereignisse konstruiert werden (vgl. Kap. 4.1). Stelleninhaber, Vorgesetzte und/oder andere Experten für die Tätigkeit werden nach besonders effektiven und ineffektiven Verhaltensweisen in erfolgsrelevanten Situationen befragt. Diese Schilderungen werden dann für die Konstruktion der Beispielsituationen verwendet.

Die Erkenntnisse aus dem Einsatz von SJT hängen auch davon ab, in welcher Form Situationen präsentiert werden. Diese können entweder schriftlich vorgelegt, d.h. als Papier-und-Bleistift-Test, oder in Form von Videosequenzen dargeboten werden. Die Filmausschnitte werden an einer kritischen Situation gestoppt und die Testperson erhält die Instruktion, vorgegebene Handlungsalternativen zu bewerten. Lievens/Sackett (2006) verglichen beide Darbietungsweisen miteinander und fanden, dass die schriftliche Darbietung stärker mit Maßen der intellektuellen Leistungsfähigkeit zusammenhing als die videobasierte. Diese wiederum zeigte stärkere Zusammenhänge mit Maßen der sozialen Interaktion.

SJT haben den großen Vorteil, dass die Testpersonen den Zusammenhang mit der ausgeschriebenen Stelle sehr leicht erkennen können. Die Akzeptanz von Situationsbeurteilungstests ist entsprechend hoch; allerdings mit der Unterscheidung, dass die videobasierte Darbietung noch besser akzeptiert wird als die schriftliche (vgl. Whetzel/McDaniel, 2009). Vorteilhaft aus Sicht von Unternehmen sind außerdem die leichte Handhabbarkeit und der geringe zeitliche Aufwand für die Durchführung, die natürlich, wie bei fast allen anderen Tests auch, im Gruppensetting stattfinden kann.

Situational Jugdment Tests im Vergleich zum Situativen Interview
SJT weisen eine hohe Ähnlichkeit mit situativen Fragen auf, die im Kapitel Interviews vorgestellt werden. Der Unterschied besteht darin, dass beim SJT die Situationen schriftlich oder als Videofilm dargeboten werden, im Interview hingegen mündlich. Beim SJT werden außerdem Antwortmöglichkeiten vorgegeben, während der Bewerber beim situativen Interview frei antwortet.

5.6.5 Beispiele für angemessenen Testeinsatz

Um Lesern einen Überblick über die Vielzahl der verfügbaren Testarten zu geben, sind in der folgenden Tabelle die in Kapitel 5.6 beschriebenen Testarten zusammenfassend mit Beispielen und überwiegenden Einsatzgebieten dargestellt. Die Beispiele und Einsatzgebiete sind dabei nicht als erschöpfende Beschreibung zu verstehen.

Tab. 5.6: Testarten im Überblick mit typischen Beispielen und vorwiegenden Einsatzgebieten

Art des Tests	**Was wird gemessen?**	**Einsatzgebiet**
Leistungstest	Maximale Leistung mit Richtigkeit der Antworten	Personalauswahl, auch in Personalentwicklung, z.B. bei Zertifizierungskursen
Allgemeine Leistungstests	Intellektuelle Leistungsfähigkeit, Intelligenz	Personalauswahl, besonders bei Auszubildenden
Spezielle Leistungstests	z.B. räumliches Vorstellungsvermögen, logisches Denken	Auswahl von Fachkräften für unterschiedliche Berufe
Aufmerksamkeits- und Konzentrationstests	Aufmerksamkeit, Konzentration	Typisch für Auswahl für Kontrolltätigkeiten
Sensu-motorische Leistungstests	Geschicklichkeit	Für alle Tätigkeiten, bei denen Feinmotorik relevant ist
Sonstige Leistungstests	Fachliche Wissenstests	Häufig bei Auswahl von Auszubildenden und bei Zertifizierungskursen
Persönlichkeitstests	Typische Leistung, Präferenzen	Für Personalentwicklung häufiger als für Personalauswahl
Allgemeine Strukturtests	Persönlichkeit als Ganzes	Personalentwicklung
Allgemeine Typentests	Persönlichkeit als Ganzes, dargestellt als (dominanter) Typ	Auswahl von Führungs kräften und Personalentwicklung
Spezifische Strukturtests	Einzelne Persönlichkeitsmerkmale	Auswahl für spezielle Berufe, z.B. Außendienstmitarbeiter
Einstellungstests	Einstellungen und Werthaltungen	Auswahl von Fach- und Führungskräften, Personalentwicklung
Interessentests	Interessen	Häufig bei Berufswahl und Auswahl von Auszubildenden
Motivationstests	Motivation	Bei Berufswahl, Personalentwicklung und Personalauswahl

Art des Tests	Was wird gemessen?	Einsatzgebiet
Situationsbeurteilungs-tests	Je nach Instruktion maximale oder typische Leistung	Häufig als besser akzeptierte Alternative zu Leistungs- und Persönlichkeitstests
Wissensbezogene Tests	Fachwissen	Prüfungsvorbereitung, Personalauswahl
Verhaltensbezogene Tests	Interpersonale Kompetenzen	geeignet zur Auswahl für Teams und Tätigkeiten mit Schwerpunkt auf Interaktion mit anderen

Aus dem Bisherigen wird man die Meinung gewonnen haben, dass die Konstruktion von psychologisch fundierten Tests und die Überprüfung ihrer Aussagefähigkeit im Hinblick auf Berufserfolg eine mit erheblichem Aufwand durchzuführende wissenschaftliche Aufgabe ist. Es sollte auch klar geworden sein, dass die Interpretation der individuellen Ergebnisse solcher Tests Erfahrung voraussetzt und ihre Mitteilung Einfühlungsvermögen und Rücksicht auf die psychische Verfassung der Bewerber verlangt. Daraus resultiert die Haltung der Verlage, die derartige Tests vertreiben, diese im Allgemeinen nur an ausgebildete Psychologen abzugeben. Aus all dem könnte der Eindruck entstanden sein, die Anschaffung und die Durchführung solcher Tests sei für viele KMU viel zu aufwändig. Man mag geneigt sein, dem zuzustimmen, sollte aber dagegen abwägen, ob die durch adäquat durchgeführte und ausgewertete Tests gewonnenen Erkenntnisse für das Unternehmen nicht diesen Aufwand rechtfertigen. Unabhängig von solchen Überlegungen bieten sich aber speziell für die Überprüfung der fachlichen Voraussetzungen von Bewerbern um eine Fachkraftstelle oder um einen Ausbildungsplatz auch einfachere und preiswerte Alternativen an. Im Bereich Eignungstests für Auszubildende fast aller Berufe ist der U-Form Verlag führend. Er offeriert Intelligenztests, Persönlichkeitstests und Tests der Fachkenntnisse zu moderaten Preisen. Die Abgabe der Tests erfolgt allerdings nur an Ausbildungsbetriebe, um ihre Verbreitung zu Übungszwecken zu verhindern. Wer auch in Bezug auf diese Tests Vorbehalte hat, findet bei den Ausbildungsberatern der Industrie- und Handelskammern und der Handwerkskammern sicherlich Unterstützung.

Mit den nachfolgenden Beispielen sollen Anhaltspunkte dafür geben werden, in welcher Auswahlsituation welcher Test vorteilhaft eingesetzt werden kann. Den bisherigen Erläuterungen zu Tests lässt sich natürlich entnehmen, dass man umso mehr über einen Bewerber in Erfahrung bringen kann, je mehr Testtypen eingesetzt werden. Im Folgenden wird jeweils nur das Mindeste an Tests empfohlen, mit denen geeignete Mitarbeiter gefunden werden können. Die eigentliche Auswahlentscheidung, die Entscheidung, wer von den vorausgewählten Bewerbern ein Angebot bekommt, ist immer auch zu einem gewissen Teil eine „Bauchentscheidung" jenseits Tests. Es werden möglichst kostengünstige Instrumente angegeben.

1. Auswahl von Auszubildenden für den Beruf Fachverkäufer in einem Lebensmittel-Einzelhandelsgeschäft mit 20 überwiegend in Teilzeit beschäftigten Mitarbeitern

Die Zeugnisnoten sollten ausreichen, die Bewältigung der intellektuellen Anforderungen des Ausbildungsberufs einschätzen zu können. In einem Gespräch kann ein ausreichender Eindruck von der voraussichtlichen Freundlichkeit und Gewandtheit im Umgang mit Kunden gewonnen werden. Es ist ja auch zu bedenken, dass die in Frage stehenden sehr jungen Bewerber sich noch entwickeln werden. Wenn mindestens ein Schnuppertag in dem Geschäft absolviert wurde, weiß der Bewerber wenigstens in etwa, was mit der Ausbildung auf ihn zukommt. Eine nicht ganz so leicht zu bekommende, aber sehr wichtige Information, ist seine Motivationslage, von der z.B. Lernbereitschaft, Ausdauer und Schwierigkeitsbewältigung abhängen. Wir schlagen deshalb in diesem Fall vor, wenn überhaupt ein Test erwogen wird, einen Motivationstest zu wählen. Geeignet erscheinen das bereits erwähnte Leistungsmotivationsinventar (LMI) und der Berufliche Motivationstest für Auszubildende (BMT-A) von S&F Personalpsychologie Managementberatung. Letzteren gibt es in einer Kurzversion mit 15 Items in einer Dimension und in einer Langversion mit 57 Items in 5 Dimensionen. Bei der ersten Variante werden für die Durchführung etwa 4 Minuten benötigt, bei der zweiten ungefähr 12 Minuten.

2. Auswahl eines Elektromonteurs für ein Fachgeschäft für Unterhaltungselektronik und Elektrogeräte mit sechs Mitarbeitern
Ausbildungszeugnis und Arbeitszeugnisse sollten zur Beurteilung der fachlichen Kompetenz ausreichen. Auch in diesem Fall kann in einem Gespräch mit erfahrungsbezogenen und situativen Fragen (vgl. Kap. 5.4) ein ausreichender Eindruck von der voraussichtlichen Freundlichkeit und Gewandtheit des Bewerbers im Umgang mit Kunden gewonnen werden. Schwieriger einzuschätzen ist seine Bereitschaft, sich zu engagieren, Überstunden zu absolvieren, flexible Arbeitszeiten zu akzeptieren und Kundenzufriedenheit zu erreichen. Größere Klarheit sollte auch in diesem Fall nach Absolvierung eines Motivationstests bestehen. In Frage kommen z.B. das Leistungsmotivationsinventar (LMI) und der Berufliche Motivationstest (BMT) von S&F Personalpsychologie Management Beratung. Auch diesen gibt es in einer Kurzversion mit 14 Items in 2 Dimensionen und einer Durchführungsdauer von ungefähr 4 Minuten sowie einer Langversion mit 31 Items in 5 Dimensionen und einer Durchführungsdauer von ca. 8 Minuten.

3. Auswahl eines Poliers für ein Baugeschäft mit zehn Mitarbeitern
Ein Polier ist eine weisungsberechtigte Führungskraft, die anderen Mitarbeitern Aufgaben überträgt und für deren technisch und zeitlich korrekte Ausführung verantwortlich ist. Er muss im Allgemeinen eine abgeschlossene einschlägige Berufsausbildung und berufliche Erfahrung besitzen. Wie bei der Auswahl des Elektromonteurs in Beispiel 2 können Gesellenbrief und Arbeitszeugnisse zur Beurteilung seiner fachlichen Kompetenz dienen. Letzteren müsste auch Näheres zu seiner Führungsqualifikation entnommen werden können. Unter Berücksichtigung der nicht immer klaren Aussagen in Arbeitszeugnissen und vielleicht fehlender Möglichkeit, über Kontaktaufnahme zu früheren Arbeitgebern ein verlässlicheres Bild zu bekommen, sollte ein spezifischer Persönlichkeitstest bzw. ein Führungstest eingesetzt werden. Man kann dabei z.B. an das Berliner Testinventar für Führungskompetenzen und –stile (BTF) von e^3skillware denken, dessen Online-Durchführung 30 Minuten beansprucht und für eine Person unter 100 Euro kostet.

4. Auswahl eines Nachfolgers für den Inhaber eines Fachgeschäfts für Sanitär, Heizung und Spenglerei mit 10 Mitarbeitern in der Position eines Geschäftsführers

Wir gehen für das Weitere davon aus, dass die einzuschätzenden Personen dem Inhaber nicht näher bekannt sind. Bei dieser Auswahl kommt es auch auf die fachliche Kompetenz an, ohne die ein Betrieb dieser Art nicht geführt werden kann und die erforderlich ist, um auch im Notfall für ausgefallene Mitarbeiter einspringen zu können. Ein Meisterbrief in einer der Richtungen wird im Allgemeinen das Vorliegen dieser Kompetenz bestätigen und ist auch nach Handwerksrecht eine zwar nicht mehr unerlässliche, aber doch wünschenswerte Voraussetzung. Mindestens genauso wichtig sind erweitertes betriebswirtschaftliches Knowhow, Führungsqualifikation, unternehmerisches Denken und Verantwortungsbewusstsein sowohl gegenüber den Mitarbeitern als auch den Eigentümern des Geschäfts. Ein Nachweis der für notwendig gehaltenen betriebswirtschaftlicher Kenntnisse kann über entsprechende Weiterbildungsbescheinigungen verlangt werden. Zur Einschätzung der wichtigen persönlichen Kompetenzen scheint mindestens ein spezifischer Persönlichkeitstest sinnvoll zu sein. Sofern der Inhaber dessen Durchführung nicht einem Personalberater übertragen will, was durchaus üblich ist, hätte er mit dem Fragebogen zur Diagnose unternehmerischer Potenziale (F-DUP) von Müller (2003) oder mit dem breiter angelegten Bochumer Inventar zur berufsbezogenen Persönlichkeitsbeschreibung (BIP) von Hossiep/Paschen/Mühlhaus (2003) verlässliche Instrumente zur Verfügung. Zwar sind bei der hier anstehenden Auswahlentscheidung die Kosten des Auswahlverfahrens sicherlich nicht vorrangig, doch darf das F-DUP mit einem Preis von unter 100 Euro als besonders kostengünstig erwähnt werden.

5.7 Arbeitsproben, Probearbeiten und Praktikum

5.7.1 Arbeitsproben

Begriff und Merkmale

> Bei einer Arbeitsprobe wird dem Bewerber eine erfolgskritische Aufgabe aus dem beruflichen Alltag der Zieltätigkeit zur Bearbeitung gegeben. Seine Leistung wird im Hinblick auf die Art und Weise der Erledigung und ihr Ergebnis von Fachexperten bewertet. Durchführung und Bewertung erfolgen dabei in standardisierter Form. Arbeitsproben gelten als eins der besten Auswahlverfahren zur Vorhersage der Arbeitsleistung (vgl. Roth/Bobko/McFarland, 2005). Das zugrundeliegende Prinzip ist, dass aus aktueller Leistung bzw. aktuellem Verhalten zukünftige Leistungen und Verhaltensweisen vorhergesagt werden können.

Arbeitsproben werden seit langem zur Eignungsdiagnose eingesetzt, vor allem in handwerklichen Berufen. Sie können aber prinzipiell für alle Tätigkeiten eingesetzt werden. Wichtig bei Arbeitsproben ist, dass zentrale Aspekte der Alltagsarbeit realitätsnah nachgestellt werden können. Je ähnlicher die Testsituation und die tatsächliche Arbeitssituation sind, desto besser wird die Vorhersage auf Berufserfolg gelingen. Das bedeutet, einer Arbeitsprobe muss eine sorgfältige Anforderungsanalyse vorausgehen. In vielen Fällen wird sie in Form der Methode der kritischen Ereignisse durchgeführt, um sicher zu stellen, dass besonders erfolgskritische Bestandteile der Arbeitsaufgabe abgebildet werden.

Arbeitsproben können in vielfältiger Gestalt zum Einsatz kommen (vgl. Görlich, 2007). So gibt es Arbeitsproben, die den Fokus auf motorisch-handwerkliche Geschicklichkeit legen, z.B. ein Werkstück feilen oder drechseln, ein Kleidungsstück nähen oder eine Uhr reparieren. Andere zielen auf die Überprüfung von Fachkenntnissen, z.B. das Vorgehen bei der Fehlerermittlung eines nicht funktionierenden technischen Geräts erläutern, etwa einer Spülmaschine oder eines Computers. Es kann sich auch um sprachliche Aufgaben handeln, z.B. die Simultanübersetzung einer Rede, ein Diktat aufnehmen, einen Text korrigieren oder einen Werbeslogan formulieren.

Im Vergleich zu anderen Verfahren, wie den in Kapitel 5.6 dargestellten Tests, hat die Arbeitsprobe den Vorteil, dass sie weniger abstrakt ist und daher für Bewerber der Bezug zur späteren Tätigkeit leichter erkennbar ist. Arbeitsproben erlauben es Bewerbern deshalb besser als Tests zu entscheiden, ob sie die Zieltätigkeit als Beruf ausüben möchten, d.h., sie unterstützen die Selbstselektion. Der Bewerber hat das Gefühl, seine Handlungen kontrollieren zu können, und kann meist direkt erkennen, wie gut ihm die Erledigung der Aufgabe gelungen ist. Sie werden daher auch besser akzeptiert als Testverfahren (vgl. Hausknecht/Day/Thomas, 2004), bei denen aus Sicht des Bewerbers oft geringe Transparenz und Kontrollierbarkeit empfunden wird. Außerdem ist für den Bewerber ersichtlich, dass ausschließlich Aspekte getestet werden, die mit der Stelle in Zusammenhang stehen, für die er sich beworben hat. Bei Tests entsteht häufig der Eindruck, es würden darüber hinausgehende Merkmale der Person erfasst. Gleichzeitig ist aber die geringere Abstraktheit der Arbeitsprobe im Vergleich zum Test auch ein Nachteil, denn die Ergebnisse einer Arbeitsprobe lassen zwar eine Prognose des Berufserfolgs in der geprüften Tätigkeit zu, aber keine Übertragung (Generalisierung) auf andere Tätigkeiten, wie sie Tests erlauben. Sie müssen für die jeweilige Stelle spezifisch entwickelt werden und können nicht wie Tests routinemäßig für mehrere Arten von Tätigkeiten eingesetzt werden. Außerdem setzen Arbeitsproben im Vergleich zu Tests Berufserfahrung bzw. zumindest Erfahrung mit der auszuführenden Tätigkeit voraus. Sie sind nach Ergebnissen der Meta-Analyse von Schmidt/Hunter (1998) sehr gut geeignet, um Berufserfolg zu prognostizieren. Ihr Einsatz ist auch zusätzlich zu Intelligenztests lohnenswert. Die Vor- und Nachteile von Arbeitsproben sind in Abbildung 5.24 zusammengefasst.

+

- Sie können für alle Tätigkeiten entwickelt werden
- Sie weisen einen hohen Bezug zur Zieltätigkeit auf
- Sie beschränken sich auf die direkt für den Berufserfolg relevanten Aspekte
- Sie stehen auch für Bewerber in erkennbarem Zusammenhang mit der Berufstätigkeit und
  - werden daher gut akzeptiert
  - bieten Bewerbern Handlungskontrolle und Feedback über ihre Leistung
  - ermöglichen Bewerbern die Einschätzung, ob er die Zieltätigkeit ausüben möchte

–

- Sie erfordern eine tätigkeitsspezifische Anforderungsanalyse
- Sie sind nicht auf andere Tätigkeiten übertragbar
- Sie setzen meist Berufserfahrung voraus
- Sie sind nicht sinnvoll für Tätigkeiten einsetzbar, die rasch erlernt werden können
- Sie erlauben keine Vorhersage des Entwicklungspotenzials

Abb. 5.24: Vor- und Nachteile von Arbeitsproben

Bei Berufsanfängern können Arbeitsproben als Instrument zur Diagnose der Lernfähigkeit eingesetzt werden. In diesem Fall würde dem Bewerber zunächst gezeigt werden, wie die Arbeitsaufgabe korrekt auszuführen ist. Außerdem würden ggf. notwendige Erläuterungen gegeben. Anschließend führt der Bewerber die Arbeitsaufgabe selbst direkt oder nach einer kurzen Übungsphase aus. Um eine genaue Ermittlung des Lernzuwachses zu gewährleisten, müssen im Vorfeld die bereits vorhandenen Fertigkeiten und Vorkenntnisse ermittelt werden. Konkret bedeutet das, der Bewerber wird zunächst gebeten, ohne Anleitung oder vorherige Demonstration die Aufgabe auszuführen.

Formen von Arbeitsproben

In der Form der Durchführung werden reale Simulationen von mündlichen Arbeitsproben unterschieden. Die reale Simulation ist vorzuziehen, weil bei ihr das Verhalten der Bewerber direkt beobachtet werden kann und sie so eine Einschätzung nicht nur des Wissens, sondern auch der Fertigkeiten ermöglicht. Entsprechend erlauben motorische Arbeitsproben bessere Vorhersagen auf die spätere Leistung als mündliche Arbeitsproben (vgl. Schuler, 2000). Die mündliche Form wird bei komplexen Tätigkeiten eingesetzt, wenn nicht genügend Zeit für eine Simulation verfügbar ist, wenn der materielle Aufwand zu hoch oder das Sicherheitsrisiko zu groß wäre. So wäre beispielsweise für die Tätigkeit eines Schreiners die Aufgabe, eine komplette Schrankwand (mit Regalen, Türen und Schubladen) anzufertigen, eine ungeeignete Arbeitsprobe, weil sie zu zeitaufwändig und zu teuer wäre. Als mündliche Durchführung gehört sie zum Typ der situativen Frage, wie sie bereits im Kapitel 5.4 zu Interviews beschrieben wurde, und unterscheidet sich vom Situationsbeurteilungstest (siehe Kap. 5.6) dadurch, dass die Aufgabe nicht schriftlich vorliegt und keine Antwortalternativen vorgegeben werden.

Die mündliche Durchführung hat allerdings den großen Nachteil, dass nur Wissen abgefragt wird, aber keine Einschätzung der tatsächlichen Fertigkeiten möglich ist. So kann man sich vorstellen, dass ein Programmierer als Arbeitsprobe die Aufgabe erhält, in einer vorgegebenen Programmiersprache einen Teil eines Programmes zu schreiben. Er könnte in der mündlichen Form korrekt angeben, welche Variablen zu definieren sind, welche Befehle verwendet werden müssen etc., aber nur in der Simulation würde sich zeigen, wie geschickt er bei der eigentlichen Programmierung vorgeht.

Bei beiden Durchführungsformen wird – hohe Motivation der Bewerber vorausgesetzt – am Leistungsmaximum getestet. Die so gemessene Leistung kann – wie allerdings bei anderen Diagnoseverfahren auch – von der im Arbeitsalltag gezeigten typischen Leistung deutlich abweichen (vgl. Blickle, 2011a). Diese Problematik ergibt sich daraus, dass die Arbeitsprobe (im Gegensatz zum Test) unter Beobachtung durchzuführen ist. Daraus resultiert zum einen, dass Bewerber im Allgemeinen eine möglichst hohe Leistung bringen möchten, die aber nicht mit ihrer typischen Leistung übereinstimmen muss. Andererseits muss damit gerechnet werden, dass Bewerber unter Beobachtung unsicher werden und eine schlechtere Leistung zeigen, als sie sie unter normalen Arbeitsbedingungen zeigen würden. Ob sich diese beiden Effekte ausgleichen oder der eine oder der andere stärker ist, hängt sehr von der Persönlichkeit eines Bewerbers ab.

Zu beachten ist, dass der Begriff Arbeitsprobe in zweifacher Bedeutung verwendet wird. Oben wird er als simulierte Arbeitsaufgabe verstanden, die ein Bewerber im Rahmen des Auswahlprozesses durchführt und bei der er von den auswählenden Fachexperten beobachtet und bewertet wird. Der Begriff wird aber auch verwendet für Ergebnisse früherer Tätigkeiten, die ein Bewerber im Auswahlverfahren vorlegt, um seine Eignung für die ausgeschriebene Stelle zu belegen. Diese Form der Arbeitsprobe wird genutzt, wenn es sich um komplexe Arbeitsaufgaben handelt, die nicht während des Auswahlprozesses simuliert werden können. Beispiele hierfür sind realisierte Bauprojekte bzw. generell künstlerische und gestalterische Werke, z.B. von Architekten, Designern und Werbefachleuten. Allerdings ist bei der Form der eingereichten Arbeitsprobe normalerweise nicht eindeutig überprüfbar, ob sie vom Bewerber selbst erstellt wurde bzw. wie viel Unterstützung er durch andere Personen hatte. Wenn die Arbeitsprobe auch kreative Anteile enthält, kann der Unterschied zur im Auswahlprozess durchgeführten Arbeitsprobe erheblich sein.

Konstruktion von Arbeitsproben

Wie oben erwähnt bildet die Anforderungsanalyse die Grundlage, um zu entscheiden, welche Arbeitsaufgaben in Form einer Arbeitsprobe simuliert werden sollen. Zu diesen Arbeitsaufgaben wird angegeben, wie eine qualitativ hochwertige Bearbeitung aussieht. Ausgehend von dieser Maximallösung sollten weitere Qualitätsniveaus definiert werden, indem beispielsweise festgelegt wird, welche Bearbeitungsschritte auf jeden Fall erfolgen müssen bzw. wie eine durchschnittliche Bearbeitung durchzuführen ist. Um ein hohes Maß an Standardisierung in Durchführung und Bewertung zu gewährleisten, ist es wichtig, entsprechende schriftliche Instruktionen anzufertigen.

Bei der Durchführung der Arbeitsprobe müssen Fachexperten anwesend sein, die die Bewerber beobachten und beurteilen. Auf diese Aufgabe sollten sie durch eine Schulung vorbereitet werden, so dass sie ein gemeinsames Verständnis der Anforderungen an Bewerber und einen einheitlichen Beurteilungsmaßstab entwickeln. Die Durchführung der Aufgaben durch den Bewerber sollte von mindestens zwei Personen beobachtet und bewertet werden, die unabhängig voneinander ihr Urteil bilden. Nach Abschluss aller Arbeitsproben werden die Bewertungen für jeden Bewerber in eine gemeinsame Einschätzung aller Beobachter bzgl. der Eignung integriert (vgl. Kanning, 2004).

Wenn sich die Anforderungen und Tätigkeitsinhalte einer zu besetzenden Arbeitsstelle häufig ändern, ist eine kontinuierliche Anpassung der entsprechenden Arbeitsproben notwendig. In diesen Fällen sollte geprüft werden, ob nicht der Einsatz von Tests sinnvoller ist.

Beispiele für Hybridverfahren zwischen Tests und Arbeitsproben

Zwei Beispiele für arbeitsprobenartige Eignungsfeststellungen werden im Folgenden vorgestellt. Sie können über den Hogrefe Verlag bezogen werden und haben für die Nutzer den großen Vorteil, dass die Konstruktion nicht selbst übernommen werden muss. Für Büro- und kaufmännische Tätigkeiten liegt die Arbeitsprobe zur berufsbezogenen Intelligenz vor (AZUBI-BK, Görlich/Schuler, 2010). Das zweite Beispiel ist die Arbeitsprobe für technische und handwerkliche Tätigkeiten (AZUBI-TH, Görlich/Schuler, 2007). Beide Verfahren setzen keine Berufserfahrung voraus und eignen sich daher besonders gut für die Auswahl von Auszubildenden. Nach Aussagen der Autoren zeigen die Ergebnisse beider Hybridverfahren (Kombination aus Test und Arbeitsprobe) einen hohen Zusammenhang mit den Ergebnissen von Intelligenztests, gehen aber durch ihren starken Tätigkeitsbezug in der Praxisnähe über Intelligenztests hinaus und werden von den Teilnehmern besser als jene akzeptiert.

Die AZUBI-BK setzt sich aus zwei Modulen mit unterschiedlichen Schwerpunkten zusammen, die einander ergänzen. Das Grundmodul besteht aus acht Teilarbeitsproben, das Zusatzmodul zur Postbearbeitung umfasst vier Teilarbeitsproben (siehe Abb. 5.25).

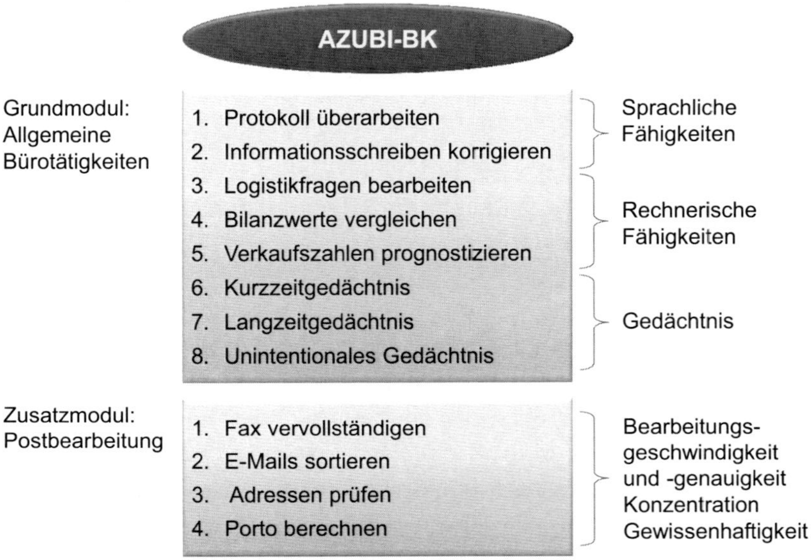

Abb. 5.25: Teilarbeitsproben in den beiden Modulen der Arbeitsprobe zur berufsbezogenen Intelligenz für Büro- und kaufmännische Berufe (Görlich/Schuler, 2010) mit getesteten Kompetenzen

Die AZUBI-TH umfasst fünf Aufgaben, mit denen vier Fähigkeitsbereiche getestet werden (siehe Abb. 5.26).

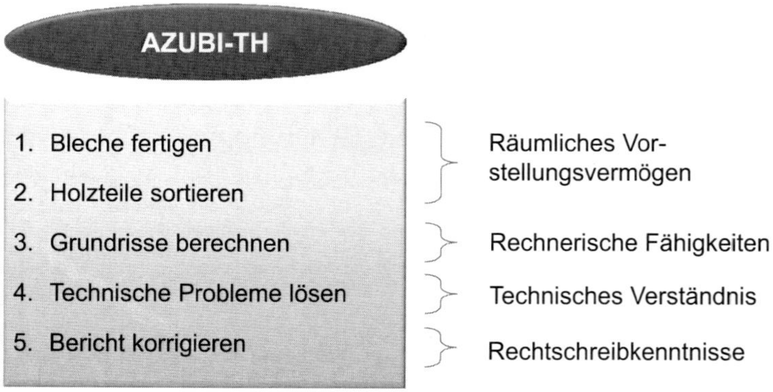

Abb. 5.26: Teilarbeitsproben der Arbeitsprobe zur berufsbezogenen Intelligenz für technische und handwerkliche Berufe (Görlich/Schuler, 2007) mit getesteten Kompetenzen

Beispiele für klassische Arbeitsproben

Im Folgenden werden anhand kleiner Fallstudien Beispiele für Arbeitsproben bei verschiedenen Berufen bzw. beruflichen Tätigkeiten vorgestellt. Sie sollen als Anhaltspunkte für die Konstruktion von Arbeitsproben in unterschiedlichen Aufgabenbereichen dienen. Neben der Situationsbeschreibung sind jeweils in tabellarischer Form die Dokumentation der Beobachtung und die Bewertungsmöglichkeit dargestellt.

Fallbeispiel Arbeitsprobe Autoelektriker

In diesem Beispiel soll entschieden werden, ob ein junger Kraftfahrzeugmechatroniker, der gerade seine Ausbildung beendet hat, für eine Stelle in einer Reparaturwerkstatt für Wohnmobile in Frage kommt. Um seine Fachkenntnisse zu testen, wird ihm u.a. die Aufgabe gestellt, einen Defekt in der Stromversorgung eines Personenwagens zu beheben. Die Aufgabe beginnt mit der Kundenschilderung des Defekts und schließt ein, zunächst die einzelnen Schritte des Vorgehens zu skizzieren und die voraussichtlich dafür benötigte Zeit zu schätzen, dann die Ursache zu identifizieren, Lösungsalternativen zu benennen, die beste Lösung vorzuschlagen und zum Schluss den Defekt zu beheben. Da es mehrere Bewerber für die Stelle gibt, müssen die Leistungen der Bewerber vergleichbar gemacht werden. Dies geschieht dadurch, dass ein strukturierter Lösungsbogen verwendet wird, in den der beurteilende Meister seine Beobachtungen einträgt. Ein dafür geeigneter Lösungsbogen hat etwa folgende Inhalte:

Tab. 5.7: Beispiel für die Dokumentation und Bewertung einer Arbeitsprobe „Defekt in der Stromversorgung eines Personenkraftwagens" für einen Kraftfahrzeugmechatroniker. Die Buchstaben A, B, C bezeichnen unterschiedliche Bewerber

Aufgabenteile	**Mögliche Leistungen**	**Ggf. nähere Beschreibung**	**Punkte**			
			Max.	**A**	**B**	**C**
Skizze zum Vorgehen	optimal		5			
	in Ordnung		3			
	nicht zielführend		0			

Aufgabenteile	**Mögliche Leistungen**	**Ggf. nähere Beschreibung**	**Punkte Max.**	**A**	**B**	**C**
Selbst geschätzte Zeit bis zur Behebung des Defekts	ausbildungsadäquat realistisch		5			
	unrealistisch	< 30 min., > 60 min.	0			
Vorgehen	nach Skizze		5			
	unsystematisch		0			
Fehlersuche	gefunden		5			
	nicht gefunden		0			
Möglichkeiten der Behebung erkannt	alle Alternativen		5			
	mind. 2 Alternativen		3			
	nur 1 Möglichkeit		1			
Eigener Vorschlag	beste Lösung		5			
	kann man machen		3			
	ist keine Lösung		0			
Arbeit an der Fehlersuche und der Umsetzung der Lösung	ausbildungsadäquat fachkundig		5			
	noch wirksam		3			
	nicht wirksam		0			
	sauber		5			
	noch ordentlich		3			
	mit Beschädigung	z.B. Gehäuse, Kabel, Schläuche, Polster	0			
Benötigte Zeit von Beginn Fehlersuche bis zur Behebung bzw. Abbruch durch Meister	wenig	< 40 min.	5			
	ausbildungsadäquat normal		3			
	lang	> 60 min.	0			
Maximale bzw. erreichte Punktzahl			45			
Ergebnis bisheriger Mitarbeiter im ∅			38			

Fallbeispiel Arbeitsprobe Bürokraft
Eine Marketing-Agentur sucht eine Bürokraft, die für etwa ein Jahr die langjährige Angestellte ersetzen soll, die ein Kind erwartet und aus gesundheitlichen Gründen plötzlich und viel früher als geplant ihre Berufstätigkeit unterbrechen muss. Da eine gründliche Einarbeitung durch die bisherige Stelleninhaberin nicht mehr möglich ist, muss schon bei der Einstellung klar sein, dass die neue Kraft die Anforderungen des Arbeitsplatzes erfüllt. Der Inhaber der Agentur möchte nicht eine Leiharbeitskraft einstellen, sondern früher einschlägig berufstätigen Hausfrauen mit dem Wunsch, wieder im Berufsleben Fuß zu fassen, eine Chance zur Realisierung ihres Wunsches bieten. Er hat sich deshalb eine (standardisierte) Arbeitsprobe ausgedacht, nach deren Ergebnissen er auswählen will. Grundlage für die Arbeitsprobe sind die am häufigsten anfallenden Tätigkeiten in seiner Agentur, nämlich Angebote und Konzeptionen nach von Diktiergerät auf PC übertragenem Diktat mit Microsoft Word schreiben, Kalkulationen nach Mustern und schriftlichen Vorgaben in Microsoft Excel durchführen und Präsentationen nach Vorlagen und Notizen in Microsoft PowerPoint erstellen. Der Inhaber gibt den Bewerberinnen vor Beginn der Arbeitsprobe eine schriftliche Erläuterung der Aufgabenteile, die sie in Ruhe durchlesen können. Die benötigten Unterlagen, soweit sie nicht auf dem PC abgerufen werden müssen, erhalten die Bewerberinnen vor jeder Teilaufgabe. Der Inhaber beobachtet die Bewerberinnen während der Arbeitsprobe und gibt, wenn darum gebeten, Hilfen. Sein Beobachtungs- und Auswertungsbogen umfasst folgende Inhalte:

Tab. 5.8: Beispiel für die Dokumentation und Bewertung einer Arbeitsprobe für eine Bürokraft. Die Buchstaben A, B, C bezeichnen unterschiedliche Bewerber

Aufgabenteile	**Mögliche Leistungen**	**Ggf. nähere Beschreibung**	**Punkte Max.**	**A**	**B**	**C**
Umgang mit dem PC						
Aufruf der benötigten Programme und Dateien	direkt		5			
	nach kurzem Suchen		3			
	nach langem Suchen/nicht		0			
Nutzung der Hilfs-, Korrektur- und Speichermöglichkeiten	direkt		5			
	nach kurzem Suchen		3			
	nach langem Suchen/nicht		0			
Arbeit mit MS Word						
Auffassung der Aufgabe	direkt		5			
	mit kleiner Hilfe		3			
	mit langer Erläuterung		0			
Ausführung der Aufgabe	ohne nennenswerte Rechtschreibfehler	Keine Grammatik-, Rechtschreib-, groben Kommafehler	5			
	mit wenigen Rechtschreibfehlern	$\leq$ 1 Grammatik- und $\leq$ 2 Rechtschreibfehler, keine groben Kommafehler	3			
	mit vielen Rechtschreibfehlern	$>$ 1 Grammatik-, $>$ 2 Rechtschreibfehler grobe Kommafehler	0			
	formgerecht		5			
	mit kleinen Hilfen zur Form		3			
	mit vielen Erläuterungen zur Form		0			

Aufgabenteile	**Mögliche Leistungen**	**Ggf. nähere Beschreibung**	**Punkte Max.**	**A**	**B**	**C**
Benötigte Zeit für die Aufgabe	wenig		5			
	höchstens zu akzeptieren		3			
	nicht zu akzeptieren		0			
Arbeiten mit MS Excel						
Auffassung der Aufgabe	direkt		5			
	mit kleiner Hilfe		3			
	mit viel Erläuterung		0			
Ausführung der Aufgabe						
Nutzung der für die Aufgabe sinnvollen Möglichkeiten	alle		5			
	einige		3			
	nur wenige		0			
Benötigte Zeit für die Aufgabe	wenig		5			
	höchstens zu akzeptieren		3			
	nicht zu akzeptieren		0			
Arbeiten mit MS PowerPoint						
Auffassung der Aufgabe	direkt		5			
	mit kleiner Hilfe		3			
	mit langer Erläuterung		0			
Nutzung der für die Aufgabe sinnvollen Möglichkeiten	alle		5			
	einige		3			
	nur wenige		0			
Gestaltung/Form	sehr ansprechend		5			
	akzeptabel		3			
	linkisch bzw. unprofessionell		0			

Aufgabenteile	Mögliche Leistungen	Ggf. nähere Beschreibung	Punkte Max.	A	B	C
Benötigte Zeit für die Aufgabe	wenig		5			
	höchstens zu akzeptieren		3			
	nicht zu akzeptieren		0			
Maximale bzw. erreichte Punktzahl			65			

Fallbeispiel Arbeitsprobe Bauzeichnerin

Ein Ingenieurbüro sucht eine Mitarbeiterin mit einer Ausbildung als Bauzeichnerin–Tiefbau oder mit entsprechender Berufserfahrung, die auch Verwaltungsaufgaben übernehmen kann, und möchte mit einer Arbeitsprobe feststellen, ob Bewerberinnen die erwarteten Kenntnisse und Fertigkeiten mitbringen. Der Inhaber ist Ingenieur und hat sich folgende standardisierte Arbeitsprobe überlegt

Tab. 5.9: Beispiel für die Dokumentation und Bewertung einer Arbeitsprobe für Bauzeichner. Die Buchstaben A, B, C bezeichnen unterschiedliche Bewerber

Aufgabenteile	Mögliche Leistungen	Ggf. nähere Beschreibung	Punkte Max.	A	B	C
Arbeiten mit CAD						
Aus einer in Papier vorliegenden Geländeaufnahme einen Schnitt zeichnen						
Korrektheit der Messpunkte	richtig übersetzt		5			
	falsch übersetzt		0			
Vollständigkeit der Messpunkte	alle übersetzt		5			
	nicht alle übersetzt		3			
Beschriftung	korrekt und vollständig		5			
	fehlerhaft und/oder unvollständig		3			

Aufgabenteile	**Mögliche Leistungen**	**Ggf. nähere Beschreibung**	**Punkte Max.**	**A**	**B**	**C**
Benötigte Zeit für die Aufgabe	schnell	< 60 min.	5			
	noch akzeptabel	60–90 min.	3			
	zu langsam	> 90 min.	0			
Bauwerk nach Papierskizze zeichnen						
Korrektheit	alle berücksichtigten Skizzenelemente richtig wiedergegeben		5			
	1 Skizzenelement fehlerhaft		3			
	mehr als 1 Skizzenelement fehlerhaft		0			
Vollständigkeit	alle Skizzenelemente berücksichtigt		5			
	1 Skizzenelement fehlt		3			
	mehr als 1 Skizzenelement fehlt		0			
Beschriftung	korrekt und vollständig		5			
	fehlerhaft und/oder unvollständig		3			
Benötigte Zeit für die Aufgabe	schnell	< 60 min.	5			
	noch akzeptabel	60–90 min.	3			
	zu langsam	> 90 min.	0			
Arbeiten mit MS Excel						
Mengenermittlung für eine Ausschreibung nach Plan	korrekt	Alle Mengen korrekt berechnet	5			
	noch akzeptabel	1 Fehler	3			
	nicht mehr akzeptabel	>1 Fehler	0			
Benötigte Zeit für die Aufgabe	schnell	< 45 min.	5			
	noch akzeptabel	45–60 min.	3			
	zu langsam	> 60 min.	0			

Aufgabenteile	Mögliche Leistungen	Ggf. nähere Beschreibung	Punkte			
			Max.	A	B	C
Korrespondenz mit MS Word						
Geschäftsbrief nach digitalem Diktat	richtig und schnell	Ohne Rechtschreibfehler und in ≤ 20 min.	5			
	noch akzeptabel	≤1 Rechtschreibfehler und ≤ 30 min.	3			
	nicht mehr akzeptabel	> 1 Rechtschreibfehler und > 30 min.	0			
Maximale bzw. erreichte Punktzahl			55			

Im Vergleich zum Probearbeiten (siehe nächster Abschnitt und Abb. 5.27) ist die Arbeitsprobe weniger konkret oder kontexttreu als das Probearbeiten, bei dem der Bewerber alle Tätigkeiten erlebt, die während der Zeit der Probearbeit anfallen. Das liegt daran, dass die Arbeitsprobe einen viel kleineren Ausschnitt der Zieltätigkeit darstellt und möglichst standardisiert durchgeführt werden muss, um unterschiedliche Bewerber angemessen miteinander vergleichen zu können. Diese Vergleichbarkeit von Bewerbern und der deutlich geringere Zeitaufwand im Unterschied zum Probearbeiten ist ein großer Vorteil der Arbeitsprobe.

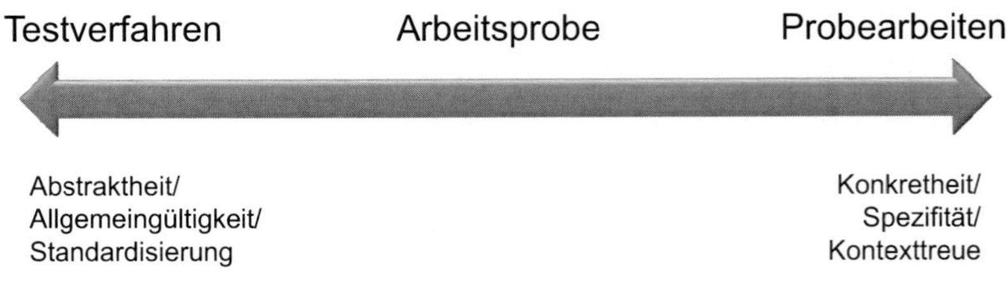

Abb. 5.27: Verschiedene Auswahlverfahren auf dem Kontinuum der Nähe zum Berufsalltag dargestellt
(Darstellung verändert nach Görlich, 2007, S. 469)

5.7.2 Probearbeiten

Probearbeiten bedeutet, dass ein Bewerber für einige Zeit, meist einen oder mehrere Tage, im Unternehmen mitarbeitet. In dieser Zeit lernt der Bewerber typische Aufgaben kennen, die im normalen Arbeitsalltag auf der zu besetzenden Stelle anfallen.

Für ihn hat das den großen Vorteil, sich einen guten Eindruck von der Tätigkeit sowie vom Arbeitsumfeld und von den Kollegen und Vorgesetzten bilden zu können. Es ist also eine realistische Tätigkeitsvorschau im besten Sinne. Nachteil ist allerdings, dass das nur möglich ist, wenn der Bewerber aktuell keiner bezahlten Beschäftigung nachgeht. Denn andernfalls müsste er dafür Urlaub nehmen oder sich unbezahlt freistellen lassen. Eine weitere Problematik besteht, wenn der Bewerber nicht möchte, dass sein derzeitiger Arbeitgeber Kenntnis erhält von seinem Wunsch, die derzeitige Stelle zu verlassen. Dann wäre es ein großes Risiko, bei einem anderen Arbeitgeber zu arbeiten und dabei vielleicht gesehen zu werden. Der eventuelle zukünftige Arbeitgeber hat den Vorteil zu erleben, wie ein Bewerber in der Alltagssituation anfallende Tätigkeiten erledigt und wie er sich in den Kollegenkreis einfindet. Natürlich ist davon auszugehen, dass ein Bewerber während der Probearbeit sehr motiviert ist. Dennoch kommt die Situation des Probearbeitens dem Wunsch, die typische Leistung des Bewerbers kennen zu lernen, meist viel näher als die übliche Auswahlsituation, in der man den Bewerber nur kurze Zeit beobachten kann und viel weniger Eindrücke von seinem normalen Verhalten erhält und in der man meist an der Leistungsobergrenze testet.

Im Vergleich zu den üblichen Personalauswahlverfahren hat das Probearbeiten allerdings den Nachteil, dass es nicht standardisiert abläuft, also Bewerber nur bedingt miteinander verglichen werden können. Da im normalen Arbeitsalltag nicht alle relevanten Aufgaben (erfolgskritische Ereignisse) immer anfallen, werden u.U. genau diese zentralen Aspekte der Eignung nicht überprüft. Unabhängig davon kann das Probearbeiten auch versicherungsrechtliche Schwierigkeiten bereiten. Die Argumente beider Beteiligten für und gegen Probearbeiten sind in Abbildung 5.28 zusammengefasst.

	Vorteile	Nachteile
Arbeitgeber	• Lernt Bewerber im Berufsalltag kennen • Kann Interaktion mit Kollegen und Vorgesetzten beobachten • Gewinnt mehr/vielfältige Eindrücke vom Bewerber	• Eindrücke sind nicht standardisiert • Ggf. fallen erfolgskritische Aufgaben im Beobachtungszeitraum nicht an • Vergleich mit anderen Bewerbern ist schwierig • Ggf. versicherungsrechtliche Probleme
Bewerber	Realistische Tätigkeitsvorschau in Bezug auf • Aufgaben • Kollegen und Vorgesetzte • Arbeitsbedingungen	• Meist schwierig, zeitlich zu realisieren • Ggf. versicherungsrechtliche Probleme

Abb. 5.28: Vor- und Nachteile des Probearbeitens aus Sicht von Arbeitgeber und Bewerber

Fallbeispiel: Arbeitsprobe oder Probearbeiten – Der Friseur

In manchen Fällen kann man nicht eindeutig zwischen Probearbeiten und Arbeitsproben unterschieden. Das nachstehende Beispiel ist Ergebnis eines Gesprächs mit einem Friseurmeister. Befragt, wie er eine neue Mitarbeiterin auswähle, gab er an, dass das Ausbildungszeugnis bzw. bei erfahrenen Kräften deren Berufspraxis dafür Grundlage seien. Schulzeugnisse und formale Bewerbungsunterlagen spielten eigentlich keine Rolle. Von einer Einstellung und anschließenden Überprüfung der erforderlichen Fähigkeiten in der Probezeit halte er nichts. Sich erst dann herausstellende fachliche Mängel in der Arbeit an Kunden könnten letztere verärgern und vielleicht sogar zu deren Verlust führen. Außerdem sei eine in diesem Fall unvermeidliche Kündigung nach sehr kurzer Zeit auch nachteilig für das berufliche Fortkommen der Mitarbeiterin. Er ziehe in jedem Fall ein Probearbeiten vor, das etwa einen halben bis dreiviertel Tag in Anspruch nehme. Bei ihm sei üblich, dass die Bewerberin ein Modell (z.B. eine Freundin) einlade und auch er ein Modell (im Allgemeinen aus seinem Bekanntenkreis) um Mitwirkung bitte. An diesen Modellen zeige die Bewerberin dann, wie sie die von ihm gestellten Aufgaben (zu Haarschnitten bzw. Frisuren) lösen könne. Sie würde von ihm in dieser Zeit, die er sich immer dafür freihielte, beobachtet und gegebenenfalls befragt. Er sei nach Abschluss des Probearbeitens in der Lage, fachliche Qualifikation und Arbeitshaltung der Bewerberin zu beurteilen. Nur in Ausnahmefällen würde er an künstlichen Köpfen mit Kunsthaar arbeiten lassen. Als zusätzliche Vorteile für seine Vorgehensweise nannte er die Gelegenheit für die Bewerberin, sein bisheriges Team kennen zu lernen, und letzterem die Chance zu bieten, eine eventuelle künftige Kollegin „beäugen" zu können. Das Probearbeiten wird von ihm nicht entgolten, was aber auch in der Branche üblich sei.

5.7.3 Praktikum

Praktika werden in erster Linie für berufsunerfahrene Zielgruppen, wie Schüler und Studierende, angeboten. Geringer ist ihr Einsatz nach einer Umfrage des Deutschen Industrie und Handelskammertages bei über 1.100 Unternehmen aus dem Jahr 2008 (DIHK, o.A.) für andere Gruppen, wie Umschüler und Hochschulabsolventen (siehe Abb. 5.29). Praktika dienen dazu, berufspraktische Erfahrungen zu sammeln. Außerdem helfen sie den Praktikanten, Eindrücke von möglichen Zielberufen zu gewinnen und so die Entscheidung für oder gegen die Art der Tätigkeit zu erleichtern. Sie erfüllen damit die wichtige Funktion der realistischen Tätigkeitsvorschau. Während bei Schülern im Vordergrund steht, das Arbeitsleben auszuprobieren, verbindet die Gruppe der Studierenden breiter gefächerte Interessen mit einem Praktikum.

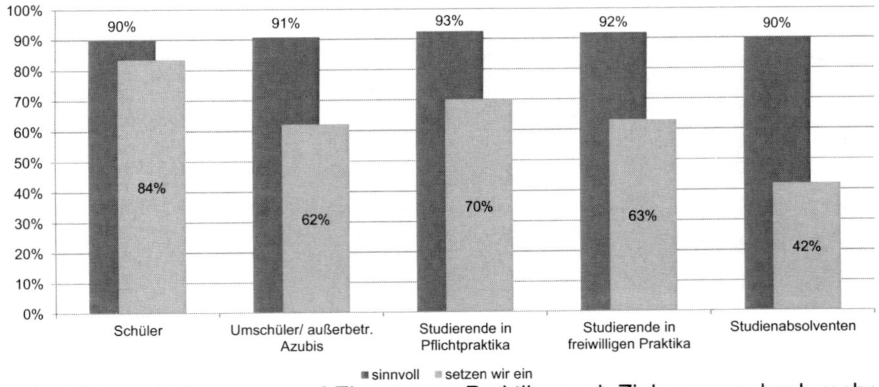

Abb. 5.29: Meinung zu und Einsatz von Praktika nach Zielgruppen durch mehr als 1.100 Unternehmen deutschlandweit (DIHK, o.A.)

Studierende absolvieren Praktika entweder als Pflichtbestandteil ihres Studiums oder auf freiwilliger Basis, um zusätzliche Erfahrung zu gewinnen. Für sie geht es darum, im Studium erworbenes Wissen und Methoden auf praktische Fragestellungen anzuwenden und möglichst selbständig Problemlösungen zu finden. Sie suchen neben Berufserfahrung, die dazu beiträgt, ihre Employability zu stärken, d.h. die Chancen auf eine Beschäftigung zu erhöhen, auch Gelegenheit, sich in der beruflichen Umwelt zu bewähren. Die realistische Tätigkeitsvorschau ermöglicht ihnen außerdem zu entscheiden, ob sie sich für eine dauerhafte Beschäftigung in dem Unternehmen und für diese Tätigkeit interessieren.

Auch für Unternehmen hat ein Praktikum große Vorteile. Der Aufwand für die Anleitung der Praktikanten zählt wenig im Vergleich zur Möglichkeit, die Praktikanten in fachlicher und sozialer Hinsicht sehr gut kennen zu lernen. Aus ihrer Sicht handelt es sich um ein sehr ausgedehntes Probearbeiten, welches aufgrund seiner Dauer eine deutlich höhere Wahrscheinlich aufweist, dass die erfolgskritischen Aufgaben im Praktikumszeitraum anfallen. Inwiefern diese dann allerdings tatsächlich einem Praktikanten zur Erledigung übergeben werden, sei an dieser Stelle dahingestellt. Nach Abschluss des Praktikums bzw. des Studiums können sich die Teilnehmer in ihrem Praktikumsunternehmen als „externe Bewerber mit interner Erfahrung" (Höft/Hell, 2007, S. 5) vorstellen. Bei leistungsstarken Bewerbern haben Unternehmen Interesse, Kontakt zu halten, um sie ggf. nach Abschluss des Studiums dauerhaft einzustellen. Damit in der Zeit zwischen Praktikum und Studienabschluss die Verbindung gehalten werden kann, sind Personalmarketingmaßnahmen, wie regelmäßiges Zusenden eines Newsletters, Glückwünsche zum Geburtstag und Einladungen zu Veranstaltungen des Unternehmens, sinnvoll.

Mindestens ebenso wichtig ist es, während des Praktikums bereits eine positive emotionale Bindung herzustellen. Für die Entwicklung eines Zugehörigkeitsgefühls zum Unternehmen sind nach Erkenntnissen von Höft/Hell (2007) die Bezahlung und die Vorinformationen über das Praktikum unerheblich. Hingegen ist die Integration ins Unternehmen bedeutsam. Damit ist gemeint, dass Praktikanten einen ständigen Ansprechpartner haben, in das Team und die Kommunikation einbezogen werden und von den Teammitgliedern akzeptiert werden. Die durch die Integration entstehende positive emotionale Bindung lässt den Wunsch erwachsen, für das Unternehmen zu arbeiten, was dieses ja mit dem Praktikum auch erreichen möchte.

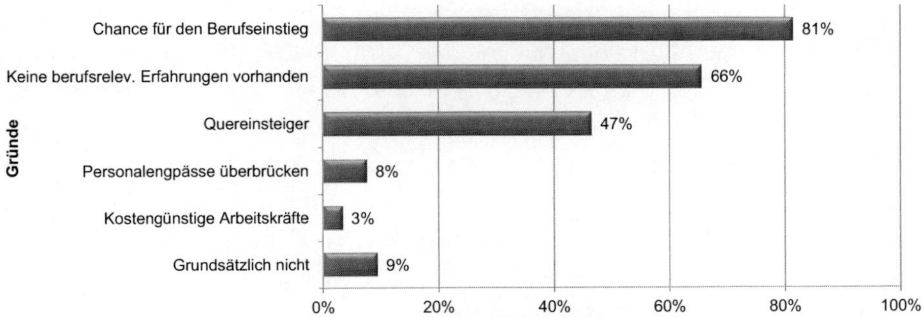

Abb. 5.30: Bedingungen, unter denen Praktika für Ausbildungs- und Hochschulabsolventen von Unternehmensseite als sinnvoll gesehen werden, Angaben in Prozent der zustimmenden Unternehmen (DIHK, o.A.)

Obgleich weniger als die Hälfte der vom DIHK befragten Unternehmen Praktika für Hochschulabsolventen einsetzt (siehe Abb. 5.29) und knapp 10% diese sogar grundsätzlich ablehnen, hält eine Mehrzahl sie doch unter bestimmten Bedingungen für sinnvoll. Der Sachverhalt, dass mehr als 80% das Absolventenpraktikum als Chance für den Berufseinstieg sehen, könnte als Absicht der Unternehmen gewertet werden, Vergütung zu sparen, denn die übliche Dauer für Praktika von ca. sechs Monaten entspricht auch der möglichen Probezeit für Arbeitsverhältnisse. In Kombination mit den nächsthäufig genannten Bedingungen, dass berufsrelevante Erfahrung fehlt und Quereinsteigern eine Chance geboten werden kann, ist diese Annahme noch plausibler.

5.8 Assessment Center

5.8.1 Begriff, Einsatzgebiete, Beteiligte

Begriff

Im Assessment Center (AC) soll geprüft werden, wie gut Kandidaten erfolgsrelevante berufliche Situationen bewältigen. Das AC ist ein eignungsdiagnostisches Verfahrenssystem, d.h., es besteht aus aufeinander bezogenen einzelnen Übungen, deren Ergebnisse zu einer Gesamteinschätzung über einen Bewerber integriert werden. Es folgt dabei dem Simulationsansatz (vgl. Kap. 5.2). Das AC wird typischerweise von einer Gruppe von Bewerbern gleichzeitig und teilweise in Interaktion miteinander absolviert. Bei der Durchführung der Übungen werden die Kandidaten von mindestens zwei zuvor geschulten Beurteilern beobachtet. Sie werden in Bezug auf ihr Verhalten und ihre Leistungen auf im Vorhinein definierten Anforderungsdimensionen beurteilt. Ein AC hat das Ziel, die Kompetenzen der Kandidaten differenziert zu ermitteln.

Auch wenn die Durchführung von Assessment Centern als Gruppenveranstaltung typisch ist, können derartige Verfahren auch mit Einzelpersonen durchgeführt werden (Einzel-Assessment). Das kommt vor allem dann vor, wenn es entweder sehr wenige Bewerber gibt oder es sich um eine Leitungsfunktion handelt, bei der man befürchtet, dass die Bewerber ein Gruppenverfahren nicht akzeptieren würden. Auch möchte man das Risiko ausschalten, dass sich aufgrund des u.U. kleinen Arbeitsmarktes für die Zielgruppe einander bekannte Bewerber treffen. Einzel-Assessments für hochrangige Führungskräfte werden inzwischen häufig extern durchgeführt, d.h., Kandidaten werden gebeten, an einem Assessment bei einer Unternehmensberatung teilzunehmen, die die Ergebnisse des Assessments dann dem suchenden Unternehmen zur Verfügung stellt. Ein Vorschlag für ein Gruppen-Assessment auch für höhere Führungskräfte findet sich bei Fischer/Wirtgen (2002).

Einsatzgebiete

Assessment Center werden in der Personalauswahl und in der Personalentwicklung eingesetzt. Ein Studie von Kanning/Pöttker/Gelleri (2007) bei knapp 100 deutschen Großunternehmen ergab, dass 65% der Unternehmen ACs für die Personalauswahl einsetzen und 75% für Personalentwicklung. Insgesamt ist eine steigende Tendenz des Einsatzes von Assessment Centern zu beobachten, insbesondere bei Großunternehmen (vgl. Höft/Obermann, 2010). Ein AC dauert typischerweise einen halben Tag bis drei Tage. Assessments zur Personalentwicklung und Potenzialanalyse werden dabei mit höherem Aufwand betrieben als solche zur Personalauswahl. Sie werden aufwändiger konstruiert, umfassen mehr Übungen und eine höhere Anzahl von Beurteilern (vgl. Krause/Gebert, 2003a). Entsprechend sind Auswahl-Assessments mit der häufigsten Dauer von einem Tag kürzer als Entwicklungs-Assessments, die meist zwei Tage dauern. Obgleich sich Konstruktion und Ablauf häufig ähneln, sind Teilnehmer und Zielsetzung je nach Einsatzgebiet unterschiedlich.

Für Zwecke der Personalauswahl (Auswahl-Assessments) geht es in erster Linie darum, die aktuellen Kompetenzen der Teilnehmer korrekt einzuschätzen, um daraus die berufliche Leistung in einer zu besetzenden Position zu prognostizieren und auf dieser Grundlage die am besten geeignete Person auszuwählen. Dabei wird neben der reinen Leistung typischerweise auch bewertet, inwiefern ein Bewerber mit seinen Werthaltungen zum Unternehmen passt (vgl. Wick, 2007). In der Mehrzahl der Auswahl-Assessments sind die Teilnehmer externe Bewerber auf eine ausgeschriebene Stelle. In deutlich weniger Fällen handelt es sich um Unternehmensmitarbeiter, die sich auf eine intern ausgeschriebene Stelle bewerben. Außerdem gibt es auch Verfahren, an denen externe und interne Kandidaten teilnehmen. Bei Auswahl-Assessments, speziell in kleinen und mittleren Unternehmen, ist häufig nur eine genau definierte Position zu besetzen. Bei Unternehmensberatungen oder großen Unternehmen mit vielen ähnlichen Positionen (z.B. Juniorberater oder Trainees) stehen häufig mehrere gleiche Positionen zur Verfügung, so dass mehr als eine Person ausgewählt werden soll. Das Auswahl-Assessment kann bei der Durchführung mit externen Bewerbern außerdem sehr gut genutzt werden, um ihnen über die Übungen und die Art der Durchführung die Unternehmenskultur zu vermitteln. Wenn beispielsweise in vielen der Übungen erwartet wird, dass sich Bewerber gegen andere Personen durchsetzen, und in der Aufgabenstellung eine harte Kosten-Nutzen-Abwägung gefordert ist, erzeugt das einen anderen Eindruck von den Prioritäten des Unternehmens, als wenn es in den Übungen darauf ankommt, im Konsens mit anderen Entscheidungen zu treffen und dabei das Wohl aller Beteiligten im Auge zu haben. Auswahl-Assessments werden in erster Linie für die Besetzung von Führungspositionen und die Auswahl von Trainees genutzt. Für Sachbearbeiterpositionen gilt das Verfahren meist als zu aufwändig und zu kostenintensiv.

Fallbeispiel Auswahl-Assessment

Ein Unternehmen, das Pflanzenschutzmittel herstellt, will die Position eines Laborleiters neu besetzen. Intern gibt es keine geeigneten Bewerber, so dass die Stelle extern ausgeschrieben wird. Es besteht der Wunsch, für die Auswahl ein Assessment Center einzusetzen. Maßgebend dafür ist die Überzeugung, auf der Grundlage vieler und unterschiedlicher Eindrücke von den Bewerbern eine gute Wahl treffen zu können. Außerdem wird es als wichtig angesehen, verschiedene Manager an der Auswahl zu beteiligen, da sie später mit dem Stelleninhaber eng zusammenarbeiten müssen. Da das Unternehmen keine Erfahrung mit der Entwicklung und Durchführung von Assessments hat, wird ein externer Berater beauftragt. Nach gemeinsamer Klärung der Anforderungen für die Stelle wird ein eintägiges Assessment entwickelt. Die Übungen und Bewertungskriterien werden mit den an der Auswahl beteiligten Managern besprochen. Nach Sichtung der eingehenden Bewerbungsunterlagen werden sechs einschlägig promovierte Kandidaten mit passender Berufserfahrung zu einem gemeinsamen Termin eingeladen. Die Kandidaten führen nacheinander unterschiedliche Übungen durch, die alle wichtige Bestandteile der ausgeschriebenen Tätigkeit repräsentieren. Alle Kandidaten bestätigen am Ende des Tages, dass die Atmosphäre angenehm gewesen sei und sie das Gefühl hatten, ihre Leistungen angemessen zeigen zu können. Außerdem hatten sie den Eindruck, einen guten Einblick in das Unternehmen und die zu besetzende Position bekommen zu haben. Im Anschluss an ihre Verabschiedung diskutieren die Manager ihre Eindrücke und Bewertungen des Tages. Sie entscheiden sich dann im Konsens für einen der Kandidaten.

Bei Assessment Centern für Zwecke der Personalentwicklung (Entwicklungs-Assessments) und der Potenzialanalyse (Potenzial-Assessments) geht es stärker als bei der Personalauswahl darum, ein differenziertes Profil der Stärken und Schwächen der Teilnehmer zu ermitteln. Die Teilnehmer sind keine externen Bewerber, sondern aktuelle Mitarbeiter des Unternehmens. Das Ergebnis des ACs dient dazu, Platzierungsentscheidungen zu treffen, z.B. dahingehend, ob ein Mitarbeiter für die Übernahme einer Führungsposition geeignet ist. Es geht darum, die weitere Entwicklung von Mitarbeitern festzulegen und zu ermitteln, ob und ggf. welcher Förderungsbedarf, beispielsweise durch Weiterbildungsmaßnahmen, besteht, damit der Mitarbeiter die nächsten Entwicklungsschritte erfolgreich nehmen kann. Dementsprechend sind die Kandidaten in der Mehrzahl der Fälle auch Führungs- oder Führungsnachwuchskräfte, seltener Sachbearbeiter oder Trainees (vgl. Kanning/Pöttker/Gelleri, 2007).

Fallbeispiel Entwicklungs-Assessment

Mit dem Ziel, die Wettbewerbsposition zu verbessern, entschied das Management eines Finanzdienstleistungsunternehmens, den Kundenbetreuungsbereich neu zu strukturieren. Bisher waren alle Mitarbeiter in gleicher Weise für die Beratung von Kunden, für die Abwicklung von Verträgen und für die Neuentwicklung von Angeboten zuständig. Diese drei Funktionen sollten in Zukunft spezialisiert durchgeführt werden. Für jede der drei Funktionen wurde ein Anforderungsprofil erstellt. Um herauszufinden, welche Mitarbeiter sich für welche der drei Funktionen am besten eignen, wurde ein Entwicklungs-Assessment konstruiert. An insgesamt drei Tagen führten die Mitarbeiter dann unterschiedliche Übungen durch, die die drei Arbeitsgebiete repräsentierten. Aus dem Assessment Center wurden Kompetenzprofile der Mitarbeiter gewonnen, die Grundlage für die Entwicklungsgespräche mit den einzelnen Mitarbeitern waren. In diesen wurden das jeweilige zukünftige Einsatzgebiet sowie Entwicklungsmaßnahmen zur Unterstützung der Übernahme der neuen Funktion gemeinsam festgelegt.

Varianten des klassischen Assessment Centers, wie das dynamische Assessment zum Test der Lernfähigkeit von Kandidaten (vgl. Sarges, 2001) sowie das daran orientierte Lernpotenzial-Assessment (vgl. Stangel-Meseke/Akli/Schnelle, 2005; Stempfle/Hagmayer/Hübner/Iwanoff/Kaufmann, 2004), spielen in der Praxis (noch) keine große Rolle und werden deshalb hier nicht ausführlicher dargestellt.

Beteiligte

Als Beurteiler werden meist Vorgesetzte in direkter Linie der zu besetzenden Position, weitere Führungskräfte aus dem Stabsbereich, Mitarbeiter der Personalabteilung und häufig auch externe Berater, meist Psychologen, eingesetzt. Die Tendenz zur Beteiligung Externer hat in den letzten Jahren zugenommen (Höft/Obermann, 2010), auch werden in jüngerer Zeit häufiger Arbeitnehmervertreter einbezogen. Die Beteiligung Externer ist speziell dann gegeben, wenn die Konstruktion und die Begleitung der Durchführung einer externen Personalberatung übertragen wurden. Der Einbezug der unterschiedlichen Personengruppen hat neben der breiten fachlichen Einschätzungsbasis noch andere Vorteile. Erstens ist die Beteiligung von Managern auch sinnvoll, um das Assessment Center als Auswahlinstrument im Unternehmen zu verankern. Wenn das Management so an der Auswahl neuer Mitarbeiter beteiligt wird, entsteht eine hohe Akzeptanz von ihrer Seite nicht nur für das Verfahren, sondern auch für die mit ihm ausgewählten Personen. Die Mitarbeiter der Personalabteilung sind fachlich qualifiziert für die Personalauswahl und sollten daher in jedem Fall beteiligt sein. Ihre Aufgabe ist es, die generelle Passung der Kandidaten zum Unternehmen sicher zu stellen (vgl. Kap. 2). Externe Berater als Beurteiler haben den Vorteil, dass sie nicht durch spezifische Gegebenheiten im Unternehmen beeinflusst sind und gut beurteilen können, ob die einzuschätzenden Führungs(nachwuchs)kräfte auch außerhalb des Unternehmens, d.h. auf dem Arbeitsmarkt, eine Chance hätten.

5.8.2 Konstruktion und Vorbereitung

Konstruktionsschritte

In der o.g. Definition der reinen Form des Assessment Centers sind bereits viele Standards für die angemessene Konstruktion und Durchführung von Assessments enthalten. Sie werden im Folgenden näher erläutert. Die Schritte zur Konstruktion von Assessment Centern sind in Abb. 5.31 im Überblick dargestellt.

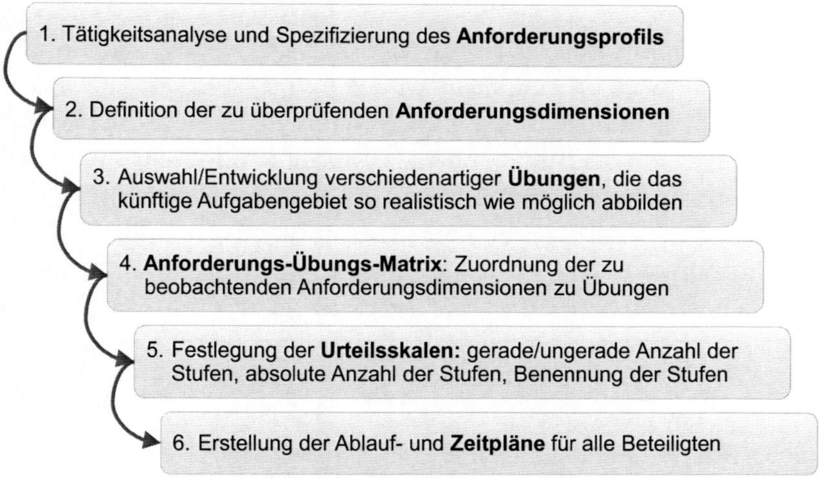

Abb. 5.31: Schritte bei der Konstruktion von Assessment Centern

Wie den anderen Auswahlverfahren auch, liegt einem Assessment Center eine Tätigkeits- und Anforderungsanalyse der zu besetzenden Stelle zugrunde (vgl. Kap. 4). Auf dieser Basis wird entschieden, wie viele und welche der im Anforderungsprofil spezifizierten Merkmale durch das AC überprüft werden sollen. Diese Anforderungsmerkmale (beim AC meist Anforderungsdimensionen oder Bewertungskriterien genannt) müssen umfassend, klar verständlich und überlappungsfrei definiert werden. Anschließend werden Aufgaben ausgewählt, die möglichst erfolgsrelevant und repräsentativ für die Zieltätigkeit sind. Aus ihnen werden Übungen für das AC konstruiert (zu den Übungstypen siehe Kap. 5.8.3). Im nächsten Schritt wird für jede Anforderungsdimension festgelegt, in welcher Übung sie abgeprüft wird. Dabei ist zu beachten, dass jede Dimension in mindestens zwei Übungen erfasst werden sollte, um die Urteilssicherheit zu erhöhen. Außerdem sollten je Übung maximal fünf Dimensionen bewertet werden, um die Beobachter nicht zu überfordern (ein Beispiel für eine solche Matrix findet sich in Abb. 5.32). Weiterhin muss die Urteilsskala festgelegt werden, anhand derer die Leistungen der Kandidaten bzgl. der Anforderungsdimensionen bewertet werden (vgl. Lohaus, 2009). Da ist zunächst die Entscheidung zu treffen, ob eine gerade oder eine ungerade Anzahl von Stufen sinnvoll ist. Bei einer ungeraden Anzahl gibt es einen eindeutigen Skalenmittelpunkt. Das bietet sich an, wenn die Abbildung eines durchschnittlichen oder normalen Leistungsniveaus gewünscht ist und die Stufen auch entsprechend benannt werden (z.B. „erfüllt die Anforderungen genau" als Mittelpunkt). Eine gerade Anzahl zwingt die Beurteiler zur Angabe einer Richtungstendenz (gut/schlecht) und kann so bei Unsicherheit zur Verringerung der Tendenz zur Vergabe mittlerer Einschätzungen beitragen. Die Anzahl der Stufen oder Skalenabschnitte muss genügend groß sein, um eine ausreichende Differenzierung zwischen den Kandidaten zu ermöglichen, aber gleichzeitig nicht zu groß, da das die Unterscheidungsfähigkeit der Beurteiler übersteigen würde. Als optimal gelten fünf bis sieben Stufen. Eine eindeutige Benennung der einzelnen Stufen ist wichtig, um möglichst wenig Interpretationsspielraum zu lassen und so eine einheitliche Verwendung durch die Beobachter sicher zu stellen. Zur Erhöhung ihrer Sicherheit bei der Bewertung der Anforderungsdimensionen kann es sinnvoll sein, den Beobachtern übungsspezifische Beispiele für hohe und geringe Ausprägungen des

Merkmals zu geben. Auf diese Weise können die Beobachter ihre Eindrücke mit den Beispielen vergleichen und werden bei der Zuordnung von Beobachtungen zu Anforderungsdimensionen unterstützt. Abschließend müssen die Übungen für die geplante Anzahl von Teilnehmern und Beobachtern so in eine Abfolge gebracht werden, dass jeder Teilnehmer alle Übungen durchläuft und dabei von allen Beobachtern mindestens einmal beurteilt wird. Die Pläne sollten genügend Zeit für Raumwechsel und für die abschließende Bewertung durch die Beobachter berücksichtigen. Gleichzeitig sollte aus Fairnessgründen darauf geachtet werden, dass Wartezeiten der Teilnehmer zwischen den Übungen möglichst gleichverteilt sind. Aus dem Gesamtzeitplan werden dann die Einzelzeitpläne für die Teilnehmer und die Beobachter abgeleitet.

Vorbereitung der Durchführung

Wenn das Assessment Center vollständig konstruiert ist, müssen die notwendigen Materialien in entsprechender Zahl für die Kandidaten und die Beobachter vervielfältigt werden. Für die Beobachter wird das komplette Material typischerweise in einem Beobachterhandbuch zusammengefasst. Es enthält die Anforderungs-Übungs-Matrix, den Zeitplan, die einzelnen Übungen mit Instruktionen für die Teilnehmer und ggf. Anweisungen für die Rollenspieler, Instruktionen für die Beobachter, Verhaltensbeispiele für die Anforderungsdimensionen je Übung und Bewertungsbogen je Übung.

Enthält das Assessment Center Rollenspiele (siehe nächster Abschnitt zu Übungstypen), müssen Rollenspieler ausgewählt und in der Durchführung der Rollenspiele trainiert werden.

Spätestens nach der Konstruktion des Assessment Centers werden auch die Beobachter bestimmt. Stehen sie bereits zu einem früheren Zeitpunkt fest, sollten sie in die Konstruktion einbezogen werden, um ihr Verständnis und damit ihre Beobachtungsgenauigkeit zu erhöhen.

Beobachter-Material

H&L KarriereBeratung

Kriterienmatrix Assessment Center zur Auswahl von Sales Trainees

Je Übung werden die weißen Felder getestet, die schattierten jedoch nicht. Jedes Kriterium wird auf einer 5-stufigen Skala bewertet (1 = erfüllt die Anforderungen nicht, 5 = übertrifft die Anforderungen bei weitem)

Das Kriterium Belastbarkeit wird nur in zwei Abstufungen bewertet. Aufgrund der generell zu erwartenden Nervosität der Teilnehmer soll lediglich festgestellt werden, ob sie im Verlauf einer Übung deutliche Hinweise auf Schwächen der Belastbarkeit zeigen (-) oder nicht (+).

	Gruppen-aufgabe (praktisch)	Gruppen-diskussion	Problem-analyse und Präsen-tation	Rollen-spiel	Dialog	Schriftl. Ausar-beitung I und II	Gesamt
KOGNITION							
Planung/-Organisation							
Entscheidungs-fähigkeit							
Geistige Beweglichkeit							
Kosten-/Nutzen-Abwägung							
SOZIALE INTERAKTION							
Durchsetzungs-fähigkeit							
Überzeugungs-kraft							
Kommunikations-fähigkeit							
Einfühlungs-vermögen							
Teamverhalten							
MOTIVATION							
Initiative							
Belastbarkeit	- +	- +	- +	- +	- +		

Abb. 5.32: Beispiel für eine Anforderungs-Übungs-Matrix (auch: Kriterienmatrix)

Beobachtertraining

Bei der Mehrzahl der Übungen im AC werden das Verhalten und die Leistung der Teilnehmer von Beobachtern registriert und bewertet. Letztere haben damit eine Schlüsselrolle für die genaue und faire Einschätzung der Kandidaten. Aufgrund ihrer hohen Bedeutung für den Erfolg des Verfahrens ist es unabdingbar, sie entsprechend auf ihre Rolle vorzubereiten. In Anlehnung an die Standards des Arbeitskreises Assessment Center e.V. schlagen Höft/Melchers (2010) Pflicht- und Zusatzelemente von Beobachtertrainings vor (siehe Abb. 5.33).

Pflichtelemente

1. Erläuterung von Inhalten und Zielsetzungen der **Übungen**, möglichst eigene Erprobung
2. Erläuterung des Ablaufes mit **Zeitplänen** und Beobachterrotation
3. Klärung der Bedeutung der **Anforderungsdimensionen** mit Verhaltensbeispielen
4. Erläuterung der **Dokumentation** der Beobachtungen und der individuellen **Bewertung**
5. Klärung der Regeln für die Zusammenführung der Bewertungen und der **Entscheidungsfindung**
6. Gestaltung des **Feedbacks** an die Teilnehmer

Zusatzelemente

1. **Einheitlichen Beurteilungsmaßstab** entwickeln: Anforderungsdimensionen klären, Beispiele für hohe, mittlere und geringe Leistung anhand von Verhaltensbeispielen je Dimension besprechen
2. **Trennung von Beobachtung und Bewertung**: Verhaltensbeobachtung trainieren in den drei Phasen
    - Beobachtung dokumentieren
    - Beobachtung zu Anforderungsdimension zuordnen
    - Anforderungsdimension bewerten
3. Typische **Beurteilungsfehler** vorstellen sowie Strategien zur Reduzierung

Abb. 5.33: Pflicht- und Zusatzbestandteile von Beobachtertrainings (Höft/Melchers, 2010)

Zunächst sollten die Beobachter mit den Übungen des AC vertraut gemacht werden. Das bedeutet, die Übungen werden gelesen und ihre Zielsetzung und die Anforderungen an die Teilnehmer geklärt. Günstig ist es, wenn die Beobachter jede Übung selbst durchführen, um sich einen Eindruck von ihrem Ablauf und ihren Schwierigkeiten zu verschaffen. Außerdem wird die Rolle der Beobachter während einer Übung festgelegt, d.h., ob sie beispielsweise lediglich beobachten und bewerten oder auch darüber hinaus Zeitgeber sind, kritische Nachfragen stellen oder durch Fragen eine Diskussion einleiten sollen.

Die Beurteiler sollen ihre eigenen Zeitpläne und die der Teilnehmer erhalten, weil das einen wichtigen Beitrag zum reibungslosen Ablauf des ACs leistet. Dabei wird auf die notwendige Fairness bei der Einhaltung der Zeitvorgaben sowie darauf hingewiesen, dass jeder Kandidat von allen Beobachtern und in jeweils unterschiedlichen Paarungen gesehen wird, um eine möglichst objektive Bewertung der Kandidaten zu erreichen.

Besonders wichtig ist es, dass alle Beobachter die zu beurteilenden Anforderungsdimensionen nachvollziehen können. Dafür müssen die Definitionen in ihrer Bedeutung geklärt werden. Nur wenn alle Beobachter die Beschreibungen akzeptieren können und ein einheitliches Verständnis entwickeln, werden sich bei der Durchführung auch alle an die Vorgaben halten. Natürlich kann niemals völlig ausgeschlossen werden, dass die Beurteiler bei der Bewertung implizit auch andere Kriterien einfließen lassen, als sie den beschriebenen Anforderungsdimensionen entsprechen. Daher schlägt Wick (2007) vor, nicht nur das Kriterium der Sympathie explizit als Anforderungsdimension aufzunehmen, sondern auch den Beobachtern nach ihren beruflichen Vorkenntnissen spezialisierte Beurteilungsrollen zuzuweisen. Fachführungskräfte sollten fachliche Qualifikationen beurteilen, Personalabteilungsmitarbeiter Schlüsselqualifikationen, direkte Vorgesetzte Sympathie und Passung ins Team.

Um zu einer genauen und fairen Bewertung der Verhaltensweisen und Leistungen der Teilnehmer zu gelangen, ist es entscheidend, dass beobachtetes Verhalten zunächst lediglich wertfrei notiert wird. Während der Durchführung der Übungen sollen sich die Beobachter allein darauf konzentrieren. Erst im Anschluss an eine Übung werden die einzelnen Notizen den in der Übung zu bewertenden Anforderungsdimensionen zugeordnet und in ihrem Leistungsniveau bewertet. Diese Vorgehensweise der Trennung von Beobachtung und Bewertung hat mehrere Vorteile: Erstens wird der Beobachter während der Übung nicht überfordert, womit aber zu rechnen wäre, wenn er beobachten, notieren und gleichzeitig entscheiden müsste, zu welcher Anforderungsdimension ein Verhalten zählt und welchem Leistungsniveau es entspricht. Zweitens ist die Gefahr geringer, dass frühe Eindrücke während einer Übung die Beobachtung und Bewertung nachfolgender Verhaltensweisen im Sinne von Urteilsfehlern beeinflussen (vgl. Tab. 5.10). Drittens sind diese Notizen eine wertvolle Grundlage für die Beobachterkonferenz, bei der die verschiedenen Urteile in eine Gesamteinschätzung integriert werden. Gibt es hier deutliche Unterschiede in den Einschätzungen der beiden Beobachter eines Kandidaten in einer Übung, so können die Notizen für eine Begründung der eigenen Einschätzung herangezogen werden. Viertens dienen die Notizen als Grundlage für ein verhaltensnahes Feedback an die Teilnehmer im späteren Rückmeldegespräch. Die abschließenden Einschätzungen der Leistungen und ihre Bewertung anhand der Urteilsskala sollen die Beobachter unabhängig voneinander und ohne vorherige Diskussion vornehmen. Würden sie sich abstimmen, wäre der große Vorteil und eines der Grundprinzipien der Durchführung von ACs, dass die Teilnehmer immer von mindestens zwei unabhängigen Beobachtern bewertet werden, um ein hohes Maß an Objektivität der Beurteilung zu sichern, nicht mehr gewährleistet.

Zum Training gehört auch, die Beobachter zu informieren, wie ihre Einzeleinschätzungen zu einem Gesamturteil integriert werden. Meist geschieht das dadurch, dass die Einzeleinschätzungen pro Kandidat in die Anforderungs-Übungs-Matrix eingetragen und in der Beobachterkonferenz nach Rechenregeln zunächst zu Bewertungen je Anforderungsdimension und dann zu einer Gesamteinschätzung für die Auswahlentscheidung integriert werden. Dafür werden üblicherweise das arithmetische Mittel für die Anforderungsdimensionen und die Summe über alle Anforderungsdimensionen gebildet. Je nach Festlegung im Anforderungsprofil kommt aber natürlich auch eine gewichtete Bewertung der Anforderungsdimensionen in Frage. Wichtig ist, dass die vereinbarten Rechenregeln für alle Teilnehmer in gleicher Weise angewendet werden.

Letzter Pflichtbestandteil des Trainings ist die Klärung, wie die Feedbackgespräche mit den Teilnehmern gestaltet werden sollen. Sie fallen sehr unterschiedlich aus, je nachdem, ob es sich um ein Auswahl-Assessment oder um ein Entwicklungs- bzw. Potenzial-Assessment handelt. Beim Auswahl-Assessment erfährt der Kandidat im einfachsten Fall lediglich von Mitarbeitern der Personalabteilung, ob er ein Stellenangebot erhält oder nicht. Bei Entwicklungs- und Potenzial-Assessments wird typischerweise ein ausführliches, auf die Übungen und die Anforderungsdimensionen bezogenes Feedback gegeben. Je nach Zielsetzung werden auch Personalentwicklungsmöglichkeiten besprochen und vereinbart. Häufig werden die Feedbackgespräche unter den Beobachtern aufgeteilt.

Werden die Pflichtelemente so durchgeführt wie beschrieben, sind damit auch bereits wesentliche Aspekte der Zusatzelemente erfasst. Ein einheitlicher Beurteilungsmaßstab und die Motivation, in den jeweiligen Übungen auch wirklich die zuvor definierten Anforderungsdimensionen zu beurteilen, werden durch die ausführliche Diskussion der Übungen mit Verhaltensbeispielen sowie der Anforderungsdimensionen und der Bewertungsbogen sehr gefördert. Detaillierte Hinweise zur Gestaltung eines solchen Trainings finden sich bei Höft/Melchers (2010). Auch die Trennung von Beobachtung und Bewertung wurde bei den Pflichtelementen bereits dargestellt. Ihre Realisierung kann durch entsprechendes Training mit Videosequenzen deutlich verbessert werden im Vergleich zur reinen Diskussion der zugehörigen Aspekte. Wichtiger Bestandteil der Zusatzelemente ist die Erläuterung, welche Urteilstendenzen (Urteilsfehler) generell auftreten können, wenn Menschen andere Menschen bewerten (siehe Tab. 5.10). Effektivste Maßnahme zur Reduktion dieser Urteilsverzerrungen ist die strikte Einhaltung der Prozedur, zunächst lediglich Beobachtungen zu notieren und diese erst im Anschluss an die jeweilige Übung in Bewertungen zu übertragen. Zur Verringerung von Urteilsverzerrungen trägt auch bei, die Skalenabstufungen in ihrer Bedeutung zu klären und die Beobachter aufzufordern, die ganze Bandbreite der Skala zu nutzen, sofern das den Unterschieden in der Leistung der Kandidaten entspricht.

Tab. 5.10: Typische Urteilstendenzen (vgl. Lohaus, 2009)

Fehlertyp	**Beschreibung**
Halo- oder Überstrahlungseffekt	Besonders auffälliges Verhalten (einmalige Verhaltensweisen oder beispielsweise eine sehr gute Ausdrucksfähigkeit) überstrahlen andere Eindrücke und erhalten so ein überproportionales Gewicht in der Bewertung
Primacy-Effekt	Erste Eindrücke erhalten ein überproportionales Gewicht in der Bewertung
Recency-Effekt	Letzte Eindrücke erhalten überproportionales Gewicht in der Bewertung

Fehlertyp	Beschreibung
Kontrasteffekt	Leistungsunterschiede zwischen zwei Personen (die gleichzeitig oder nacheinander beobachtet werden) werden stärker wahrgenommen, als sie tatsächlich sind
Assimilationseffekt	Leistungsunterschiede bei derselben Person werden geringer wahrgenommen, als sie tatsächlich sind
Tendenz zu milden/ strengen Urteilen	Gewohnheit eines Beurteilers, alle Teilnehmer eher besser/ schlechter zu bewerten, als es der tatsächlichen Leistung entspricht
Tendenz zu mittleren/ extremen Urteilen	Gewohnheit eines Beurteilers, zur Bewertung aller Teilnehmer in erster Linie den mittleren Skalenbereich/die Endbereiche der Beurteilungsskala zu verwenden

5.8.3 Übungstypen

Rollenspiel

Rollenspiele werden eingesetzt, um berufliche Situationen zu simulieren, die in der Anforderungsanalyse als erfolgskritisch (Critical Incidents) identifiziert wurden. Bei einem Rollenspiel interagiert der Bewerber als Stelleninhaber mit einem für die Situation trainierten Rollenspieler. Wichtig bei der Konstruktion von Rollenspielen ist, dass sie die Realität angemessen abbilden und dem Kandidaten ermöglichen, sich selbst zu spielen. Konkret bedeutet das, die Ausgangssituation muss so ausführlich geschildert sein, dass der Teilnehmer sich in sie hineinversetzen kann. Es muss ein klares Ziel des Gesprächs benannt sein, um bewusst handeln und den Zielerreichungsgrad selbst erkennen zu können. Dieses Ziel muss in der vorgegebenen Zeit (meist 20–45 min.) und durch angemessenes Verhalten prinzipiell erreichbar sein. Gleichzeitig darf es keine Einschränkung geben bzgl. des Wegs zur Zielerreichung. So könnte in einem Assessment für Vertriebsmitarbeiter das Ziel vorgegeben werden, der Kandidat soll einen Vertrag für ein bestimmtes Produkt mit einem Kunden (Rollenspieler) abschließen. Es darf ihm aber beispielsweise nicht vorgegeben werden, dass er das Ziel über den Weg der Bestechung erreichen soll. Umgekehrt gilt für die Rollenvorgabe des Gesprächspartners, dass er die Zielerreichung zulassen muss, wenn sich der Kandidat angemessen verhält. Für die Vorbereitung des Rollenspielers ist daher wichtig, dass der angestrebte Gesprächsverlauf skizziert wird, dass Schwierigkeiten gezielt und für alle Kandidaten in gleicher Form bzw. Abfolge eingebaut werden, z.B. nicht leicht zu beantwortende Fragen und Einwände. In diesem Fall sollten auch Stufen der Preisverhandlung und ein Einlenken auf einen Kompromiss bei guter Argumentation durch den Kandidaten vorgesehen sein. Weitere Beispiele für Rollenspiele sind Kundenberatungsgespräche, Preisverhandlungen, Beurteilungsgespräche mit Mitarbeitern und die Thematisierung problematischer Verhaltensweisen bei einem Mitarbeiter. Die Bewertung des Kandidaten orientiert sich daran, wie angemessen sein Verhalten ist, um das Ziel des Gesprächs zu erreichen.

Rollenspiele können für die Bewertung sehr unterschiedlicher Anforderungsdimensionen eingesetzt werden. Da es sich um eine Interaktion mit einer anderen Person handelt, stehen interaktive Kompetenzen üblicherweise im Vordergrund. Beispiele dafür sind Einfühlungsvermögen und Perspektivenübernahme, Kommunikations- und Argumentationsfähigkeit, Überzeugungskraft, Durchsetzungsvermögen, Initiative.

Gruppendiskussion

Die Gruppendiskussion ist eine typische Übung, die bei fast allen Assessment Centern am Anfang steht. In ihr interagieren die Teilnehmer miteinander zu einem vorgegeben Thema. Die Gruppendiskussion geht von dem Gedanken aus, dass inzwischen nahezu alle Tätigkeiten durch Austausch in Gruppen gekennzeichnet sind, bei denen Mitarbeiter ihre Meinungen einbringen, ihre Ansichten durchsetzen oder etwas im Konsens entscheiden müssen. Eine Gruppendiskussion wird von den meisten Teilnehmern als relativ angenehm empfunden, vermutlich, weil sie das Gefühl erzeugt, dass sich alle in der gleichen Situation befinden. Thematisch gibt es praktisch keine Einschränkungen. Methodisch kann entweder so vorgegangen werden, allen Teilnehmern das gleiche Ziel vorzugeben (z.B. einen gemeinsamen Vorschlag auszuarbeiten), oder diese erhalten zusätzlich persönliche Vorgaben (bei der Erarbeitung des gemeinsamen Vorschlags soll z.B. ein Kandidat die Variante x bevorzugen und versuchen, diese Variante in der Gruppe durchzusetzen). Wichtig ist dabei immer, die Vorgaben für alle Teilnehmer ausgewogen und gleich schwierig zu gestalten. Beispielsweise wäre es unangemessen, wenn ein Teilnehmer die Vorgabe bekommt, eine bestimmte Variante durchzusetzen, während alle anderen keine Vorgabe erhalten. Genauso unpassend ist es, wenn jeder Teilnehmer eine andere Variante unterstützen soll, aber eine Variante den anderen deutlich überlegen ist, so dass es für den Champion dieser Variante viel leichter ist, Argumente für seine Position zu finden. Für eine Gruppendiskussion eignen sich fachliche Themen (z.B. die Auswahl einer Software bei IT-Spezialisten, die wichtigsten Eigenschaften einer guten Führungskraft, die Wahl eines passenden Standorts für eine neu zu gründende Filiale bei Führungsnachwuchskräften oder die wichtigsten Arbeitshaltungen für eine Ausbildung bei Auszubildenden). Häufig werden auch Problemlöseaufgaben verwendet, bei denen die zur Lösung notwendigen Informationen auf die verschiedenen Kandidaten verteilt sind und das Ziel der Aufgabe nur erreicht werden kann, wenn alle einbezogen werden und ihre Informationen beisteuern.

Auch bezüglich der beobachtbaren Anforderungsdimensionen bietet die Gruppendiskussion eine große Bandbreite: Ausdrucksfähigkeit, Argumentationsfähigkeit, Einfühlungsvermögen, Teamfähigkeit, Durchsetzungsfähigkeit, geistige Flexibilität/Auffassungsgabe, Initiative, Führungsverhalten und Kosten-Nutzen-Abwägung sind nur einige Beispiele.

Für die Beobachter hat sie den großen Vorteil, dass sie alle Teilnehmer gleichzeitig sehen und direkt miteinander vergleichen können, auch wenn sie nur einen oder zwei von ihnen beurteilen. Die Gruppendiskussion ist eine sehr zeitsparende Übung, durch die in kurzer Zeit (meist 30–60 min.) Eindrücke von allen Bewerbern gewonnen werden können. Sie wird daher auch häufig als einzelne Übung in einem Auswahlverfahren eingesetzt. So nutzen beispielsweise Banken und Sparkassen häufig das Interview und eine Gruppendiskussion zur Auswahl von Auszubildenden.

Präsentationen

Assessment Center enthalten typischerweise mindestens eine Präsentation. Diesem Übungstyp liegt die Annahme zugrunde, dass die Fähigkeit zur Darstellung von Inhalten und die Darstellung der eigenen Person in nahezu allen Positionen erfolgsrelevant sind. Der Gegenstand der Präsentation sollte möglichst das spätere Aufgabengebiet abbilden und kann z.B. die einfache Wiedergabe von Texten umfassen, die Analyse von Zahlenmaterial mit Maßnahmenvorschlägen, einen Konzeptentwurf oder die Stellungnahme zu einem fachspezifischen Problem. Beispiele sind die Präsentation eines Trainingskonzepts bei Trainern, eine Produktpräsentation bei Verkäufern, die

Präsentation des Ergebnisses einer Kostenanalyse mit Handlungsempfehlungen bei Controllern. So bietet die Übung den Kandidaten auch eine realistische Tätigkeitsvorschau. Bei stark inhaltlich orientierten Übungen muss die Vorbildung der Teilnehmer beachtet werden. Um diesbezüglich kein Risiko einzugehen, kann man auf einen starken Fachbezug verzichten und auf neutrale Themen ausweichen, die für alle Teilnehmer gleich schwer sind, z.B. Darstellung von Teilen der Unternehmensbroschüre. Das bietet sich insbesondere an, wenn die Vorbildung der Teilnehmer sehr unterschiedlich ist oder keine beruflichen Erfahrungen zu erwarten sind, wie z.B. bei Schulabgängern.

Eine spezielle Variante der Präsentation ist die Selbstpräsentation, bei der der Kandidat die Aufgabe hat, sich den Beobachtern unter bestimmten Gesichtspunkten (z.B. Bildungsweg und beruflicher Werdegang, Begründungen für zentrale Lebensentscheidungen, Freizeitaktivitäten, ehrenamtliche Tätigkeiten, eigener Führungsstil) vorzustellen. Eine solche Selbstpräsentation im Rahmen eines Assessments ersetzt häufig das Interview.

Präsentationen sind nicht nur inhaltlich, sondern auch vom Zeitbedarf her sehr flexibel. Sie können spontan gehalten werden oder nach der Einarbeitung in Informationsmaterial (5–90 min. Vorbereitungszeit) und selbst sehr unterschiedlich lange dauern (5–30 min. Präsentationszeit). Im Anschluss an die Präsentation wird ggf. noch eine Frage- und Diskussionsrunde durchgeführt, bei der die Beobachter offene Punkte klären oder Darstellungen kritisch hinterfragen können.

Die Palette der mit Präsentationen prüfbaren Anforderungen ist breit: Fachkenntnisse, analytisches Denkvermögen, Strukturiertheit, Entscheidungsfähigkeit, Kosten-Nutzen-Abwägung, Führungsverhalten, Ausdrucksfähigkeit, Überzeugungskraft, Präsentationsvermögen, Begeisterungsfähigkeit, Kreativität etc.

Postkorb

Die klassische Übung des Assessment Centers ist der sog. Postkorb. Der Name leitet sich von den früher üblichen stapelbaren Brieffächern ab, in die die eingegangene Post gelegt und vom Stelleninhaber dann bearbeitet wurde. Die Übung umfasst Vorgänge, wie sie auf dem Arbeitsplatz üblicherweise vorkommen. Häufig werden sie konstruiert, indem solche realen Vorgänge über eine gewisse Zeit gesammelt und dann für die Übung entsprechend aufgearbeitet werden. Typische Vorgänge sind Rechnungen, Anfragen und Angebote, sachgebietsbezogene Statistiken, Einladungen, Hinweise auf wichtige Termine etc. Dem Kandidaten stehen bei der Bearbeitung keinerlei Hilfsmittel und Rückfragemöglichkeiten zur Verfügung. Die Bearbeitung erfolgt meist durch Eintragung der vorzunehmenden Aktivitäten in ein Formblatt und das Notieren wichtiger Termine in einem Kalender. Meist muss der Kandidat für jeden Vorgang angeben, ob dieser mit einem weiteren in Verbindung steht, wie wichtig er ist, ob er sofort oder später bearbeitet werden sollte und durch welche Aktivität und von wem. Die Bearbeitungszeit ist meist absichtlich zu knapp bemessen (meist 45–90 min.), um alle Vorgänge adäquat bearbeiten zu können. Der Bewerber soll dadurch gezielt unter Zeitdruck gesetzt werden, um zu sehen, wie er mit dieser stressigen Situation umgeht.

Entsprechend werden mit Stress zusammenhängende Anforderungsmerkmale getestet, wie Belastbarkeit und Priorisierungsfähigkeit, aber natürlich auch weitere Merkmale, wie Delegationsfähigkeit, Führungsverhalten, Entscheidungsfähigkeit, Erkennen von Zusammenhängen, unternehmerisches Denken.

Die Auswertung des Postkorbs erfolgt dann entweder durch Bewertung der Angaben auf dem Formblatt und im Kalender oder aber, der Kandidat präsentiert seine Einschätzungen und Entscheidungen vor den Beobachtern. Die zweite Vorgehensweise hat den Vorteil, dass Fragen gestellt und offene Punkte geklärt werden können. Sie ist aber auch aufwändiger, weil sie mehr Beobachterzeit benötigt.

Weitere Übungstypen

Neben den zuvor geschilderten typischen Übungen gibt es weitere. Dazu gehören immer auch ausschließlich schriftlich zu bearbeitende Aufgaben, wie beispielsweise Planungs- und Organisationsaufgaben, Problemlöse- und Konzentrationsübungen. Alternativ können Schriftstücke, wie Briefe, Emails oder Memos, abgefasst werden. Die schriftlichen Übungen werden im Wesentlichen aus zwei Gründen eingebaut. Zum einen bieten sie Kandidaten, die sich schlechter selbst darstellen können, z.B. weil sie introvertierter, schüchterner, weniger selbstsicher sind, die Möglichkeit, ihre Kompetenzen angemessen unter Beweis zu stellen. In mündlichen Übungen haben diese Kandidaten oft Nachteile gegenüber extrovertierten und sehr eloquenten Teilnehmern. Zum anderen binden ausschließlich schriftliche Übungen keine Beobachterzeit. Da diese bei jedem Assessment Center den Flaschenhals darstellt, sind schriftliche Übungen notwendig, um die unvermeidliche „Wartezeit" zwischen zwei Übungen mit Beobachtern sinnvoll zu überbrücken. Bei schriftlichen Übungen werden häufig weniger Anforderungsmerkmale überprüft als bei mündlichen. Typische Beispiele dafür sind Planungs- und Organisationsvermögen, Ausdrucksfähigkeit, Beachten von Vorgaben, analytisches Denkvermögen.

Eine weitere Übung, die sich für Teilnehmer ohne Berufserfahrung eignet, ist der Dialog. Bei dieser Übung interagieren zwei Teilnehmer miteinander. Zu vorgegebenen Themen sollen sie jeweils für eine Seite argumentieren, entweder pro oder contra. Dafür können aktuelle Themen aus dem Bereich der Allgemeinbildung gewählt werden, wie z.B. Tempo 100 auf deutschen Autobahnen, Atomkraft, bedingungsloses Grundeinkommen. Da dem Teilnehmer vorgegeben wird, ob er dafür oder dagegen argumentieren soll, besteht für ihn kein Risiko, dass seine persönliche Einstellung abgefragt würde.

Natürlich können in ein Assessment Center auch Bausteine integriert werden, die den weiter oben beschriebenen Verfahren im Auswahlprozess entsprechen, d.h. Interviews, Leistungs- und Persönlichkeitstests und nicht zuletzt Arbeitsproben. Außerdem werden auch computersimulierte Szenarien, Konstruktionsübungen und Fallstudien eingesetzt. Zumindest bei Leistungs- und Persönlichkeitstests handelt es sich allerdings nicht um AC-Übungen im eigentlichen Sinn, da sie nicht dem Simulationsansatz folgen und keine subjektive Einschätzung durch die Beobachter vorgenommen wird.

Einsatzhäufigkeit verschiedener Übungstypen

Zum Einsatz der verschiedenen Übungstypen liegen Ergebnisse von zwei Studien vor, in denen deutsche und amerikanische Großunternehmen befragt wurden (siehe Tab. 5.11). Sie zeigen, dass die beschriebenen Übungen häufig eingesetzt werden, Tests hingeben eine geringere Rolle spielen.

Tab. 5.11: Einsatzhäufigkeit verschiedener Übungstypen (Quellen: * Kanning/Pöttker/Gelleri, 2007, ** Krause/Gebert, 2003b)

	Unternehmen		
	> 5.000 Mitarbeiter*	>2.000 Mitarbeiter**	
Übungen	**Deutschland (N=97)**	**Deutschland (N=75)**	**USA (N=215)**
Gruppendiskussion	87%	95%	100%
Rollenspiel	76%	3%	54%
Präsentation	76%	89%	46%
Selbstpräsentation	74%	k.A.	k.A.
Interview	70%	87%	57%
Postkorb	47%	53%	82%
Tests	34%	5%	31%
Fallstudie	11%	65%	38%

Akzeptanz der Übungstypen durch Kandidaten

Kanning (2011) hat auf der Grundlage von sieben Assessment Centern untersucht, wie hoch die Akzeptanz für zehn verschiedene Übungstypen durch die insgesamt 237 Teilnehmer (Bankkaufleute, Studierende, Polizisten, Ingenieure/Techniker) war. Außerdem untersuchte er, wie stark die Teilnehmer die Übungstypen als informativ bzgl. der Inhalte und Rahmenbedingungen für die Tätigkeit erlebten. Allerdings führten nicht alle Teilnehmer alle Übungstypen durch. Er kam zu dem Ergebnis, dass die Akzeptanz stark damit zusammenhing, ob die Teilnehmer den Eindruck hatten, eine Aufgabe gut erledigen zu können, und wie deutlich ein Bezug zur Zieltätigkeit erkennbar war (siehe Tab. 5.12). Die Ergebnisse zeigen eine deutliche Präferenz für Übungen, in denen sich die Teilnehmer unverstellt zeigen können (Interview, Selbstvorstellung). Eine geringere Akzeptanz weisen jene Übungen auf, in denen die Teilnehmer eine Rolle übernehmen müssen (Präsentation Gruppendiskussion, Rollenspiel). Am Ende der Liste finden wir die für die Kandidaten wenig transparenten Übungen (Leistungs- und Persönlichkeitstests).

Tab. 5.12: Einschätzung von Assessment Center Übungen durch Teilnehmer (aus: Kanning, 2011, S. 94). Je höher der Wert, desto positiver die Einschätzung, max. Wert wäre 7 gewesen

Assessment-Übung	Akzeptanz	Informationsgrad
Interview	5,9	5,6
Selbstvorstellung	5,8	6,2
Präsentation	5,4	5,4
Gruppendiskussion	5,3	5,3
Rollenspiel	5,2	5,3
Planungsaufgabe	4,7	5,0
Stegreifrede	4,6	5,5
Leistungstest	4,2	5,3
Persönlichkeitsfragebogen	4,2	5,4
Konstruktionsübung	4,0	5,4

5.8.4 Durchführung

Wenn das Material für das Assessment Center vollständig entwickelt und vervielfältigt worden ist, die Rollenspieler und die Beobachter geschult sind und genügend Räume zur Verfügung stehen, dann kann das Assessment Center durchgeführt werden (Abb. 5.34).

Die Kandidaten sollen bereits in der schriftlichen Einladung auf das Verfahren hingewiesen werden. Auch der Zeitrahmen muss im Vorhinein bekannt gegeben werden. Am Tag der Durchführung des Assessment Centers begrüßt der Organisator oder Moderator des ACs die Teilnehmer und die Beobachter und stellt sie einander vor. Anschließend werden die individuellen Zeitpläne verteilt und erläutert und die Eigenverantwortlichkeit für die Einhaltung der Pläne zur Sicherung eines reibungslosen Ablaufs hervorgehoben. Wenn der generelle Ablauf klar ist und mögliche Fragen der Teilnehmer geklärt wurden, werden die Übungen dem Zeitplan folgend durchgeführt. Dafür begeben sich die Beobachter in ihre für die Durchführung der Übungen vorgesehenen Räume. Die Teilnehmer bleiben mit dem Moderator im Gruppenraum und bereiten sich nach ihren individuellen Zeitplänen auf ihre erste Übung vor. Die Instruktionen und das Material dafür verteilt der

Moderator. Wenn ihre Vorbereitungszeit um ist, gehen die Teilnehmer in die dafür vorgesehenen Räume und führen ihre Übung durch. Der Moderator ist dafür zuständig, nach Abschluss der Übungen das Material und die ausgefüllten Bewertungsbogen der Beobachter einzusammeln. Für jeden Teilnehmer wird eine Anforderungs-Übungs-Matrix vorbereitet, in die der Moderator die Bewertungen einträgt (siehe Abb. 5.32). Haben die Teilnehmer alle Übungen durchlaufen, werden sie nach einem Feedback, wie sie das Assessment Center erlebt haben, und dem Hinweis auf den weiteren Ablauf bis zur Bekanntgabe der Ergebnisse verabschiedet. Für die Beobachter und den Moderator beginnt nun die Beobachterkonferenz. Für diese erhalten alle Beobachter ihre Bewertungsbogen zurück. Anhand der Anforderungs-Übungs-Matrix werden alle Teilnehmer nacheinander durchgesprochen. Liegen die Einschätzungen der für eine Übung eingeteilten zwei Beobachter sehr weit auseinander, ist es Aufgabe des Moderators, die Abweichungen zu klären und ggf. eine Anpassung der Urteile herbeizuführen. Für alle Teilnehmer wird dann nach den zuvor definierten Rechenregeln das Gesamturteil ermittelt. Bei Auswahl-Assessments ist es danach Aufgabe der Personalabteilung, das Ergebnis umzusetzen, d.h., der ausgewählten Person das Stellenangebot zu übermitteln. Bei Entwicklungs- und Potenzial-Assessments wird am Ende der Beobachterkonferenz festgelegt, welcher Beobachter welchem Kandidaten in welchem Zeitraum ein Feedback zu seinen Ergebnissen gibt. Die am Ende der Beobachterkonferenz eingesammelten Unterlagen werden in der Personalabteilung verwahrt und ggf. für Rückmeldegespräche den Feedbackgebern termingerecht noch einmal zur Verfügung gestellt.

1. **Organisation**: Teilnehmer und Beobachter einladen, Räume vorbereiten
2. **Einführung**: Teilnehmer begrüßen und Beteiligte vorstellen, Ablauf und Zeitpläne erläutern
3. **Durchführung:** Beobachtung und Beurteilung der Teilnehmern in jeder Übung durch mindestens zwei Beobachter
4. **Verabschiedung**: Nach Abschluss der Übungen Feedback der Teilnehmer einholen und sie verabschieden
5. **Beobachterkonferenz**: Diskussion und Integration der Urteile, Ermittlung des Stärken-/Schwächenprofils je Teilnehmer, ggf. Auswahl, ggf. Fördermaßnahmen festlegen
6. **Rückmeldung:** Individuelle Ergebnisse den Teilnehmer mitteilen, ggf. Planung der vereinbarten Fördermaßnahmen

Abb. 5.34: Ablauf eines Assessment Centers

5.8.5 Nutzen und Probleme

Nutzen

Assessment Center haben nachgewiesener Maßen einen hohen Nutzen für die Vorhersage beruflichen Erfolgs (vgl. z.B. Kleinmann, 2003; Thornton/Gibbons, 2009) und ermöglichen die Erstellung eines differenzierten Stärken- und Schwächenprofil als Grundlage für eine gezielte Einsatzplanung und Entwicklung. Becker/Höft/Holzenkamp/Spinath (2011) untersuchten verschiedene Kriterien für Berufserfolg und fanden, dass der Zusammenhang der Ergebnisse von Assessment Centern mit Vorgesetztenurteilen am stärksten und ihre Vorhersage für Beförderungen, Trainingserfolg und Entgeltentwicklung immer noch gut ist. Hingegen leisteten Assessment Center-Ergebnisse keine befriedigende Prognose im Hinblick auf Vertriebserfolg. Die geringe Prognose von Vertriebserfolg könnte dadurch bedingt sein, dass dafür objektive Erfolgsmaße (z.B. Umsatz), ansonsten aber subjektive Erfolgsmaße verwendet wurden. Die Prognose von ACs war insgesamt besser, wenn es sich um interne Kandidaten im Vergleich zu externen handelte. Holzenkamp/Spinath/Höft (2010) haben in ihrer Meta-Analyse weitere Faktoren untersucht, die zu einer guten Vorhersagekraft von Assessment Centern beitragen. Ihre Ergebnisse sind in Abbildung 5.35 zusammengefasst.

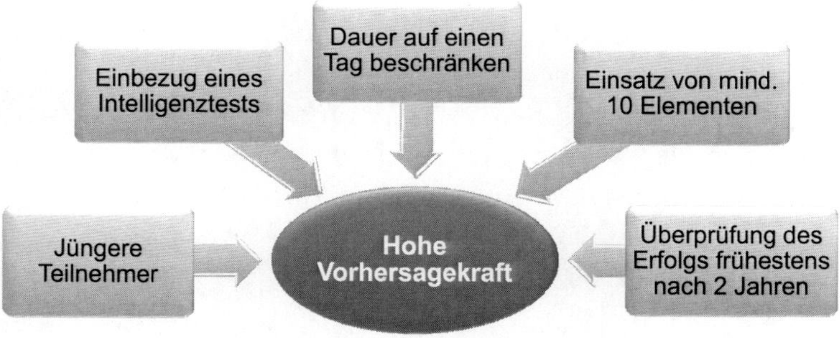

Abb. 5.35: Faktoren, die zu einer höheren Vorhersagekraft von Assessment Centern beitragen (Holzenkamp/Spinath/Höft, 2010, S. 22).

Auf der Grundlage ihrer Analysen sprechen sich Hoffmann/Melchers/Blair/Kleinmann/Ladd (2011) allerdings dafür aus, die breite Palette differenzierter Anforderungsdimensionen in eine geringere Anzahl breiter angelegter Dimensionen zusammenzufassen, um Erfolgskriterien vorherzusagen.

Die hohe Vorhersagekraft für Berufserfolg ist sicher das wichtigste Nutzenmerkmal von Assessment Centern, aber nicht das einzige. Sie bieten den Teilnehmern auch Einblick in die Zieltätigkeit und liefern durch diese realistische Tätigkeitsvorschau eine gute Grundlage für die Selbstselektion der Teilnehmer. Wenn ACs gut gestaltet sind, werden sie von den Teilnehmern als fair wahrgenommen und gut akzeptiert. Wenig überraschend gilt dabei: Je besser die Teilnehmer bei einem AC abschneiden, desto höher schätzen sie die Bedeutung für sich ein und umso größer ist ihre Akzeptanz des Verfahrens. In diesem Zusammenhang ist auch von Interesse, dass schriftlich gegebenes Feedback unabhängig vom Ergebnis die Teilnehmer zu einer persönlichen Entwicklung motiviert (Birri/Naef, 2006).

Keinen zusätzlichen Nutzen stiften gegenseitige Einschätzungen der Teilnehmer: Höft/Schümann-Sen/Maschke (2005) ergänzten die Einschätzungen der Beobachter durch die anderer Teilnehmer. Sie fanden, dass diese Bewertungen keine differenzierte Information über die Leistungen der beurteilten wie auch der beurteilenden Kandidaten erbrachte. Auf sog. Peer-Urteile kann demnach verzichtet werden.

Probleme

Dem unbestreitbaren Nutzen des Assessment Centers stehen auch einige Nachteile und Probleme gegenüber. So haben verschiedene Studien gezeigt, dass Teilnehmer, die korrekt erkennen, welche Anforderungsdimensionen in einer jeweiligen Übung bewertet werden, und ihr Verhalten daran ausrichten, von den Beobachtern besser beurteilt werden. Das gilt sowohl für experimentelle Laborstudien als auch für Realbedingungen in der betrieblichen Praxis (vgl. z.B. Kleinmann, 2003; Preckel/Schüpbach, 2005).

Assessment Center sind außerdem übungsanfällig, d.h., bei wiederholter Durchführung schneiden die Teilnehmer besser ab (Kelbetz/Schuler, 2002). Anforderungsdimensionen, die eher stabile Persönlichkeitsmerkmale abbilden oder die intellektuelle Leistungsfähigkeit, sind weniger anfällig als verhaltensnah konstruierte Dimensionen.

Höft/Bolz (2004) fanden in einer Studie hohe Zusammenhänge zwischen nahezu allen Anforderungsdimensionen sowie der Gesamteinschätzung der Kandidaten einerseits und deren allgemeiner Intelligenz andererseits. Diese Befunde sprechen dafür, anstatt des aufwändigen Assessment Centers einen Intelligenztest durchzuführen. Von diesem ist allerdings anzunehmen, dass er bei den Kandidaten auf weniger Akzeptanz stößt als das AC.

Zu den Nachteilen des ACs sind definitiv die hohen Kosten und der erhebliche Zeitaufwand zu zählen. Nicht nur die Arbeitszeit der Mitarbeiter des Personalmanagements oder externer Berater für die Konstruktion, sondern auch die Arbeitszeit für Schulung und Durchführung bei Beobachtern und Rollenspielern muss in die Kalkulation einbezogen werden.

5.8.6 Beispiele zu Assessment Center-Übungen für KMU

Aus dem Bisherigen sollte sich ergeben haben, dass komplette Assessment Center für die Auswahl von Trainees und Führungskräften sinnvoll sind. Wenn es aber darum geht, Fachkräfte mit Berufserfahrung zu finden, wird man sich in aller Regel auf andere Beurteilungsinstrumente stützten. Hier, und speziell in KMU, spielen neben den Arbeitszeugnissen Probearbeit und

Arbeitsproben eine große Rolle. Eine andere Einschätzung erhält man bezüglich ihres Nutzens bei der Auswahl von Auszubildenden für bestimmte Berufe. Allerdings kommen dafür auch weniger komplette Assessment Center als vielmehr einzelne Übungen aus der Übungspalette in Frage. Der Postkorb setzt im Allgemeinen schon Berufserfahrung voraus und Rollenspiele sind sowohl hinsichtlich der Konstruktion als auch ihrer Durchführung, besonders im Hinblick auf vergleichbare Bedingungen, sehr aufwändig. Selbstpräsentationen erübrigen sich häufig, wenn außerdem Einstellungsinterviews vorgesehen sind. Als geeignete Übungen bieten sich daher vor allem die Gruppendiskussion und die Präsentation an. Für beide Aufgabentypen sollten Themen gewählt werden, bei denen man für alle Teilnehmer einen in etwa gleichen Wissensstand annehmen kann. Außerdem sollten Teilnehmer nicht in Situationen gebracht werden, in denen sie etwas vertreten, von dem sie zwar nicht überzeugt sind, aber nach gegebenen Umständen meinen müssen, seine Befürwortung verbessere ihre Chancen auf einen begehrten Ausbildungsplatz. Ein Bespiel für eine solche Gruppendiskussion könnte sein, die geplante Ansiedlung eines Industrieunternehmens in einem bisherigen Naherholungsgebiet auf der Gemarkung einer von Arbeitslosigkeit besonders betroffenen Gemeinde zu diskutieren. Hier wäre zu befürchten, dass im Umweltschutz engagierte Bewerber gegen ihre Einstellung argumentieren und dabei nicht so gewandt und durchsetzungsstark wirken, wie es ihren Möglichkeiten entspräche. Weniger geeignete Themen für eine Präsentation sind alle jene, für deren Wirkung es auf technische oder ökonomische Vorkenntnisse ankommt. Ein Beispiel dafür wäre, sich eine Lösung für die letzte Bankenkrise in Zypern auszudenken und diese vorzutragen.

Beispiel Gruppendiskussion

Eine Sparkasse in Hessen möchte für ihre Ausbildung von Bankkaufleuten Bewerber auswählen, die sich u.a. durch Offenheit, Teamfähigkeit, Überzeugungskraft und analytisches Denkvermögen auszeichnen. Um die Ausprägung dieser Merkmale bei ihren Bewerbern zu testen, lässt sie im Rahmen ihres Auswahlverfahrens alle Bewerber, die die Personalabteilung nach Bewertung der eingereichten Unterlagen für geeignet hielt, eine Diskussion in Gruppen zu jeweils sechs Teilnehmern führen. Als Beobachter der Gruppendiskussionen stehen jeweils drei Mitarbeiter der Sparkasse zur Verfügung, so dass jeder dieser Mitarbeiter sich auf zwei Teilnehmer konzentrieren kann und muss. Es hat sich in der Vergangenheit als vorteilhaft herausgestellt, jeden Bewerber immer von einem Mitarbeiter aus der Linie, im Allgemeinen Gruppenleiter, und einem Angehörigen der Personalabteilung gemeinsam beobachten zu lassen. Erstere vergleichen das Gesehene und Gehörte vor allem mit ihren Anforderungen aus der Berufspraxis, die Personalreferenten können sich zum Vergleichen auf alle Mitarbeiter bzw. alle früheren Auszubildenden beziehen. Die Beobachter aus der Personalabteilung fungieren gleichzeitig auch als Moderatoren dieses Auswahlteils. Da die Bewerber so gut wie alle aus der Region kommen, darf unterstellt werden, dass ihnen die jährlich in einer anderen Stadt des Bundeslandes stattfindende Festwoche „Hessentag" bekannt ist. In der Teilnehmerinformation wird diese Veranstaltung ausführlich beschrieben mit Angaben zu den kulturellen Veranstaltungen, den sich dort präsentierenden politischen Gremien, Verbänden, Vereinen und Firmen, den Leistungsschauen und Ausstellungen. Die Teilnehmer finden auch Hinweise zu Besucherzahlen, zur Größe der sich bewerbenden Städte, zu den Zuschüssen aus der Landeskasse und den Kosten, die den bisherigen Ausrichtern erwuchsen. Ihnen wird die Aufgabe genannt, als Mitglieder der Stadtverordnetenversammlung Vor- und Nachteile einer Bewerbung als nächster Hessentagsstadt zu diskutieren und ein gemeinsames Votum für oder gegen eine Bewerbung abzugeben.

Für das Durchlesen der Teilnehmerinformation und dem Anfertigen von Notizen bekommen sie 15 Minuten. Die Gruppendiskussion selbst darf nicht länger als 30 Minuten dauern. Wenn nach dieser Zeit kein gemeinsamer Vorschlag zustande gekommen ist, wird die Diskussion von den beiden Beobachtern abgebrochen. Nach der Gruppendiskussion werden die Teilnehmer mit der Zusage baldiger weiterer Information über den Stand ihrer Bewerbung verabschiedet. Die Beobachtungsbogen werden von den Mitarbeitern der Personalabteilung gesammelt, nachdem die Beobachter ihre Beobachtungen bewertet haben. Zusammen mit Begrüßung und Verabschiedung sowie der Bewertung der Beobachtungen nimmt eine Gruppendiskussion etwa 1 Stunde und 15 Minuten in Anspruch. Die Sparkasse begnügt sich gewöhnlich mit insgesamt drei Gruppendiskussionen. Nach Abschluss der letzten findet eine Beobachterkonferenz mit der Auswahl der Bewerber statt, die zu einem Einzelinterview mit einem Personalreferenten und einem Vorstandsmitglied der Sparkasse eingeladen werden.

Im Folgenden Beispiel wird eine Präsentationsübung eingesetzt, um Fachverkäufer für ein Einzelhandelsgeschäft auszuwählen.

Beispiel Präsentation
Ein bekanntes Einzelhandelsgeschäft für Koch- und Tafelgeschirr, Bestecke, Gläser und Dekorationsporzellan wählt seine zwei neu einzustellenden Fachverkäufer bzw. –verkäuferinnen nach den eingereichten Bewerbungsunterlagen, einem anschließenden Gespräch in der Personalabteilung und abschließend mit einer Präsentation aus. Letztere soll vor allem Aufschluss über das analytische Denkvermögen, über Ausdrucksfähigkeit und Überzeugungskraft der Bewerber vermitteln. Die nach dem Gespräch für prinzipiell geeignet eingeschätzten Kandidaten erhalten mit der Einladung zu einer Präsentation vor einer Abteilungsleiterin (z.B. Kochgeschirr) und einem Mitarbeiter der Personalabteilung die Aufgabe, eine Präsentation mit einer Dauer von 15 Minuten vorzubereiten. In der Präsentation soll die eigene Schule vorgestellt und erläutert werden, warum jemand auf diese Schule gehen sollte. Mehr Informationen bzw. Vorbereitungsmaterial gibt es nicht. Damit wird sichergestellt, dass alle Bewerber die gleichen Vorkenntnisse haben. Es können sich aber die Bewerber einen Vorteil verschaffen, die sich in Eigeninitiative viele Informationen über ihre Schule besorgen. Das eigenständige Beschaffen und Auswerten von Informationen ist aber in dem angestrebten Beruf ein sehr wünschenswertes Verhalten, weil von solchen Informationen die Beratungsqualität abhängt. Die Bewerber können in der Präsentation zeigen, dass sie aus dem Wissen über ihre Schule, d.h. eigenen Erfahrungen und gesammelten Informationen, einerseits und den zu unterstellenden Zielen der potenziellen Schüler andererseits eine verantwortbare Empfehlung ableiten können. Mit dem Thema wird zwar in Kauf genommen, dass nicht die Bewerber selbst, sondern vielleicht ihre Eltern die Informationen über die Schule recherchieren,

aber die Bewerber müssen damit rechnen, dass sie während der Präsentation nach den Quellen ihrer Angaben gefragt werden. Der Vorschlag des nicht im Geschäft aktiven Eigentümers, doch statt der Präsentation der Schule der Bewerber ein wichtiges Produkt des Geschäfts nach Herstellerprospekten vorzustellen, wurde von den Abteilungsleiterinnen nicht übernommen, weil dann die eigene Recherche entfiele und Überzeugung eigentlich nur gespielt werden könne. Die im Umgang mit Kunden wichtige Überzeugung von der Qualität der im Geschäft angebotenen Waren könne sowieso zuverlässig nur aus den Gesprächen mit Vertretern und dem Kontakt mit Kunden und Kolleginnen im Laufe der Ausbildungszeit gewonnen werden. Die anspruchsvollen Kunden des Unternehmens würden eine nur oberflächliche Vertrautheit mit den Eigenschaften der Waren rasch im Kundengespräch spüren und eher verärgert reagieren.

6 Entscheidungsfindung

6.1 Interpretation von Einzelergebnissen

Nach Durchführung der eignungsdiagnostischen Verfahren müssen die erhobenen Merkmalsausprägungen interpretiert und am Ende alle Einzelergebnisse in ein Urteil zusammengefasst werden, nach dem entschieden wird, ob einem Bewerber und ggf. welchem Bewerber die Arbeitsstelle angeboten wird. Da für die meisten Verfahren keine Standards in Bezug auf eine konkrete Stelle vorhanden sind, muss der Arbeitgeber selbst Regeln zur Interpretation der Befunde seiner eignungsdiagnostischen Instrumente aufstellen. Wenn beispielsweise nach der Anforderungsanalyse ein sehr gutes Ausdrucksvermögen und ein hohes Maß an Teamfähigkeit erforderlich sind und ersteres im Interview und zweites im Persönlichkeitstest geprüft wurden, muss der Auswählende festlegen, welche Eindrücke im Interview für sehr gutes Ausdrucksvermögen sprechen und ab welchem Testwert von einer hohen Teamfähigkeit auszugehen ist. Zwar gibt ein standardisierter Test an, dass ein Bewerber mit einem bestimmten Punktwert teamfähiger ist als z.B. 70% der Bevölkerung, aber das besagt nicht per se, dass das für die ausgeschriebene Tätigkeit ausreichend ist. Ob die mit den eignungsdiagnostischen Instrumenten gemessenen Ausprägungen der Kriterien dem in der Anforderungsanalyse festgestellten Niveau entsprechen, können die für die Personalauswahl verantwortlichen Personen nur aufgrund von Erfahrungswerten entscheiden. Solche Erfahrungswerte ergeben sich, wenn man die Testergebnisse aus dem Auswahlverfahren aktueller Mitarbeiter auf entsprechenden Stellen mit deren Leistungen im Unternehmen vergleicht. Auf der Basis dieser Erfahrungswerte ließen sich dann Regeln formulieren, die eine begründete Einstellungsentscheidung ermöglichen; nicht nur im anstehenden Fall, sondern auch bei der späteren Besetzung ähnlicher Positionen oder bei der Wiederbesetzung derselben Stelle. Diese Regeln sollten auf jeden Fall in eindeutiger Weise schriftlich fixiert werden. Das wäre ein weiterer Beitrag zur Standardisierung des Auswahlverfahrens und hätte nicht nur den Vorteil, dass verschiedene an der Auswahl beteiligte Personen die gleichen Regeln anwenden, sondern auch den Nutzen, dass die Entscheidungen transparent und auch nach längerer Zeit noch nachvollziehbar sind. Andernfalls ist das Risiko sehr hoch, dass Auswahlentscheidungen – trotz vorherigen großen eignungsdiagnostischen Aufwands – eher willkürlich, intuitiv und wenig reflektiert getroffen werden. Um die genannten Vorteile nutzen zu können, müssen natürlich die Ergebnisse aller eingesetzten Instrumente sorgfältig dokumentiert werden und mit den Leistungen der Mitarbeiter, die sie gezeigt haben, vergleichbar gehalten werden.

6.2 Modelle der Auswahlentscheidung

Überblick

Es gibt eine Vielzahl von Modellen, nach denen die im Auswahlprozess gewonnenen Einzelbewertungen zusammengefasst, d.h. in eine Gesamteinschätzung von Bewerbern integriert werden können. Man spricht in diesem Zusammenhang deshalb von Integrationsmodellen.

Bei der Entscheidung für ein Integrationsmodell sind verschiedene Faktoren zu beachten. Ein Faktor ist die Wahrscheinlichkeit des Zusammenhangs zwischen Vorhersagemerkmal und Erfolgskriterium. Ein anderer Faktor ist die Anzahl der Anforderungsdimensionen und der erhobenen Merkmale bzw. Testwerte, die in die Entscheidung zu integrieren sind. Außerdem hängt die Wahl von der Einschätzung ab, ob ein geringer Wert bei einem Merkmal durch einen hohen Wert bei einem anderen Merkmal kompensierbar ist oder ob für jedes Merkmal ein bestimmter Mindestwert erreicht werden muss. Es liegen allerdings nur wenig systematische Erkenntnisse über das Zusammenwirken von Merkmalen vor (vgl. Schuler, 2000).

Im Folgenden werden Modelle vorgestellt, die ohne größere Rechenoperationen durchführbar sind. Weitere Modelle sind bei Weinert (2004) beschrieben.

Traditionelles Selektionsmodell

Das traditionelle Selektionsmodell geht von der Annahme aus, dass es eine lineare Beziehung zwischen dem Ergebnis der Auswahlverfahren und dem beruflichen Erfolg gibt (siehe Abb. 6.1, linke Seite; vgl. Weinert, 2004). Vereinfacht ausgedrückt: Wer im Auswahlverfahren die beste Einschätzung erhält, ist für die ausgeschriebene Stelle am besten geeignet. Angenommen, es geht um die Besetzung einer Position im Vertrieb und es ist bekannt, dass Menschen, die eine höhere Ausprägung im Persönlichkeitsmerkmal Risikofreude aufweisen, einen höheren Deckungsbeitrag (zum Unternehmenserfolg) erzielen als Personen mit einer geringen Risikofreude. Dann würde der Bewerber mit dem höchsten Testwert für Risikofreude die Zusage für die Stelle bekommen und alle anderen Kandidaten eine Absage. Dieser Ansatz ist zwar sehr einfach, er birgt aber auch Schwierigkeiten in sich:

Erstens ist die Annahme problematisch, dass Personen mit den höchsten Werten (z.B. in einem Intelligenztest) immer am besten für eine Tätigkeit geeignet sind. Sie hätten nach einem Intelligenztest zwar die beste Auffassungsgabe und höchste Lernfähigkeit und könnten die in Frage stehenden Aufgaben prinzipiell am besten ausführen, aber sie wären für die angebotene Tätigkeit vielleicht überqualifiziert und entsprechend schnell unterfordert. Die Folgen wären vermutlich Unzufriedenheit und zumindest mittelfristig ein Stellenwechsel. Dieser Umstand unterstreicht die in Kapitel 4 formulierte Forderung, dass im Anforderungsprofil der Stelle nicht nur die notwendigen Merkmale der Stelleninhaber spezifiziert sein müssen, sondern auch ihr Ausprägungsgrad. Dieser dient nicht als Messlatte, die gewissermaßen übersprungen werden muss, sondern eher als Schablone, in welche nur die Kandidaten passen, die dem Anforderungsniveau am besten entsprechen.

Zweitens ist oft kein linearer Zusammenhang zwischen einem Merkmal und dem Erfolgskriterium gegeben. Häufiger gilt ein kurvilinearer Zusammenhang dergestalt, dass eine geringe und eine extrem hohe Ausprägung des Merkmals mit niedriger Leistung einhergehen und eine nur hohe bis sehr hohe Ausprägung mit einer hohen Leistung (siehe Abb. 6.1, rechte Seite). Um auf das obige Beispiel Vertriebsposition zurückzukommen: Es hat sich tatsächlich gezeigt, dass risikofreudigere Personen im Vertrieb erfolgreicher sind als weniger risikofreudige (Gosslar/Lindstam, 1999). Aber das gilt nur innerhalb eines bestimmten Rahmens, wie das Desaster der Bankenkrise vor Augen geführt hat. Personen mit extrem hoher Risikofreude sind weniger erfolgreich, weil sie zu große Risiken eingehen. Es muss also im Vorfeld Klarheit darüber bestehen, welche Art des Zusammenhangs zwischen Merkmal und Berufserfolg gilt.

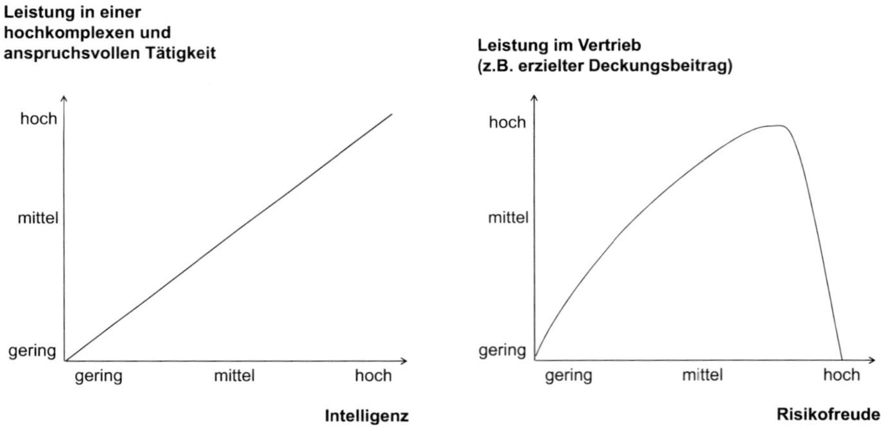

Abb. 6.1: Schematische Darstellung des (unterstellten) linearen Zusammenhangs zwischen Intelligenz und Leistung sowie des (unterstellten) kurvilinearen Zusammenhangs zwischen Risikofreude und Leistung im Vertrieb

Es ist drittens selten der Fall, dass nur ein Merkmal gemessen wird, um den Berufserfolg vorherzusagen. Die vorangegangenen Kapitel haben deutlich gemacht, dass aus der Anforderungsanalyse eine Vielzahl von relevanten Merkmalen abgeleitet werden, die es im Auswahlprozess zu messen bzw. zu überprüfen gilt. Außerdem geschieht die Erhebung dieser Merkmale selten mit nur einer Methode, sondern typischerweise durch Einsatz verschiedener Auswahlinstrumente, zu denen mindestens die Analyse der Bewerbungsunterlagen und ein Interview gehören, häufig aber noch weitere, wie Test, Arbeitsprobe oder das Einholen von Referenzen. Es ist daher ein Verfahren notwendig, wie die Ergebnisse für die verschiedenen Kriterien, die mit allen verwendeten Auswahlinstrumenten gemessen wurden, zueinander gewichtet werden.

Profilvergleichsmodell

Beim Profilvergleichsmodell wird das Anforderungsprofil der Stelle in Form eines Profils der idealen Merkmalsausprägungen (Soll-Profil, siehe auch Kap. 4.2, Abb. 4.7) den von den Bewerbern erreichten Merkmalsausprägungen (Ist-Profile) gegenübergestellt. Die Wahl fällt dann auf den Bewerber, dessen Ist-Profil dem Soll-Profil am nächsten kommt. Das wird ermittelt, indem die Abweichungen in den Einzelmerkmalen summiert werden. Der Bewerber mit dem niedrigsten Summenwert gilt als am besten geeignet. Bei diesem Modell wird ein Nichterreichen des Solls (Abweichung nach unten) rechnerisch genauso behandelt wie eine Übererfüllung des Solls (Abweichung nach oben). Abbildung 6.2 zeigt schematisch, dass ein Bewerber mit drei Unterschreitungen des Soll-Profils und drei Entsprechungen günstiger bewertet werden kann als ein Bewerber mit zwei Überschreitungen und vier Entsprechungen. In dem Beispiel wird deutlich, dass die insgesamt schlechter qualifizierte Person bei der schematischen Anmeldung des Modells für die Stelle ausgewählt würde.

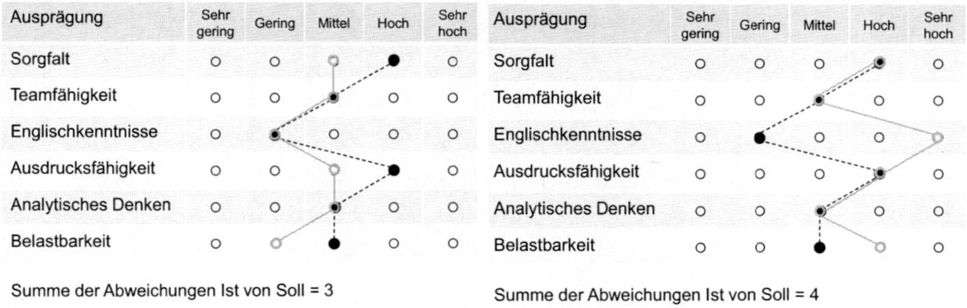

Abb. 6.2: Ist-Profile (grau) von zwei Bewerbern im Vergleich zum Soll-Profil (schwarz). Nach dem Profilvergleichsmodell würde die schlechter qualifizierte Person (linke Seite) der besser qualifizierten (rechte Seite) vorgezogen werden

Wichtig ist bei diesem Modell demnach, nicht schematisch nach dem geringsten Abweichungswert von Soll und Ist zu entscheiden, sondern diesen Wert lediglich als Indikator zu nutzen und im Einzelfall auf die Abweichungen zu schauen. Auf diese Weise kann auch der im Folgenden angesprochene prinzipielle Nachteil des Modells ausgeglichen werden.

Dieser Nachteil besteht darin, dass alle Merkmale gleich stark gewichtet werden. Das stimmt häufig nicht mit den Anforderungen der Realität überein. In technischen Berufen wird man dem analytischen Denken und der Sorgfalt wahrscheinlich größeres Gewicht beimessen als etwa der Ausdrucksfähigkeit. Dem kann man natürlich durch eine unterschiedliche Gewichtung begegnen, muss dann aber eine etwas umständlichere Auswertung und den Verzicht auf eine übersichtliche grafische Darstellung in Kauf nehmen.

Hürdenmodell

Beim Hürden- oder Cut-Off-Modell wird für jedes Anforderungsmerkmal eine notwendige Mindestausprägung festgelegt. Diese Mindestausprägung basiert auf der Überzeugung, dass eine niedrigere Ausprägung des Merkmals nicht kompensierbar ist. Wenn ein Bewerber in einem der Merkmale unterhalb der Mindestausprägung liegt, gilt er für die Stelle als ungeeignet. Ob ein Bewerber die Hürden genommen hat, kann entweder erst am Ende des Auswahlverfahrens festgestellt werden oder schon nach jeder Merkmalsmessung.

Im ersten Fall hieße das beispielsweise, es werden alle nach den Bewerbungsunterlagen prinzipiell in Frage kommenden Bewerber eingeladen. Alle nehmen am definierten Auswahlprozess, z.B. einem Interview, einer Arbeitsprobe und einer Gruppendiskussion, teil. Anschließend werden die Bewertungen in allen Teilleistungen analysiert und es wird festgestellt, ob ein Bewerber alle Hürden genommen hat. Diese Vorgehensweise bietet sich an, wenn dasselbe Merkmal in mehreren Verfahren, z.B. die Kommunikationsfähigkeit im Interview sowie in der Gruppendiskussion, erhoben wird. Dafür spricht, dass eine mehrfache Erhebung desselben Merkmals die Sicherheit der Einschätzung erhöht. Ein Vorteil besteht außerdem darin, dass die Festlegung der Cut-Off-Punkte ggf. im Nachhinein noch einmal geändert werden kann, wenn am Ende des Verfahrens der Eindruck entsteht, dass die Hürden zu hoch waren und keiner der Bewerber alle genommen hat. Sofern die ausgeschriebene Stelle dringend besetzt werden muss, ist es dann sinnvoll zu überlegen, ob und bei welchen Anforderungen eine niedrigere Mindestausprägung akzeptiert werden kann.

Fallbeispiel: Auswahl am Ende des Verfahrens
Dieses Beispiel beschreibt die frühere Praxis in einem großen Chemieunternehmen: Alle Bewerber, deren für relevant erachteten Zeugnisnoten eine großzügig gesetzte Grenze erreichen, erhalten eine Einladung zu einem Eignungstest in Form eines Intelligenztests für den von ihnen gewünschten Beruf. Diese Einschränkung erfolgt im Wesentlichen nur aus Rücksicht auf Kapazitätsgrenzen bei der Testauswertung und Gesprächsführung. Mit allen, nicht nur denjenigen, die den Test im Sinne des Erfüllens von Mindestanforderungen bestanden haben, wird nach Auswertung des Tests ein Bewerbungsgespräch geführt. In diesem Gespräch möchte man sich ein Bild von der Motivationslage eines Bewerbers, von seiner äußeren Erscheinung, seinem Auftreten und seiner Gewandtheit machen. Dabei besteht auch Gelegenheit, das Zustandekommen von einzelnen Testergebnissen, die aus Rahmen fallen, zu besprechen und Fragen des Bewerbers zu beantworten. Außerdem kann das Interview bei nicht befriedigenden Testergebnissen für den Wunschberuf dazu genutzt werden, Ausbildungsalternativen im Unternehmen zu erläutern und den Bewerber für einen weniger anspruchsvollen und vielleicht schlecht nachgefragten Ausbildungsgang zu gewinnen. Dem Bewerber wird am Ende des Gesprächs kein Ergebnis mitgeteilt, sondern eine schriftliche Information nach der Entscheidung einer Personalkommission in Aussicht gestellt. Nach Abschluss aller Bewerbungsgespräche, deren Inhalte und Ergebnisse dokumentiert werden, wird die Liste der Bewerber um Testergebnisse und Einstellungsempfehlungen ergänzt der im Unternehmen für die entsprechenden Ausbildungsberufe zuständigen Personalkommission vorgelegt. Diese kann, muss aber nicht den Empfehlungen folgen. Nicht selten kommen dann in der Personalkommission, in der auch Belegschaftsvertreter mitentscheiden, Argumente für die Einstellung eines Bewerbers zum Tragen, die zwar nichts mit seiner Ausbildungseignung zu tun haben, aber trotzdem im Interesse des Unternehmens sind.
Es sollte deutlich geworden sein, dass es sich hier um ein sehr aufwändiges Auswahlverfahren handelt. Andererseits erlaubt es, das gesamte Bewerberpotenzial auszuschöpfen und zugleich jedem Bewerber das Gefühl zu vermitteln, er werde ernst genommen und fair behandelt. Letzteres

führt wahrscheinlich dazu, dass in Zeiten allgemein sinkender Bewerberzahlen das Unternehmen von einem geringeren Rückgang der Nachfrage nach seinen Ausbildungsplätzen profitiert.

Bei der alternativen Vorgehensweise, der sukzessiven Entscheidung, werden die einzelnen Verfahrensbestandteile so in zeitlicher Abfolge platziert, dass auf der Grundlage des Abschneidens eines Bewerbers in einem früheren Verfahrensbestandteil einwandfrei entschieden werden kann, ob er für die Stelle geeignet ist oder nicht. Nimmt ein Bewerber eine Hürde nicht, so wird er in späteren Schritten des Auswahlprozesses nicht mehr berücksichtigt. Diese sukzessive Verringerung der Zahl der Bewerber hat den großen Vorteil, dass Zeit und Kosten gespart werden können, denn die aufwändigen Verfahren werden entsprechend an das Ende des Prozesses platziert. Wichtig ist allerdings, den Ablauf dennoch so zu gestalten, dass ein Bewerber sich auch bei einem früheren Ausscheiden aus dem Auswahlprozess respektvoll behandelt fühlt.

Fallbeispiel: Sukzessive Auswahl
Ein Zahntechniklabor bildet regelmäßig Zahntechniker aus. Nach Sichtung der Bewerbungsunterlagen, werden Bewerber mit guten Noten zu einem Test eingeladen. In diesem ersten Test werden die manuelle Geschicklichkeit, die Präzision der bearbeiteten Werkstücke und die Ausdauer bei der Bearbeitung überprüft. Erfüllt ein Bewerber die Anforderungen, so wird ein zweiter Test durchgeführt, in dem es um die gestalterischen Fähigkeiten geht. Erfüllt der Kandidat auch diese Anforderungen, wird ein ausführliches Interview geführt, in dem es neben der Selbstvorstellung des Bewerbers um seine Motivation für den Beruf und die Passung zum Unternehmen geht. Hingegen wird mit Bewerbern, die die Anforderungen des ersten oder des zweiten Tests nicht erfüllen, im Anschluss an die Auswertung des jeweiligen Tests noch ein kurzes Gespräch geführt. Sie erhalten direkt im Gespräch eine begründete Absage.

Mischformen

In der Praxis wird selten ein Modell in Reinform angewandt, sondern es werden verschiedene Formen gemischt. So kann beispielsweise so vorgegangen werden, dass für jedes Anforderungsmerkmal eine Mindestausprägung festgelegt wird (Hürdenmodell) und von jenen Bewerbern, die in allen Merkmalen diese oder eine höhere Ausprägung aufweisen, wird derjenige gewählt, der insgesamt die höchste Punktzahl erreicht hat (Traditionelles Modell).

Häufig wird das Hürdenmodell mit dem Profilvergleichsmodell kombiniert. In diesem Fall ist es sinnvoll, in die grafische Darstellung der Anforderungen nicht nur das Idealprofil aufzunehmen, sondern auch die Mindestausprägung. Dabei muss die Mindestausprägung nicht in allen Merkmalen unterhalb des Anforderungs- bzw. Idealprofils liegen, sondern kann zumindest teilweise mit dem Idealprofil deckungsgleich sein. Weitere Varianten, die speziell dazu dienen, die Besetzung der Stelle mit einer überqualifizierten Person zu verhindern, sehen die Ergänzung eines zweiten Cut-Offs je Merkmal, nämlich einer Obergrenze, vor. Als geeignet für die Position gelten dann alle Bewerber, deren Merkmalsausprägungen innerhalb des Korridors von Mindest- und Höchstgrenzen liegen. In Abbildung 6.3 sind Idealprofil und Mindestprofil sowie ein Anforderungsprofil mit zwei Cut-Off-Punkten je Merkmal beispielhaft dargestellt.

Abb. 6.3: Beispiele für Mischmodelle: im linken Teil der Abbildung ist das Idealprofil (schwarz) um das Mindestprofil (grau) ergänzt, im rechten Teil sind unterer und oberer Cut-Off markiert ohne Darstellung des Idealprofils

Fallbeispiel: Sukzessive Auswahl mit Mischmodell
Das folgende Beispiel gehört zu einem Unternehmen, das eine Ausbildung zum Industriekaufmann in Verbindung mit einen Betriebswirtschaftslehre-Studium in Teilzeit an einer privaten Hochschule anbietet und nicht nur die übliche Ausbildungsvergütung zahlt, sondern auch die Studiengebühren übernimmt. Es bildet nur in diesem Beruf und in dieser Kombination aus und die Unternehmensleitung weiß aus Erfahrung, dass sie immer geeignete Bewerber finden wird. Sie erhält regelmäßig eine große Anzahl von Bewerbungen für nur einen oder manchmal zwei Ausbildungsplätze und möchte das Auswahlverfahren so kostengünstig wie möglich gestalten. Das Unternehmen geht dabei so vor:
Die eingehenden Bewerbungen werden im Hinblick auf die Zeugnisnoten in Deutsch, Englisch und Mathematik durchgeschaut und alle Bewerber mit Noten, die für jedes Fach gut oder sehr gut sind (erste drei Hürden), zu einem Intelligenztest bei einem großen Unternehmen eingeladen, das diese Tests zusammen mit seinen eigenen Tests durchführt und auswertet. Nach Übermittlung der Testergebnisse an den Auftraggeber erhalten Bewerber, die nicht zu den besten fünf oberhalb der festgesetzten Marke gehören, eine Absage (Traditionelles Modell). Wenn weniger als fünf erfolgreich waren, wird der nächste Testtermin abgewartet. Die ersten besten fünf (nicht die erstbesten) werden zu einer Gruppendiskussion eingeladen, die stattfindet, sobald genügend Bewerber im Test die gesetzte Marke erreicht bzw. übertroffen haben. Die beiden, die als beste aus der Gruppendiskussion hervorgehen, dürfen sich dann der Unternehmensleitung vorstellen (Traditionelles Modell), die denjenigen auswählt, der den Ausbildungsplatz erhält.
In gewisser Weise verfährt das auswählende Unternehmen hier auch nach dem „Windhundprinzip“: Die ersten erhalten auch als erste die Chance, den begehrten Ausbildungsplatz zu bekommen. Damit entgeht dem Unternehmen vielleicht ein noch viel besser geeigneter Bewerber, nur, weil dessen Bewerbung später, zu spät, einging. Allerdings handelt es sich hier trotzdem um ein sehr effektives und effizientes Auswahlverfahren.

6.3 Beispiele für die Integration von Einzelergebnissen

Um einen Eindruck zu vermitteln, wie sich aus den Ergebnissen der eingesetzten einzelnen Auswahlelemente in sinnvoller Weise eine Rangfolge konstruieren lässt, werden nachstehend zwei Beispiele für KMU präsentiert. Die Kategorieneinteilung orientiert sich daran, dass zwischen zu vielen Unterteilungen nicht mehr eindeutig differenziert werden kann. Deshalb wurden nur drei, einmal vier Ausprägungen aufgenommen. Für deren Bewertung im Anforderungsprofil kann es keine allgemeinverbindlichen Richtlinien geben, sie muss sich an der Erfahrung der Auswählenden orientieren. Dabei ist lediglich darauf zu achten, dass die Unterschiede zwischen den Bewertungen hinreichend groß sind, um zu möglichst eindeutigen Urteilen zu gelangen. Bei drei Abstufungen und den Festlegungen 5 für die günstigste, 0 für die schlechteste Bewertung sollte der mittlere Wert 2 oder 3 betragen.

Fallbeispiel: Integration der Bewertungen verschiedener Auswahlinstrumente zu einer Gesamteinschätzung
Die Ausprägungen, die als Ausschlusskriterium gelten sollen, also zur Ablehnung eines Bewerbers führen müssen, sind grau unterlegt. Auch ihre Festlegung kann nur aus der Erfahrung heraus erfolgen. Die Gesamtbewertung wird in beiden Fällen nach der reinen Additionsmethode vorgenommen, d.h., der Bewerber mit der höchsten Gesamtpunktzahl erhält die Zusage. In der ersten Tabelle werden zwei Bewerber um die Stelle als Elektromonteur, die in Kapitel 5.6 beschrieben wurde, verglichen.

Tab. 6.1: Bewertungsschema (je höher die Punktzahl, desto besser die Bewertung)

Auswahlelement	**Auswahlkategorien**	**Kategorieneinteilung**	**Punkte im Anforderungsprofil**	**Punkte Bewerber A**	**Punkte Bewerber B**
Bewerbungsunterlagen	Ausbildung	ausreichend	1	1	
		mittel	3		
		sehr gut	5		5
	Berufserfahrung	keine	0		0
		1–3 Jahre	1		
		4–10 Jahre	3		
		> 10 Jahre	5	5	
	Beurteilung in Arbeitszeugnissen	ausreichend	1		
		gut	3		3
		sehr gut	5	5	
Test	Motivation	ungenügend	0		0
		ausreichend	3		
		gut	5	5	
Gespräch	Deutsch	ungenügend	0		
		ausreichend	3		
		gut	5	5	5
	Gewandtheit	gering	0		
		ausreichend	3	3	
		gut	5		5
	Kundenorientierung	schlecht	0		
		ausreichend	3	3	3
		gut bis sehr gut	5		
	Äußerer Eindruck	ungepflegt	0		
		sauber	3	3	
		ansprechend	5		5
	Realitätssinn	unrealistisch	0		
		gemischt	3		3
		realistisch	5	5	

Auswahl-element	Auswahl-kategorien	Kategorien-einteilung	Punkte im Anfor-derungs-profil	Punkte Be-werber A	Punkte Be-werber B
Referen-zen	Fehlzeiten	hoch	0		
		mittel	3		3
		niedrig	5	5	
	Arbeitsverhalten	eigen-brötlerisch	0	0	
		kollegial	3		3
		mitreißend	5		
alle	alle	Summe		40	35
Auswahl				X	

Wollte man sich an der Summe der erreichten Punkte orientieren, müsste Bewerber A den Vorzug erhalten (40 zu 35 Punkte). Erfahrung lehrt, dass trotz der häufigen Verwendung der reinen Additionsmethode nicht selten entgegen dem Punktergebnis entschieden wird. Grund kann sein, dass in der Tabelle Kriterien nicht berücksichtigt wurden, die im Kopf des Auswählenden bewusst vorhanden waren und denen er großes Gewicht beigemessen hat. In solchen Fällen ist es gut, sich diese Kriterien bewusst zu machen und explizit in das Schema aufzunehmen, da es sonst von anderen Unternehmensangehörigen nicht mehr ernst genommen wird. Wenn Unbewusstes zu solchen Bauchentscheidungen führt, bedeutet das nicht, dass derartige Entscheidungen immer falsch sind, sondern lediglich, dass Erfahrung nicht immer in allen Elementen bewusst gemacht wird und dass diesen unbewussten Anteilen unbewusst ein hoher Stellenwert beigemessen wird. Vor diesem Hintergrund macht es auch in den meisten Fällen nicht besonders viel Sinn, statt der reinen Additionsmethode die kompliziertere Methode der Profilabweichung bzw. das Hürdenmodell der Auswahl formal zugrunde zu legen.

Fallbeispiel: Auswahl eines Auszubildenden als Fachverkäufer für ein Lebensmitteleinzelhandelsgeschäft (vgl. Kap. 5.6)

Die Ausschlusskriterien sind grau unterlegt. Es werden wieder zwei Bewerber unterstellt.

Tab. 6.2: Auswahl eines Ausbildungsabsolventen als Fachverkäufer Lebensmittel im Einzelhandel (je höher die Punktzahl, desto besser die Bewertung)

Auswahl-element	Auswahl-kategorien	Kategorien-einteilung	Punkte im Anforderungsprofil	Punkte Bewerber A	Punkte Bewerber B
Bewerbungsunterlagen	Schultyp/ Schule	SS bzw. HS ohne Abschluss	0		
		SS bzw. HS mit Abschluss	5	5	
		Mittlere Reife	3		3
		FH-Reife, Abitur	0		
	Zeugnisnoten	schlecht	0		
		befriedigend/ ausreichend	3		3
		gut und besser	5	5	
Gespräch	Deutsch	ungenügend	0		
		ausreichend	3	3	
		gut	5		5
	Äußerer Eindruck	ungepflegt	0		
		sauber	3	3	
		ansprechend	5		5
	Kunden-orientierung	schlecht	0		
		ausreichend	3	3	3
		gut bis sehr gut	5		
	Interessen	sehr viel Freizeitinteressen	0		
		auch soziales Engagement	3	3	
		an Weiterbildung interessiert	5		5
Praktikum	Bei uns	schlecht	0		
		mittel	3		
		gut bis sehr gut	5		
	Nicht bei uns	in anderem Lebensmittelgeschäft	5	5	

Aus-wahl-element	Auswahl-kategorien	Kategorien-einteilung	Punkte im Anforde-rungsprofil	Punkte Bewerber A	Punkte Bewerber B
		in anderem Verkaufsgeschäft	3		
		in anderer Branche	0		0
Test	Motivation	ungenügend	0		
		ausreichend	3	3	3
		gut	5		
Referenzen von Bekannten, wenn möglich	Zuverlässigkeit	nicht gegeben	0		
		nicht immer gegeben	3		
		immer gegeben	5	5	
	Freundlichkeit	muffelig	0		
		mal so mal so	3	3	
		immer freundlich	5		
Alle	Alle	Summe		38	27
Auswahl				X	

Man könnte bei dem vorliegenden Gesamtergebnis einwenden, dass der Kandidat A den Vorteil hatte, dass für ihn Referenzen von Personen vorlagen, die dem Auswählenden bekannt waren, und es für B solche Referenzen nicht gab, obwohl diese vielleicht sehr vorteilhaft gewesen wären. Dem lässt sich entgegnen, dass Aussagen von Personen, die für zuverlässig gehalten werden, über andere Personen in unserer Wahrnehmung gewöhnlich ein hohes Gewicht haben. Der Verzicht darauf, fremde Praktikumszeugnisse zu bewerten, ergibt sich aus der im Allgemeinen geringen Aussagekraft solcher Zeugnisse.

6.4 Auswahlentscheidungen

Das Ergebnis des Auswahlprozesses kann durchaus sein, dass kein Bewerber die Anforderungen erfüllt. Dann muss entweder die Stelle neu ausgeschrieben werden oder es muss entschieden werden, ob der Bewerber mit der besten Bewertung durch Unterstützungsmaßnahmen, z.B. Weiterbildungen, in vertretbarer Zeit die Anforderungen erfüllen kann. Die Entscheidung wird davon abhängen, wie dringend die ausgeschriebene Stelle besetzt werden muss.

Wenn das Auswahlverfahren die Eignung mehrerer Bewerber ergeben hat, wird das Stellenangebot normalerweise dem Bewerber mit den besten Ergebnissen gemacht. Das muss natürlich nicht immer so sein. Es können trotz eindeutiger Auswahlergebnisse plötzlich andere, etwa unternehmenspolitische, Erwägungen eine Rolle spielen. Auch kommt es in der Praxis häufiger vor, dass eine hierarchisch höher gestellte Person eine andere Entscheidung trifft, als sie die Testergebnisse nahelegen.

Außerdem muss beachtet werden: Wenn zu einem bestimmten Zeitpunkt nur eine Stelle zu besetzen ist, was im Mittelstand überwiegend der Fall ist, kann nur ein Bewerber ausgewählt werden. Das heißt natürlich nicht, dass die anderen Bewerber deshalb ungeeignet wären. Das muss auch in der Kommunikation mit den abgelehnten Bewerbern entsprechend zum Ausdruck kommen.

Fallbeispiel: Auswahl des Zweitbesten
Ein Auswahl-Assessment bei einem pharmazeutischen Unternehmen ergab eine eindeutige Rangfolge der Bewerber: Eine Person hatte über alle Übungen hinweg mit etwas Abstand die beste Punktzahl erreicht. An der Beurteilung waren Führungskräfte und Mitarbeiter der Personalabteilung beteiligt und alle waren sich auch im Nachhinein einig, dass dieser Bewerber die Aufgaben am besten bewältigt hatte. Die Auswahlentscheidung schien damit auf der Hand zu liegen. Dennoch waren sich die Beteiligten unschlüssig. Nach kurzer Diskussion wurde klar, dass alle übereinstimmend der Ansicht waren, dass sie viel lieber mit dem Bewerber zusammenarbeiten würden, der auf Rangplatz 2 gekommen war. Man entschied sich dann dafür, dieser Person das Stellenangebot zu machen. Obwohl das Assessment eigentlich eine andere Entscheidung nahe gelegt hatte, waren die Beteiligten sehr zufrieden mit dem Auswahlverfahren, weil sie sich sicher waren, nach den vielen Eindrücken die richtige Entscheidung zu treffen.

Das Beispiel zeigt, dass nicht alle relevanten Anforderungsdimensionen für die Entscheidung erfasst worden waren. Die Anforderungen waren zu stark auf Persönlichkeitsmerkmale bezogen worden, die für die Aufgabenerledigung relevant sind. Man hätte ggf. direkt das „richtige" Ergebnis erzielt, wenn auch explizit ein Merkmal, wie Sympathie oder Passung ins Unternehmen, bewertet worden wäre.

7 Personalmarketing

7.1 Der psychologische Vertrag

Wenn es um die Gewinnung von Mitarbeitern und die Kommunikation mit Bewerbern geht, muss das Phänomen des psychologischen Vertrags beachtet werden. Er spielt neben dem Arbeitsvertrag, der den Abschluss des Personalauswahlprozesses und die juristische Grundlage für die Zusammenarbeit von neuem Mitarbeiter und Unternehmen darstellt, eine wichtige Rolle. Im Gegensatz zum Arbeitsvertrag wird er nicht erst am Ende des Auswahlprozesses geschlossen, sondern er entsteht bereits im Moment der Kontaktaufnahme mit potenziellen Bewerbern.

> Der psychologische Vertrag besteht aus Erwartungen und unterstellten Verpflichtungen, die über den formal-juristischen Arbeitsvertrag hinausgehen. Im Gegensatz zum Arbeitsvertrag ist er nicht schriftlich fixiert und rechtlich nicht einklagbar (vgl. Raeder/Grote, 2012).

Der psychologische Kontrakt bezieht sich auf die gegenseitigen Erwartungen, die potenzielle Mitarbeiter und Unternehmen im Hinblick auf ihre Zusammenarbeit haben (Rousseau, 1990). Diese Erwartungen können, müssen aber nicht den tatsächlichen Absichten entsprechen. Er umfasst die im formalen Arbeitsvertrag nicht enthaltenden, aber unterstellten Versprechungen des Arbeitgebers gegenüber dem Arbeitnehmer einerseits, z.B. Arbeitsplatzsicherheit, Entwicklungs- und Karrieremöglichkeiten, Handlungsspielraum, positive Entgeltentwicklung, und die Erwartungen des Unternehmens gegenüber dem Arbeitnehmer andererseits, z.B. Loyalität und besonderes Engagement. Er entwickelt sich bereits in der Bewerbungsphase und unterstellt dann beispielsweise auf Unternehmensseite die Verpflichtung zur Anstellung und auf Bewerberseite die Ablehnung anderer Stellenangebote (Rousseau/Tijoriwala, 1998). Potenzielle Mitarbeiter beziehen Informationen zum Inhalt des psychologischen Vertrags aus Aussagen des Unternehmens während des Auswahlprozesses, z.B. in der Unternehmensbeschreibung auf der Homepage und in der Stellenanzeige, sowie aus Interviews mit Unternehmensvertretern.

Da nicht alles, was im Austauschverhältnis zwischen Arbeitgeber und Arbeitnehmer relevant ist, im Arbeitsvertrag geregelt werden kann, füllt der psychologische Vertrag diese Lücke; nicht formal, aber gewissermaßen im Kopf der Vertragschließenden (siehe Abb. 7.1). Er erfüllt die Funktion, Unsicherheit zu reduzieren und Verhalten zu steuern (Anderson/Schalk, 1998). Er ist durch subjektive Eindrücke geprägt und die Wahrnehmungen, was Bestandteil des psychologischen Vertrages ist, müssen auf Seiten des Mitarbeiters und des Unternehmens nicht übereinstimmen (Raeder, 2007). Die Vertragspartner verhalten sich dennoch so, als wären die Wahrnehmungen deckungsgleich und das Verständnis gegenseitig (Rousseau, 2004).

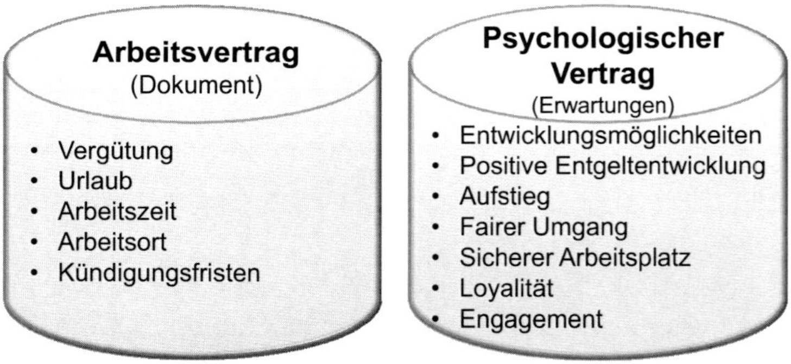

Abb. 7.1: Typische Inhalte von Arbeitsvertrag und psychologischem Vertrag

Die Nichterfüllung einer im psychologischen Vertrag unterstellten Verpflichtung wird nach Ansicht von Rousseau als Verlust oder Einbuße erlebt und zieht negative Reaktionen nach sich. So wurden nach wahrgenommenem Nichteinhalten des psychologischen Kontraktes beispielsweise Rachegefühle und Fehlverhalten der Mitarbeiter (Bordia/Restubog/Tang, 2008; Jensen/Obland/Ryan, 2010), abnehmende Bindung an das Unternehmen und Abnahme innovativen Verhaltens (Ng/Feldman/Lam, 2010), Leistungsrückgang, Kündigungsabsichten und verringerte Loyalität der Mitarbeiter (Orvis/Dudley/Cortina, 2008) festgestellt.

Aufgrund der großen Bedeutung, die der psychologische Vertrag hat, muss bereits in der Phase der Ansprache potenzieller Bewerber und auf jeden Fall während des gesamten Auswahlprozesses bewusst gesteuert werden, welche Aussagen Bewerber als Versprechungen oder Verpflichtungen auffassen könnten. Wenn Bewerber später ein Arbeitsverhältnis mit dem Unternehmen eingehen, erwarten sie die Einhaltung der impliziten Zusagen. Ist das nicht der Fall, muss mit negativen Reaktionen, wie oben beschrieben, gerechnet werden. Das bedeutet, Unternehmen müssen sich bewusst sein, dass werbende Aussagen als Inhalte des psychologischen Vertrags wahrgenommen werden können. Sie sollten deshalb nur solche Aussagen formulieren, zu denen sie im Zweifel auch stehen können.

7.2 Ansprache potenzieller Bewerber

Wie potenzielle Bewerber am besten angesprochen werden sollten, hängt einerseits von den Ansprüchen an diese und andererseits von den Medien ab, in denen die Ansprache erfolgen soll. Gemeint ist selbstverständlich nicht, ob eine mehr oder weniger höfliche bzw. freundliche Adressierung angebracht ist, sondern es geht hier um den Umfang der Anforderungen und das Medium ihrer Präsentation. Die Hauptzielgruppen wurden bereits im ersten Kapitel bei der Qualifikationsstruktur und im fünften Kapitel bei den Auswahlverfahren spezifiziert: Ungelernte, Personen mit Berufsausbildung und Auszubildende.

Potenzielle Bewerber für Stellen, die keine Berufsausbildung erfordern

Es hätte wenig Sinn, eine Stelle, die nur den permanenten Einsatz von Körperkraft und alltägliches Urteilsvermögen erfordert, ausführlich zu beschreiben. Auch Angaben zu wünschenswerten Vorbildungen würden hier eher nur irritierend wirken. Wohl aber wäre es notwendig, die Art der körperlichen Belastung zu kennzeichnen und die Umstände, unter denen sie verlangt wird. Wenn eine „Bauhilfskraft" gesucht wird, verstehen die meisten, dass es sich um eine mit schwerem Heben und Tragen verbundene Tätigkeit handelt und dass diese überwiegend im Freien erbracht werden muss. Außerdem werden Interessierte mit wechselnden Einsatzorten rechnen. Wird ein Kassierer für einen Supermarkt gesucht, stellt man sich selbstredend eine gewöhnlich sitzende Beschäftigung in einem Raum vor. Nähere Erläuterungen zur Tätigkeit sind im Allgemeinen überflüssig, da jeder aus eigener Erfahrung eine Vorstellung davon hat, was heute bei der Bedienung einer modernen Kasse verlangt wird. Etwas anders sähe es hinsichtlich der Anforderungen aus, wenn es sich um die Entgegennahme und Herausgabe von Geld ohne Kassenautomaten handelte. Wichtig sind aber in jedem Fall die Bedingungen, mit denen die Arbeit verknüpft ist. Es kann sich z.B. um eine Teilzeitbeschäftigung handeln und sie muss vielleicht im Schichtbetrieb erbracht werden. Üblicherweise werden Stellen, die keine Berufsausbildung erfordern, in Printanzeigen in Regionalzeitungen, häufig sogar in kleinem Format, und in für Haushalte kostenlosen Werbeblättchen veröffentlicht. Selbstverständlich sollte auch die Möglichkeit genutzt werden, die regionale Bundesagentur für Arbeit auf freie Stellen aufmerksam zu machen und eigene Mitarbeiter im Bekanntenkreis um Nachfragen zu bitten.

Potenzielle Bewerber mit Berufsausbildung

In diesem Fall ist eine etwas ausführlichere Beschreibung der fachlichen Anforderungen, die über die Nennung des gesuchten Berufs hinausgeht, sinnvoll. Wenn z.B. ein Monteur gesucht wird, der Einbauküchen aufbauen soll, können verschiedene vorangegangene Berufsausbildungen nützlich sein. Für die Anpassung von Schränken wäre wahrscheinlich eine Schreinerausbildung (Holzmechaniker) hilfreich. Soll der gesuchte Monteur überwiegend Installationsarbeiten an Wasserzu- und -ableitungen vornehmen, erwiese sich eine Ausbildung als Anlagenmechaniker für Sanitär-, Heizungs- und Klimatechnik als sehr vorteilhaft. Mit der Nennung dieser Berufe soll nicht ausgeschlossen werden, dass die geforderte Kompetenz auch auf anderem Weg als durch eine Berufsausbildung erworben werden kann. Aber auch unabhängig von ihrem Schwerpunkt würde jede Berufsausbildung gewisse Qualifikationen vermittelt haben, die die fachgerechte Erledigung der Monteuraufgaben erleichtern. Wenn ausdrücklich eine bestimmte Berufsausbildung Voraussetzung für eine Einstellung sein soll, wäre zu beachten, dass sich Berufsbezeichnungen – und zum Teil auch die Inhalte eines Berufs – geändert haben. Der „Schlosser“ wurde vom Mechaniker, in mehreren Fachrichtungen, abgelöst. Aus „Elektriker" wurde „Elektroniker" und als Kombinationsberuf entstand der „Mechatroniker". Wird eine Verkäuferin oder wird ein Verkäufer in einem Lebensmittelgeschäft gesucht, sollte man wissen, dass es neben der zweijährigen Ausbildung zum Verkäufer/zur Verkäuferin auch eine dreijährige Ausbildung zur Fachverkäuferin/zum Fachverkäufer gibt, und zwar in den Fachrichtungen Fleischerei, Bäckerei und Konditorei. Auch hier gilt natürlich, dass die wünschenswerten Qualifikationen bei der Ausübung der Berufstätigkeit erworben werden können; allerdings ohne Gewährleistung, dass diese tatsächlich gelingt. Wer beispielsweise beim Einkauf von Fleisch den richtigen und präzisen Anschnitt schätzt, wird sich über eine diesbezüglich qualifizierte Kraft sehr freuen.

Fallbeispiel: Kostengünstige Anwerbung eines Küchenmonteurs für Elektrogeschäft

Der Inhaber eines Elektrofachgeschäfts, das an einer stark befahrenen Bundesstraße liegt, stellte ein Plakat auf den Bürgersteig vor seinem Geschäft, auf dem in großen Lettern stand: „Küchenmonteur gesucht". Am zweiten Tag kam der erste Interessent ins Geschäft, um nachzufragen, nach vier Tagen war die Stelle besetzt. Es war der günstigste Personalbeschaffungsweg, den der Inhaber je beschritten hatte – sicher nicht zu letztem Mal.

Wenn zwar eine Ausbildung, nicht aber Berufserfahrung nach einer Ausbildung für notwendig gehalten wird, sind die Ausgelernten, die von ihrem Ausbildungsbetrieb nicht übernommen wurden, die richtige Zielgruppe. Bei rechtzeitiger Kontaktaufnahme mit den zuständigen Ausbildungsberatern der Industrie- und Handelskammern oder Handwerkskammern, können auf diese Weise ohne großen Aufwand geeignete und empfehlenswerte Nachwuchskräfte gefunden werden. Eine andere Quelle für Nachwuchskräfte sind neuerdings Vermittlungsagenturen in großen Ausbildungszentren, die Auszubildende, die von den Partnerunternehmen nach Abschluss der Lehre nicht übernommen werden, an andere Unternehmen vermitteln. Nachfragende Unternehmen müssen dann mit einem Preis für diese Vermittlungsleistung in Höhe von ca. 20% des Brutto-Jahresgehalts einschließlich Sonderzahlungen rechnen, also mit ungefähr 7.000 bis 8.000 Euro. Auch in diesem

Fall wird man sich bezüglich der Eignung auf den Rat der vermittelnden Stelle verlassen können. Stellen, die eine Berufsausbildung und Berufserfahrung zur Bedingung haben, werden überwiegend in Printmedien – und unter diesen in Regionalzeitungen – ausgeschrieben. Solche Stellenanzeigen haben eher mittlere Größe und enthalten meistens Hinweise auf die Vorteilhaftigkeit einer Tätigkeit in dem suchenden Unternehmen, da wegen der gewünschten Berufserfahrung auch in anderen Firmen Beschäftigte angesprochen und zu einem Wechsel veranlasst werden sollen. Entsprechend verwendete Ausdrücke sind z.B. „Dauerstelle", „Stelle mit Perspektive", „leistungsgerechtes Entgelt" und „nettes Team". Weitergehende Versprechungen könnten Misstrauen auslösen. Selbstredend sollten auch offene Stellen für Berufserfahrene der regionalen Bundesagentur für Arbeit gemeldet werden, da dort im Allgemeinen die Arbeitsuchenden der Region registriert sind. Diese Agenturen bieten auch den Service einer Bewerbervorauswahl, und unterstützen damit Unternehmen, die aus personellen oder zeitlichen Gründen diesen Teil der Personalauswahl nicht leisten wollen bzw. können (Bundesagentur für Arbeit, 2009).

Auszubildende

Bei der Suche nach Auszubildenden gibt es naturgemäß noch keine fachlichen Anforderungen. Hier stehen die Voraussetzungen einer erfolgreichen Berufsausbildung im Vordergrund, also die schulische Vorbildung, absolvierte Praktika und Persönlichkeitsmerkmale. Zu letzteren gehören so relevante Eigenschaften wie Zuverlässigkeit und Zielstrebigkeit; aber es ist auch bekannt, dass sich fast alle Menschen diese Eigenschaften zuschreiben. In den Berufen des Ernährungshandwerks, den handwerklichen Berufen des Bau- und Ausbaugewerbes, bei Verkäufern sowie Friseuren zum Beispiel werden noch überwiegend Bewerber ohne und mit Hauptschulabschluss akzeptiert. Von den 153.318 im Jahr 2010 neu abgeschlossenen Ausbildungsverträgen des Berufssegments, in das die genannten Berufe fallen, bezogen sich 5,6% auf Auszubildende ohne Hauptschulabschluss, 59,9% auf Auszubildende mit Hauptschulabschluss, 30% auf Auszubildende mit mittlerem Abschluss und 4,5% der Auszubildenden hatten Fachhochschule- oder Hochschulreife. Wenn Auszubildende für die Berufe Elektroniker/in, Betriebstechniker/in oder Mechatroniker/in gesucht werden, sollte berücksichtigt werden, dass in dem Berufssegment, in das diese Berufe fallen, nur 0,9% der im Jahr 2010 neu eingestellten Auszubildenden ohne Hauptschulabschluss waren, nur 14,5% diesen Abschluss hatten, aber 58,5% einen mittleren Abschluss und 26,1% Fachhochschul- oder Hochschulreife vorweisen konnten (vgl. Bildungsbericht 2012, S. 112).

Bei der Wahl der Medien für die Ansprache potenzieller Auszubildender muss natürlich auch das Alter der Bewerber beachtet werden. Unter Berücksichtigung des Bewerbungszeitraums werden diese zwischen 15 und 18 Jahren alt sein und auch zwischen den Geschlechtern Reifeunterschiede aufweisen. Aus den Untersuchungen großer Ausbildungszentren weiß man, dass insbesondere bei den Jüngern Empfehlungen der Eltern und von Freunden großen Einfluss auf die Wahl des Ausbildungsunternehmens haben. Außerdem ist zu bedenken, dass zumindest sehr viele Ausbildungsplatzsuchende die staatliche Berufsberatung, etwa in Form der regionalen Berufsinformationszentren (BIZ), oder Informationen – inzwischen vor allem Online – der Industrie- und Handelskammern und der Handwerkskammern nutzen. Vor diesem Hintergrund sollte selbstverständlich sein, offene Ausbildungsstellen der Bundesagentur für Arbeit und der zuständigen Kammer mitzuteilen. Bei Unternehmen, die nicht voraussetzen können, dass sie potenziellen Bewerbern bekannt sind, haben sich folgende Wege bewährt, Auszubildende zu gewinnen:

1. Anzeigen in Regionalzeitungen: Hier ist zu bedenken, dass sie zwar das gesamte Verbreitungsgebiet der Zeitung abdecken, im Printmedium aber nur einmal erscheinen und deshalb der Preis ins Gewicht fällt.
2. Aushänge im Geschäft: Diese Form der Ansprache ist mit sehr wenig Aufwand verbunden, ihre Wirkung hängt aber wesentlich vom Kunden- bzw. Lieferantenverkehr ab.
3. Direkte Ansprache der eigenen Mitarbeiter, Kunden und Lieferanten mit der Bitte, ihnen geeignet erscheinende potenzielle Bewerber auf offene Ausbildungsstellen im Unternehmen aufmerksam zu machen. Man stellt sich vor, dass diese Gruppen gewissermaßen schon eine positive Vorauswahl treffen könnte. Diese Vorgehensweise birgt allerdings die immer vorhandene, aber in diesem Fall verstärkte Gefahr, dass Gefälligkeitseinstellungen erwartet werden, wenn Verwandte der Angesprochenen einen Ausbildungsplatz suchen und bei ihren Wunschfirmen bisher

erfolglos waren. Mancher Firmeninhaber meint, solchem Ansinnen entsprechen zu müssen, und stellt dann auch einmal einen ihm eher ungeeignet erscheinenden Bewerber ein.

4. Ansprache von Schulen bzw. Lehrern: Man erwartet, dass Lehrer ihre Schüler gut kennen und deshalb eine verlässliche Empfehlung geben können. Umgekehrt erhalten die Lehrer dann auch die Möglichkeit, ihre Schüler auf passende Ausbildungsunternehmen aufmerksam zu machen. Dabei sollte natürlich beachtet werden, welche Schulformen im Hinblick auf einen bestimmten Beruf am ehesten in Frage kommen. Weiter oben in diesem Abschnitt wurden Schulformen mit für deren Absolventen typischen Berufen aufgeführt. Darüber hinaus ist bekannt, dass ein enger Kontakt zwischen Lehrern und Ausbildungsunternehmen die Erfolgswahrscheinlichkeit eines Ausbildungsversuchs erhöht. Die Erfolge vieler Sonder- und Hauptschullehrer, durch Betriebsbesuche und engen Kontakt mit den Ausbildern in einem Unternehmen Vorbehalte gegen diese Schülergruppen zu zerstreuen und in ihrem Unterricht die Grundlage für ein relativ stabiles Ausbildungsverhalten zu legen, können als gute Beispiele dienen.
5. Ausbildungszentren: Zentren, die für große und bekannte Firmen Auszubildende suchen und ausbilden, haben oft für viele Berufe mehr geeignete Bewerber, als dort offene Ausbildungsplätze vorhanden sind. Die Eignung dieser Bewerber wurde im Allgemeinen in Tests und Interviews zuverlässig festgestellt. Ein Unternehmen, das die Anwerbung und die Vorauswahl im Rahmen des Auswahlverfahrens für zu aufwändig hält oder sich nicht die entsprechende Kompetenz zutraut, kann solche Ausbildungszentren um Vermittlung geeigneter Bewerber bitten. Im Allgemeinen stellt ein Ausbildungszentrum dem Auftraggeber dann mehrere nach dessen Anforderungen geeignet erscheinende Bewerber vor, aus denen der Auftraggeber dann auswählt. Interessierte Unternehmen müssen damit rechnen, dass bei erfolgreicher Vermittlung – und gewöhnlich nur in diesem Fall – ein Ausbildungszentrum als Beitrag zu seinem Anwerbungs- und Vorauswahlaufwand 1.500 bis 2.000 Euro in Rechnung stellt.

Bei der Besetzung eines Ausbildungsplatzes spielt der Zeitpunkt der Ansprache eine beachtliche Rolle. Wenn die Nachfrage nach einem Beruf größer ist als die Zahl der offenen Ausbildungsplätze, bewerben sich informierte (und deshalb im Allgemeinen auch gute) Bewerber erfahrungsgemäß etwa ein Jahr vor Ausbildungsbeginn um einen Ausbildungsplatz. Unternehmen, die nicht mit ihrer Bekanntheit rechnen können, müssten dies bei ihrer Ansprache berücksichtigen, wenn sie nicht auf diese Bewerbergruppe verzichten wollen. Andererseits müssen zu einem späteren Zeitpunkt auch einige gute Bewerber feststellen, dass sie kurz vor Ausbildungsbeginn noch nicht in ihrem Wunschberuf bzw. in ihren Wunschunternehmen untergekommen sind. Es kann sich also auch lohnen, auf diese Bewerber zu setzen und relativ kurz vor Ausbildungsbeginn eine bzw. eine zweite Ansprache zu starten.

Das Verhältnis der Zahl der in einem Beruf bzw. einer Berufsgruppe angebotenen Ausbildungsplätze zur Zahl der entsprechenden Bewerber ist regional unterschiedlich. Auch dieser Sachverhalt sollte genutzt werden, wenn man einen Ausbildungsplatz zunächst nicht besetzen kann, aber sehr gern besetzen möchte. Es ist keinesfalls ausgeschlossen, dass mobile und leistungsbereite Bewerber zu einem Regionenwechsel veranlasst werden können, wenn ihnen die angebotene Ausbildung attraktiv erscheint. Über die regionalen Industrie- und Handelskammern bzw. Handwerkskammern kann leicht Kontakt zu deren Partnerkammern in der Zielregion hergestellt und können interessante Bewerbungen initiiert werden.

7.3 Stellenanzeige

Die häufigste Form der Veröffentlichung eines Stellenangebots ist die Stellenanzeige. Die Faktoren, die dabei zu beachten sind, sind in Abbildung 7.2 dargestellt. Sie werden im Folgenden erläutert.

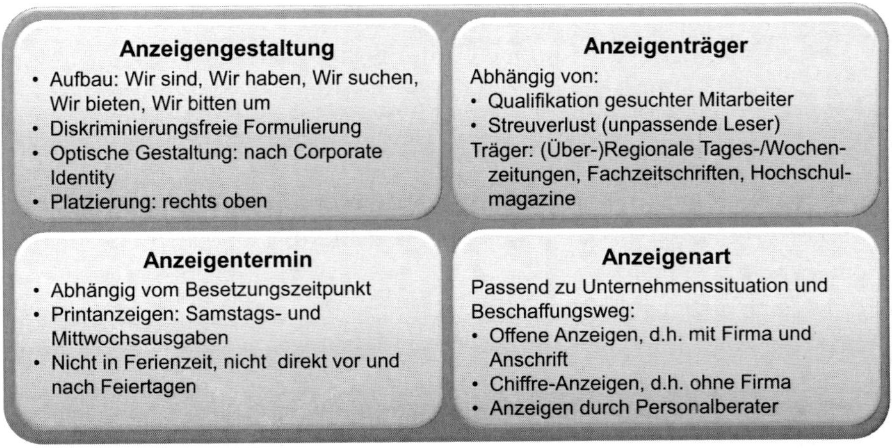

Abb. 7.2: Faktoren, die bei Stellenanzeigen beachtet werden müssen (vgl. Nicolai, 2009)

Anzeigengestaltung

Auf der Grundlage des Anforderungsprofils wird die Stellenausschreibung als Stellenanzeige formuliert. Dabei ist darauf zu achten, dass auf jeden Fall die sog. Muss-Kriterien aufgeführt werden. Damit die Anzeige nicht überfrachtet wird und potenzielle Bewerber abschreckt, werden u.U. nicht alle Soll- oder Nice-to-have-Kriterien aufgelistet. Der Fokus sollte dabei auf den fachlichen Kompetenzen und formalen Qualifikationen liegen, weil viele Bewerber geforderte Persönlichkeitsmerkmale, z.B. Teamfähigkeit, Flexibilität, Überzeugungskraft, für sich nicht als Ausschlusskriterium für eine Bewerbung werten (vgl. Müllerschön, 2012). Wie stark die Anzeige dem klassischen Schema entspricht, zunächst das Unternehmen vorzustellen, dann die Aufgaben und die Anforderungen zu beschreiben und schließlich aufzulisten, in welcher Form die Bewerbung erfolgen soll, hängt vom Unternehmen, der ausgeschriebenen Stelle und der Arbeitsmarktsituation ab. Abbildung 7.3 zeigt ein Beispiel für eine klassische aufgebaute Anzeige, allerdings mit knapper Unternehmensdarstellung.

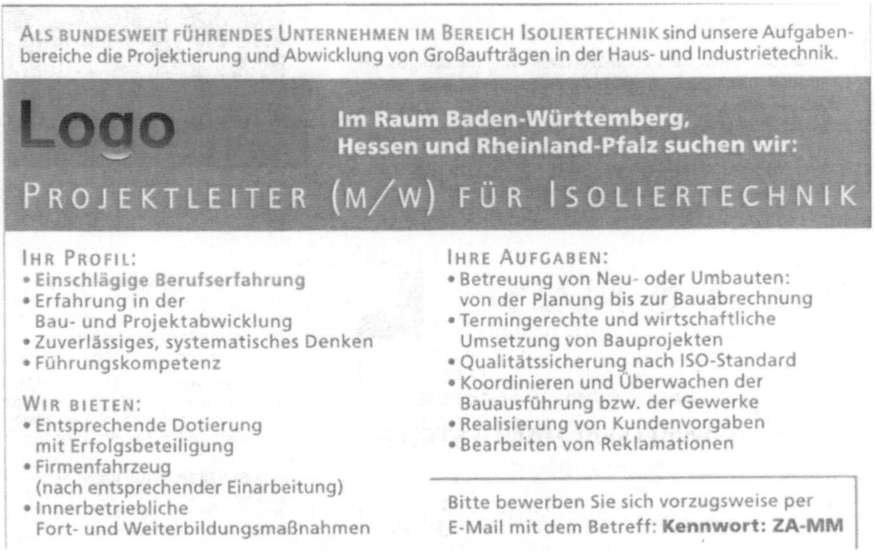

Abb. 7.3: Beispiel für eine klassisch aufgebaute Stellenanzeige

Wird unterstellt, dass der Arbeitsmarkt günstig für Arbeitgeber ist, wird auf die ausführliche Darstellung von Unternehmen und Angeboten des Arbeitgebers häufig verzichtet. Stattdessen erfolgt eine Konzentration auf die Anforderungen, die an die arbeitssuchende Person gerichtet werden (siehe Abb. 7.4). Die Beispiele in der Abbildung zeigen, dass das Unternehmen keine Information über sich preisgibt. Die Bewerbung hat über Chiffre zu erfolgen.

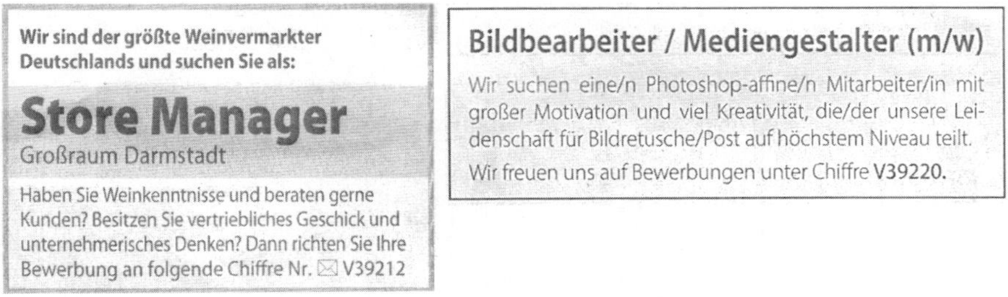

Abb. 7.4: Chiffre-Anzeigen, die keine Informationen zum Unternehmen bieten und den Fokus auf die Anforderungen an die Stellensuchenden legen

Beispiele für sehr knapp formulierte Anzeigen, bei denen auf nahezu alles außer der Tätigkeitsbezeichnung verzichtet wird, sind in Abbildung 7.5 aufgeführt.

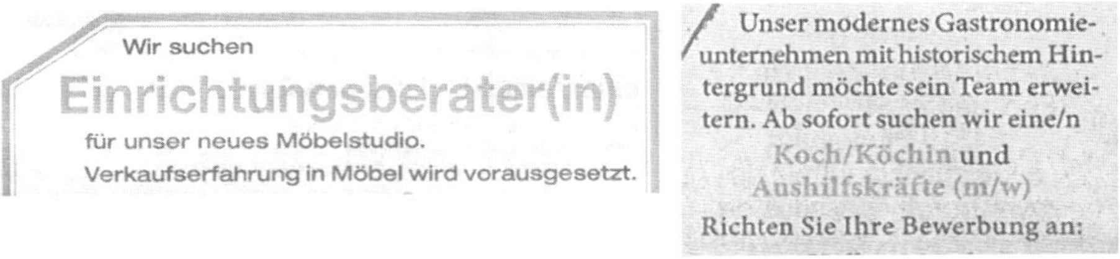

Abb. 7.5: Beispiel für sehr knapp formulierte Anzeigen, in denen (nahezu) keine Anforderungen genannt werden

Bei der Formulierung der Anzeige ist außerdem darauf zu achten, dass nicht gegen das Allgemeine Gleichbehandlungsgesetz verstoßen wird. Beispiele für nicht geschlechtsneutral formulierte Anzeigen sind in Abb. 7.6 dargestellt.

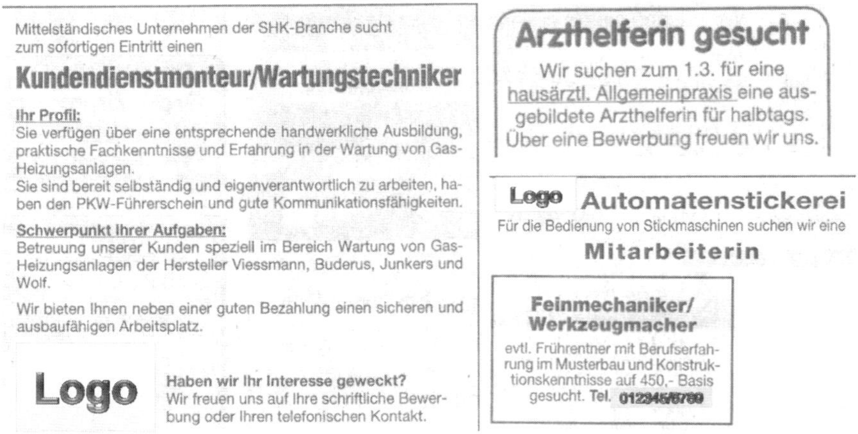

Abb. 7.6: Beispiele für Stellenanzeigen, die gegen das Allgemeine Gleichbehandlungsgesetzt verstoßen, weil sie nicht geschlechtsneutral formuliert sind

Die nachfolgenden Tabellen vermitteln Anhaltspunkte und Beispiele für das Abfassen von Stellenanzeigen. Die Tabellen sind nach Elementen der Stellenanzeige aufgebaut.

Tab. 7.1: Aussagen über das suchende Unternehmen

Situation	Prinzip	Beispiele
Wenn viele Unternehmen um wenige Bewerber konkurrieren	Positive Unternehmensmerkmale, z.B. Wachstum, Renommee, lange Firmentradition, zusammen mit der Firma erwähnen. Bewerber verbinden mit diesen Angaben positive Perspektiven für sich selbst	Firma X sucht im Rahmen der Geschäftsausweitung ..., Firma Y, Marktführer im Bereich A, sucht ... Firma Z, seit B Jahren im Dienste ihrer Kunden, sucht ... (siehe auch Abb. 7.7)

Wir sind ein international erfolgreich tätiges Familienunternehmen mit weltweit 350 engagierten Mitarbeitern. Wir forschen, entwickeln und produzieren hochwertige Kreiselpumpen und Armaturen für Industrie, Chemie und die Abwassertechnik. Kunden im In- und Ausland zählen auf unsere Innovationen und schätzen die gleichsam bekannte Qualität und Langlebigkeit unserer Produkte.

Für unsere deutsche Niederlassung in Mannheim suchen wir zur Verstärkung unserer Vertriebsabteilung eine/n weitere/n motivierte/n, dynamische/n

Projektingenieur/in

Abb. 7.7: Beispiel für die Unternehmensbeschreibung eines Familienunternehmens

Tab. 7.2: Aussagen über die zu besetzende Stelle

Situation	Prinzip	Beispiele
Wenn geeignete Bewerber aus unterschiedlichen Ausbildungen kommen können	Nur die absolut notwendigen Merkmale aufführen, um nicht zu wenige, aber auch nicht von vornherein unpassende Bewerbungen zu bekommen	Küchen-Monteur gesucht ... Die Bezeichnung Monteur allein könnte auch Bewerber aus nicht passenden Ausbildungen, z.B. Stahlbau, einladen. Küchen-Monteur mit Schreiner-Ausbildung gesucht ... Diese Formulierung könnte Bewerber, die sich die notwendigen Kenntnisse und Fertigkeiten auf andere Weise angeeignet haben, abschrecken

Situation	Prinzip	Beispiele
Wenn es sich um eine Führungsaufgabe handelt	Hierarchiestufe bzw. Kompetenz- und Verantwortungsbereich angeben, um Attraktivität zu zeigen, aber auch die Zahl unpassende Bewerbungen zu minimieren. Wenn der Eintrittstermin wichtig ist, diesen angeben	Vorarbeiter (m/w) gesucht … Marktleiter (m/w) zum baldigen Eintritt für Filiale mit 20 Mitarbeitern gesucht … Einkaufsleiter (m/w) gesucht, der ein Warenvolumen von 20 Millionen Euro verantwortet …

Tab. 7.3: Aussagen über die Anforderungen an den Stelleninhaber

Situation	Prinzip	Beispiele
Bestimmte fachliche Anforderungen sind unabdingbar	Zur Vermeidung von vornherein unpassender Bewerbungen die Unabdingbarkeit formulieren	Bewerber (m/w) müssen den Führerschein Klasse B besitzen … Bewerber/innen müssen ein Ingenieurstudium in Elektrotechnik absolviert haben … Mehrere Jahre Berufserfahrung in leitender Position sind unabdingbar …
Die fachlichen Anforderungen können unterschiedlich erfüllt werden	Den Rahmen der akzeptablen Voraussetzungen möglichst vollständig ausfüllen	Wir suchen einen erfahrenen Filialleiter (m/w), bieten aber auch einem leistungsorientierten Verkäufer (m/w) eine Chance … Bewerber/innen sollten eine kaufmännische Berufsausbildung oder mehrjährige Erfahrung in der Verwaltung besitzen … Betonarbeiter (m/w) mit oder ohne entsprechende Berufsausbildung gesucht …

Situation	Prinzip	Beispiele
Bestimmte Eigenschaften, wie Ehrlichkeit, Zuverlässigkeit, Engagement, Mobilität, sind wichtig	Solche Anforderungen können angegeben werden; es sollte aber bedacht werden, dass die meisten Menschen sich diese Eigenschaften zuschreiben. Es werden sich deshalb wahrscheinlich trotzdem auch Bewerber melden, die diese Eigenschaften nicht in wünschenswertem Maß aufweisen	Zuverlässige/r Kassierer/in gesucht … Wir erwarten Zuverlässigkeit und hohes Engagement … Bereitschaft zur Schichtarbeit und zum Einsatz an wechselnden Arbeitsplätzen werden vorausgesetzt …
Die Bestimmungen des AGG müssen beachtet werden	Diskriminierungen nach Geschlecht, Ethnie, Alter und Gesundheitszustand müssen vermieden werden. Entweder immer männliche und weibliche Berufsbezeichnungen verwenden oder bei der Verwendung nur einer Form an einer Stelle im späteren Text eine Ausweitung vornehmen	Kassiererin/Kassierer gesucht … Lagerist gesucht. Für die Aufgabe kommen Damen und Herren in Frage, die regelmäßig mit Gewichten bis zu 50 kg hantieren können … … Die Kundenbetreuungsaufgabe setzt gute Kenntnisse der deutschen Sprache voraus … … Bewerber/innen müssen in hügeligem Gelände ausdauernd zustellen können …

Tab. 7.4: Aussagen zu den Leistungen des Unternehmens

Situation	Prinzip	Beispiele
Das Unternehmen hat vorzeigbare Leistungen zu bieten	Vor allem die Leistungen hervorheben, die Wettbewerber nicht haben	Übertarifliches Gehalt … Hohe Mitarbeiterrabatte … Betriebliche Altersversorgung … Sie bestimmen, ob Sie vormittags oder nachmittags arbeiten … Gleitzeit … Wir beteiligen uns an Ihren Kinderbetreuungskosten …

Situation	Prinzip	Beispiele
Das Unternehmen kann bzw. möchte nur das Nötigste bieten	Bei wahrscheinlichem Bewerbermangel sollten keine näheren Angaben gemacht werden, um die Chance zu haben, Bewerber mit höheren Erwartungen in einem Gespräch trotzdem zu gewinnen. Wenn genügend potenzielle Bewerber erwartet werden, empfiehlt es sich, nähere Angaben zu machen, um Unpassende von vornherein auszuschließen	Wir suchen Kassiererinnen/Kassierer … Wir suchen Auffüllerinnen/Auffüller auf 450 Euro Basis … Verkäufer (m/w) für vormittags gesucht …

Tab. 7.5: Angaben zum Bewerbungsverfahren

Situation	Prinzip	Beispiele
Es handelt sich um Hilfstätigkeiten auf 450 Euro Basis.	Angabe einer Telefon-Nr., damit telefonisch nähere Auskunft gegeben und eine erste Eignungsfeststellungen getroffen werden können	Bitte informieren Sie sich unter Tel.-Nr. xxx… Nähere Auskünfte unter Tel.-Nr. xxx… Bitte bewerben Sie sich unter Tel.-Nr. xxx…
Es handelt sich um Fachkräfte	Schriftliche Bewerbung mit Zeugnissen an angegebene Adresse verlangen, wenn genügend Bewerber erwartet werden können; bei Bewerbermangel auch telefonische Bewerbung ermöglichen	Bitte schicken Sie Ihren Lebenslauf und Zeugnisse an yyy Bitte bewerben Sie sich mit Lebenslauf und Zeugnissen bei yyy. Vorabauskünfte geben wir Ihnen gern unter Tel.-Nr. xxx
Es handelt sich um herausgehobene Positionen	Angaben zu Eintrittstermin und Gehaltsvorstellungen an angegebene Adresse erbitten und erforderliche Unterlagen nennen	Ihre aussagekräftigen Bewerbungsunterlagen mit Angaben zu frühestem Eintrittstermin sowie Ihren Gehaltsvorstellungen erbitten wir an yyy

Anzeigenträger

Mittelständische Unternehmen nutzen für die Anzeigenschaltung nach wie vor häufig Printmedien (vgl. Nicolai, 2009). Aber auch die Anzeigenschaltung in einer Online-Jobbörse, wie stepstone, jobpilot, monster, stellenboersen etc., sollte in Erwägung gezogen werden. Aus Arbeitgebersicht haben letztere viele Vorteile. Im Gegensatz zur Printanzeige können sie mit im Allgemeinen geringerem finanziellen Einsatz bis zur Stellenbesetzung verfügbar gemacht werden. Sie haben typischerweise eine viel größere Streuung, werden stärker von jüngeren Bewerbergruppen wahrgenommen und erreichen häufig auch andere und zusätzliche Bewerbergruppen im Vergleich zu Printanzeigen. Ein Nachteil besteht allerdings darin, dass aufgrund der gewöhnlich leichteren Kontaktaufnahme (Bewerbung per Email) auch mehr Bewerbungen von nicht ernsthaft Interessierten zu erwarten sind. Auch Bewerber finden häufig Online-Anzeigen günstiger als solche in Printmedien, z.B. weil Online-Jobbörsen meistens auch Funktionen anbieten, die die gezielte Suche nach bestimmten Stellenangeboten erleichtern. Bewerber schätzen außerdem die geringeren Kosten der Emailbewerbung im Vergleich zur postalischen. Es gibt ein spezielles Karriereportal für den Mittelstand (mittelstandskarriere.de), das die Möglichkeit bietet, online-Anzeigen und ein Unternehmensprofil zu schalten. Allerdings ist fraglich, wie vielen potenziellen Bewerbern dieses Portal bekannt ist.

Eine Befragung bei deutschen Großunternehmen zeigt, dass E-Recruitment inzwischen Standard ist (Weitzel/Eckhardt/Maier/Laumer/von Stetten/Guhl, 2012). Über die letzten zehn Jahre ist ein eindeutiger Trend zu beobachten: Während die Veröffentlichung von Anzeigen auf der eigenen Homepage auf konstant hohem Niveau liegt, nimmt die Veröffentlichung über Internetstellenbörsen kontinuierlich zu und die über Printmedien ab. Mehr als 80% der Neueinstellungen wird inzwischen über Online-Kanäle, d.h. die Unternehmenshomepage oder Online-Jobbörsen, realisiert, während auch hier die Bedeutung der Printmedien stark zurückgeht und Anzeigen über die Arbeitsagentur nahezu unbedeutend sind.

Welcher Anzeigenträger gewählt wird, hängt maßgeblich von der zu besetzenden Position und der geforderten Qualifikation der Bewerber ab. So ist es beispielsweise wenig sinnvoll, eine Stellenanzeige für Berufsanfänger oder Auszubildende in Fachzeitschriften zu veröffentlichen, da solche dieser Gruppe kaum bekannt sein dürften. Hingegen könnte das gerade die angemessene Wahl sein, wenn ein berufserfahrener Mitarbeiter gesucht wird. Diese Zielgruppe ist u.U. über den Stellenmarkt in einer Tageszeitung gar nicht erreichbar – zumindest dann nicht, wenn nicht explizit nach einer neuen Stelle gesucht wird. Über Fachzeitschriften, die von der Zielgruppe regelmäßig gelesen werden, lassen sich Personen ansprechen, die nicht aktiv nach einer neuen Position suchen, deren Interesse aber durch die Anzeige geweckt werden könnte. Für hierarchisch herausgehobene Positionen wird im Allgemeinen immer noch in überregionalen Tages- oder Wochenzeitungen gesucht, von denen bekannt ist, dass sie von „Entscheidungsträgern" gelesen werden.

Von der zu besetzenden Position und der geforderten Qualifikation hängen auch Größe und Platzierung einer Anzeige ab und davon wiederum deren Preis. Wenn erfahrungsgemäß für eine Anzeige der Größe von ungefähr 10x10 cm in einer überregionalen Zeitung über 5.000 Euro, in einer Regionalzeitung ca. 1.500 Euro zu zahlen sind, ist überlegen, ob die auszuschreibende Stelle dort angeboten werden sollte; insbesondere, wenn man bedenkt, dass damit nur ein Veröffentlichungstermin eingekauft werden kann. Andererseits veröffentlichen inzwischen fast alle Zeitungen parallel zum gedruckten Stellenmarkt auch Online-Anzeigen. Ist ein Unternehmen davon überzeugt, dass eine Online-Jobbörse der richtige Anzeigenträger ist, kann es für ungefähr 800 Euro 30 Tage lang eine Standard-Stellenanzeige mit eigenem Logo schalten (vgl. z.B. Malsch, 2013). Preislich noch günstiger dürften Stellenangebote in Zeitungen sein, die kostenlos an Haushalte verteilt werden und sich vor allem durch den Verkauf von Werbeanzeigen auf ihren Seiten an Einzelhändler finanzieren. Wenn z.B. für einfache Tätigkeiten Hilfskräfte aus der Nähe gesucht werden und dafür auch Hausfrauen in Teilzeit in Frage kommen, könnte dies ein erfolgversprechender Rekrutierungsweg sein.

Anzeigentermin

Während eine Online-Anzeige – gleichgültig ob über eine Online-Jobbörse oder auf der Unternehmenshomepage – typischerweise ab dem Zeitpunkt ihrer Einstellung ins Medium bis zum Ende der Bewerbungsfrist, häufig sogar bis zur Stellenbesetzung, präsentiert wird, erfolgt die Anzeigenschaltung in Printmedien aus Kostengründen meist nur einmalig. In diesem Fall muss der Erscheinungstermin sorgfältig gewählt werden. Dabei spielen Überlegungen zum Besetzungstermin, zur geschätzten Dauer des Auswahlverfahrens und zu typischen Kündigungsfristen (zumindest bei berufserfahrenen Bewerbern) eine Rolle. Angenommen, die offene Stelle soll zu Beginn des zweiten Halbjahres besetzt werden und das Auswahlverfahren wird ab Eingang der Bewerbungsunterlagen mit deren Sichtung, dem Führen von Interviews und ggf. der Durchführung von Tests, der Verhandlungsphase mit Bewerbern und deren Bedenkzeit fünf bis sechs Wochen in Anspruch nehmen. Dann muss unter Berücksichtigung einer üblichen dreimonatigen Kündigungsfrist zum Monatsende und einer Bewerbungsfrist von zwei Wochen ab Erscheinen die Anzeige bis Mitte Februar geschaltet werden. Neben der Ermittlung dieses Zeitstrahls muss auch bedacht werden, wann welche Medien einen Stellenmarkt veröffentlichen und ob nicht ein davon abweichender Termin verhandelbar und günstiger wäre, weil eine Anzeige dann gewissermaßen ungeteilte Aufmerksamkeit fände. Außerdem sollten Termine rund um Feiertage und Ferien ausgespart werden, da in diesen Zeiten weniger Personen erreicht werden.

Anzeigenart

Die meisten mittelständischen Unternehmen werden für die Mehrzahl ihrer zu besetzenden Stellen die Form der offenen Anzeige wählen. Das bedeutet, das Unternehmen ist als Arbeitgeber klar erkennbar und Interessierte richten ihre Bewerbung unmittelbar an das Unternehmen. Im Fall von Chiffreanzeigen ist das suchende Unternehmen nicht erkennbar, sondern die Bewerbung wird an das Printmedium (die Zeitung oder die Fachzeitschrift) gesendet. Diese Variante wird allerdings nur in bestimmten Fällen gewählt. Sie ist vorteilhaft, wenn die auszuschreibende Stelle derzeit noch besetzt ist und der Stelleninhaber nicht aus der Zeitung erfahren soll, dass sich das Unternehmen von ihm trennen will. Sie wird auch gewählt, wenn das Unternehmen aktuell Personal abbaut und Unruhe bzw. einen Imageverlust fürchtet, würde bekannt, dass es zur selben Zeit neue Mitarbeiter sucht. Sie kommt auch vor, wenn es sich um ein Unternehmen handelt, das damit rechnen muss, direkt keine qualifizierten Bewerbungen zu erhalten, weil es zunächst unattraktiv wirkt. Beispiele dafür wären vielleicht Bestattungsunternehmen und Unternehmen, die kürzlich in einen Skandal verwickelt waren. Auch wenn ein Unternehmen als wünschenswerter Arbeitgeber gelten darf, kann es sinnvoll sein, dass es sich nicht schon bei der Suche nach Bewerbern potenziellen Interessenten gegenüber zu erkennen gibt. Das ist insbesondere dann der Fall, wenn es sich bei der zu besetzenden Stelle um eine höhere Managementposition handelt. Anstelle einer Chiffreanzeige wird dann der Weg über einen Personaldienstleister, gewöhnlich einen Personalberater, gewählt, der die Stellenanzeige schaltet und den Auswahlprozess steuert. Wie diese Zusammenarbeit abläuft wird in Kapitel 7.4 beschrieben.

Nachstehend wird eine Stellenausschreibung vorgestellt, wie man sie häufig in Regionalblättern finden kann und die nach Größe und Struktur für kleinere Unternehmen in Frage käme (vgl. Abb. 7.8). Die Anzeige vermeidet nicht nur jede beschäftigungsunabhängige Diskriminierung, sie nutzt auch die Gelegenheit, das Unternehmen als attraktiven Arbeitgeber darzustellen, indem in ihr auf das Renommee des Unternehmens und auf seine positive geschäftliche Entwicklung hingewiesen wird. Außerdem reduziert sie die Wahrscheinlichkeit unpassender Bewerbungen durch die geforderte Ausführlichkeit der Angaben und den Hinweis auf die Art des Sicherheitsdienstes und die Region, in der er erbracht werden muss. Die hier angebotene grafische Gestaltung der Anzeige findet man in den meisten dieser Größe, dies schließt auch den Verzicht auf die Verwendung von Farbe ein.

Renommiertes Unternehmen der Sicherheitsbranche sucht
wegen Ausweitung seiner Geschäfte zur Objekt- und Personenbewachung
in der Region Rhein-Main-Neckar per sofort eine

Sicherheitskraft (w/m)

Wir bieten eine gründliche Einarbeitung und
die Leistungen des Tarifvertrags für das Wach- und Sicherheitsgewerbe.
Wir erwarten Zuverlässigkeit, Bereitschaft zum Schichtdienst und
Führerschein.

Bitte richten Sie Ihre Bewerbung mit ausführlichen Angaben zu
Ihren bisherigen Tätigkeiten und Arbeitgebern an
Müller & Schmidt,
Ypsilonweg 3, 00000 Xstadt

Abb. 7.8: Beispiel für eine diskriminierungsfrei formulierte Stellenanzeige

7.4 Zusammenarbeit mit Personaldienstleistern

Der gesamte Prozess der Vorauswahl von Bewerbern oder einzelne Teile dieses Prozesses können auch bei professionellen Personaldienstleistern eingekauft werden. Ob dies überhaupt sinnvoll ist und, wenn ja, in welchem Umfang eine Unterstützung durch Personaldienstleister in Anspruch genommen werden sollte, hängt von den Umständen ab. Wenn ein Unternehmen nicht möchte, dass die Besetzung einer Stelle seinen Mitarbeitern bekannt wird, z.B., weil es unerwünschte bzw. chancenlose Bewerbungen vermeiden will, ist die Zwischenschaltung eines Personaldienstleisters hilfreich. Da solche Leistungen ihren Preis haben, werden sie häufig nur eingekauft, wenn es sich um hierarchisch herausgehobene Positionen handelt. Andererseits signalisiert die Stellensuche per Personaldienstleister potenziellen Bewerbern, dass es sich um eine hochrangige Führungsaufgabe handelt. Vermutlich werden sich wenigstens einige allein schon dadurch angesprochen fühlen. Abgesehen von solchen eher atmosphärischen Argumenten, kann auch ein Mengenproblem für die Vergabe von zumindest Teilen des Vorauswahlprozesses an Personaldienstleister sprechen. Wenn mit einer sehr großen Zahl von Bewerbungen zu rechnen ist, deren Bearbeitung die Kapazität der eigenen Personalabteilung überforderte, würde es sich wahrscheinlich rechnen, diese Aufgabe von einem Personaldienstleister erledigen zu lassen. Dieser könnte alle eingehen Bewerbungen sichten und Bewerbern, die nach den Vorgaben seines Auftraggebers auf keinen Fall in Frage kommen, absagen. Die übrigen würden eine Eingangsbestätigung mit einer Erläuterung des weiteren Verfahrens bekommen. Erscheint die Zahl der weiter zu prüfenden Bewerbungen immer noch zu groß, wäre zu überlegen, ob der Personaldienstleister durch Tests den Kreis der Kandidaten weiter einengen und auch die damit zusammenhängende Korrespondenz führen soll.

Natürlich können auch Qualifikationsprobleme die Vergabe von Teilen der Vorauswahl nahelegen. Unternehmen werden nicht immer die geeigneten Kanäle zur Gewinnung von Bewerbern für Spitzenpositionen kennen und nutzen können. Erfahrene und renommierte Personaldienstleister verfügen aber in aller Regel über entsprechende Kenntnisse. Sie besitzen umfangreiche Dateien und können sich bei der Suche auf bewährte Kontakte stützen. Wenn eine kleine Personalabteilung keine Erfahrung in der Formulierung und Platzierung von Stellenanzeigen hat und sich Auswahl und Verwendung passender Auswahlinstrumente nicht zutraut, bieten Personaldienstleister einen Ausweg. Schließlich kann eine Reduzierung von Unsicherheit bei der Einstellungsentscheidung erreicht werden, wenn bei den abschließenden Interviews ein Personaldienstleister mitwirkt.

Eine inzwischen gern in Anspruch genommene Dienstleistung ist die Vermittlung gerade Ausgelernter bzw. Ausgelernter mit geringer Berufserfahrung. Insbesondere Ausbildungszentren haben es übernommen, Auszubildende, die von ihren Ausbildungsbetrieben nicht übernommen wurden, weil diese über Bedarf ausgebildet hatten, an Fachkräfte suchende Firmen zu vermitteln, Die Einstellung von Auszubildenden erfordert von Personalabteilungen besonderes Augenmerk, weil – anders als bei Bewerbern mit Berufserfahrung – nicht auf Arbeitszeugnisse und gegebenenfalls Referenzen zurückgegriffen werden kann, sondern nur Schul- und eventuell Praktikumszeugnisse zur Einschätzung des Berufserfolgs zur Verfügung stehen. Es ist bekannt, dass Schulnoten bei gleichen Leistungen von Schule zu Schule unterschiedlich ausfallen können. Nur wenn ein Personalverantwortlicher die Schulen kennt und um die jeweilige Notengebungspraxis weiß, bieten ihm Noten einen zuverlässigen Anhaltspunkt für eine Entscheidung.

In Kapitel 2 wurde bereits darauf hingewiesen, dass die Weiterbeschäftigung eines ungeeigneten Auszubildenden mit beträchtlichen direkten und indirekten Kosten verbunden sein kann. Deshalb ist das Angebot von Personaldienstleistern, speziell wieder Ausbildungszentren, interessant, Anwerbung und Eignungsfeststellung von Bewerbern, die einen Ausbildungsplatz suchen, für Unternehmen mit offenen Ausbildungsplätzen zu übernehmen. Die nachstehende Tabelle fasst Möglichkeiten und Kosten der Nutzung eines Personaldienstleisters in Zusammenhang mit der Personalauswahl zusammen.

Tab. 7.6: Möglichkeiten der Zusammenarbeit mit Personaldienstleistern

Element	**Anbieterart**	**Kosten**
Anzeigendesign und Anzeigenschaltung	Werbeagenturen und Personalberater	Abhängig von Regelmäßigkeit der Auftragserteilung
Vorauswahl nach eingereichten Bewerbungsunterlagen mit oder ohne Korrespondenz	Personalberater	Abhängig von Anzahl und Umfang der zu bearbeitenden Fälle
Vorauswahl geeigneter Bewerber mit Interviews und ggf. Tests	Personalberater	Abhängig von Anzahl und Umfang der zu bearbeitenden Fälle
Test (Papier- bzw. Online-Version) Testdurchführung für einzelne Bewerber oder Gruppen von Bewerbern	Verlage wie Hogrefe, Hans Huber, U-Form	Abhängig von Art des Tests, zwischen 100 und 1.000 Euro für etwa 10 Personen
	Freiberufliche Psychologen und Personalberater	Abhängig von Art des Tests und Anzahl der Personen
	Bei Auszubildenden speziell Ausbildungszentren großer Unternehmen	Für einzelne Bewerber etwa 150 Euro, für Gruppen abhängig von Gruppengröße
Testdurchführung plus Interview mit einem Psychologen und einem Fachausbilder für einzelne Bewerber oder Gruppen von Bewerbern	Bei Auszubildenden speziell Ausbildungszentren großer Unternehmen	Für einzelnen Bewerber etwa 330 Euro, für Gruppen abhängig von Gruppengröße

Element	Anbieterart	Kosten
Komplette Vermittlung eines gerade Ausgelernten	Speziell Ausbildungszentren großer Unternehmen bzw. deren Agenturen	Etwa 7.000 bis 8.000 Euro
Komplette Vermittlung eines als geeignet getesteten Auszubildenden	Speziell Ausbildungszentren großer Unternehmen	Etwa 1.500 bis 2.000 Euro bei erfolgreicher Vermittlung

7.5 Schriftliche Kommunikation im Auswahlprozess

Nach Formulierung und Gestaltung einer Stellenanzeige, die in Kapitel 7.3 behandelt wurden, bleiben noch mehrere Phasen formaler Korrespondenz, deren Bezug und Reihenfolge sich aus dem im Unternehmen üblichen Auswahlprozess ergeben. Dafür gibt es zwar keine allgemein gültigen Regeln, aber bewährte Vorgehensweisen. Im Folgenden werden Beispiele für sechs häufig vorkommende Korrespondenzphasen gegeben:

1. Bestätigung des Eingangs einer Bewerbung
2. Absage nach Durchsicht der Bewerbungsunterlagen
3. Einladung zu einem Test mit oder ohne Interview bzw. nur einem Bewerbergespräch
4. Absage nach Test bzw. Test und Interview bzw. nur einem Interview
5. Einladung zu einem weiteren Gespräch
6. Zusage mit Vertragsankündigung und der Anforderung weiterer Unterlagen

1. Bestätigung des Eingangs einer Bewerbung

Es ist nicht nur guter Stil, einem Bewerber den Eingang seiner Bewerbung zu bestätigen, sondern vermeidet auch Rückfragen von diesem, ob seine Bewerbung eingegangen sei und wann er mit dem Ergebnis seiner Bewerbung rechnen könne. Im Hinblick auf Letzteres ist es sinnvoll, in der Bestätigung anzugeben, welcher Zeitraum bis zu einer Reaktion benötigt werde.

Nachstehend wird ein Beispiel für eine entsprechende Eingangsbestätigung gegeben.

> **Betreff: Ihre Bewerbung als Außendienstmitarbeiter**
> Wir bedanken uns für Ihre Bewerbung als Außendienstmitarbeiter. Die Sichtung der eingegangenen Bewerbungen wird etwa 14 Tage in Anspruch nehmen. Anschließend erhalten Sie Nachricht von uns. Bitte haben Sie bis dahin Geduld und sehen Sie von Rückfragen ab.

2. Absage nach Durchsicht der Bewerbungsunterlagen

Insbesondere bei der Besetzung von Stellen im Staatsdienst ist es üblich, erst nach Abschluss des kompletten Auswahlverfahrens den nicht berücksichtigten Bewerbern abzusagen. Wenn aber ein Bewerber nach Sichtung der von ihm eingereichten Unterlagen offensichtlich nicht für die ausgeschriebene Stelle in Frage kommt, also auch nicht als „Reservekandidat" oder „B-Kandidat" im Rennen bleiben soll (ABC-Analyse), ist es nur fair, ihm möglichst bald dieses Ergebnis mitzuteilen. Er kann sich dann früher weiter orientieren bzw. andernorts zusagen. Bei der Absage ist darauf zu achten, dass aus ihrer Formulierung nicht auf einen Verstoß gegen das AGG geschlossen werden kann, etwa durch einen Satz wie: „Wir müssen Ihnen absagen, weil wir Zweifel haben, dass Sie als Frau den körperlichen Anstrengungen der Tätigkeit gewachsen sind." Im Interesse des Selbstwertgefühls eines Bewerbers sollte die Absage auch keine Abwertung oder ein negatives Persönlichkeitsurteil enthalten. Unglücklich wäre der Ausdruck: „Ihre fachliche Qualifikation und die Beurteilung in Ihrem Arbeitszeugnis entsprechen nicht unseren Anforderungen." Ein Beispiel für ein korrektes und faires Absageschreiben findet sich nachstehend.

Nach sorgfältiger Prüfung Ihrer Bewerbung sind wir zu dem Ergebnis gelangt, dass Ihr Berufsprofil nicht optimal den Anforderungen der Stelle entspricht und wir Ihnen deshalb absagen müssen. Wir wünschen Ihnen viel Erfolg bei Ihren weiteren Bewerbungen.

3. Einladung zu einem Test mit oder ohne Bewerbergespräch bzw. nur einem Bewerbergespräch

In Kapitel 5.6 wurde bereits darauf hingewiesen, dass die Akzeptanz von Tests bei Bewerbern, speziell von Persönlichkeitstests, nicht besonders groß ist. Gerade auch unter Berücksichtigung von Vorbehalten bei Bewerbern, die nicht mit wissenschaftlichen Verfahren vertraut sind, sollte die Einladung zu Tests mit erläuternden Formulierungen erfolgen. Wenn (auch) ein Gespräch vorgesehen ist, empfiehlt es sich, einen Mitarbeiter der vorgesehenen Einsatzabteilung zur Einschätzung der fachlichen Eignung und einen Vertreter der Personalabteilung zur Abklärung der Konditionen als Gesprächspartner zu benennen. Im Folgenden wird ein Beispiel für ein geeignetes Einladungsschreiben gegeben.

Nach Prüfung Ihrer Bewerbungsunterlagen möchten wir Sie gern näher kennenlernen. Um die Übereinstimmung Ihres Berufs- und Persönlichkeitsprofils mit dem Anforderungsprofil der Stelle noch besser beurteilen zu können, laden wir Sie zu einem Bewerbertag ein. Im Rahmen dieses Termins werden Sie am Vormittag an einem Berufstest teilnehmen und von uns am Nachmittag in einem Bewerbergespräch über dessen Ergebnis informiert werden. Der Berufstest ist ein Einzeltest, den Sie entspannt absolvieren können. Zum Mittagessen sind Sie unser Gast. An diesem Gespräch nehmen von Firmenseite unsere Personalreferentin und ein Mitarbeiter des Vertriebs teil. Als Termin haben wir Mittwoch, den 06. März 2013, 9:00 Uhr vorgesehen. Wir bitten um kurze Bestätigung Ihrer Teilnahme.

Bitte melden Sie sich am 06. März im Verwaltungsbüro im 1. Stock unseres Gebäudes. Sollten Sie zusätzliche Informationen benötigen, gibt Ihnen Frau Muster, Tel. xxxx/yyyyy gern die gewünschte Auskunft. Wir freuen uns, Sie persönlich kennenzulernen.

Wenn das Auswahlverfahren als Assessment Center oder als Gruppenübung durchgeführt wird, sollte das ausdrücklich erwähnt werden. Falls ein Test von mehreren Bewerbern parallel am gleichen Tag absolviert werden soll und aus Zeitgründen anschießende Bewerbergespräche nicht möglich sind, ist es hilfreich, den Folgetermin schon in der Einladung anzugeben. Natürlich können Test und Bewerbergespräch auch dergestalt getrennt werden, dass schon nach dem Test nicht geeignet erscheinende Bewerber eine Absage bekommen und nur positiv Beurteilte eine Einladung zum Gespräch erhalten. Wenn es bei der Einladung nur um ein (erstes) Bewerbergespräch gehen soll, könnte wie folgt formuliert werden:

> … laden wir Sie zu einem Gespräch ein, an dem von Unternehmensseite unsere Personalreferentin und ein Mitarbeiter des Vertriebs teilnehmen. Als Termin haben wir …

Fallbeispiel: Unangekündigtes Assessment Center

Eine Bewerberin erhielt eine Einladung zu einem Vorstellungstermin für 10.00 Uhr morgens. Da sie einige hundert Kilometer entfernt wohnte und es früh am Morgen keine günstige Zugverbindung gab, rief sie beim Unternehmen an und fragte mit Hinweis auf die Zugverbindung, ob es möglich sei, den Termin auf 10.15 Uhr zu verschieben. Das sei kein Problem. Als sie zur vereinbarten Zeit im Büro des Gesprächspartners eintraf, stellte sie zu ihrer Überraschung fest, dass dort fünf weitere Kandidaten warteten und es sich nicht, wie erwartet, um ein Interview, sondern um ein ganztägiges Assessment Center handelte. Das peinliche Gefühl, dass nun alle auf sie gewartet hatten, sorgte bei ihr für einen ungünstigen Einstieg in den Bewerbertag.

4. Absage nach Test bzw. Test und Bewerbergespräch bzw. nur einem Bewerbergespräch

Wenn nach einem Test und einem Bewerbergespräch der Eindruck entstanden ist, ein Bewerber komme für die Stelle nicht in Frage, bietet sich an zu schreiben:

Aus den Ergebnissen Ihres Tests und nach unserem Gespräch mit Ihnen haben wir den Eindruck, dass Ihre Eignungsschwerpunkte und Ihre beruflichen Vorstellungen und das Profil der ausgeschriebenen Stelle nicht optimal zusammen passen. Wir bedauern, Ihnen deshalb absagen zu müssen, und wünschen Ihnen Erfolg bei der Suche nach einem besser passenden Angebot.

Hat nur ein Gespräch stattgefunden, wäre das Wort Test wegzulassen. Natürlich kann die Absage auch mit Bezugnahme auf die Entscheidung für einen anderen Bewerber formuliert werden, der besser zum Anforderungsprofil der Stelle passt. So kann der abgelehnte Bewerber nicht den Schluss ziehen, er passe nicht oder sei zu wenig qualifiziert. Gleichzeitig wird damit deutlich, dass die Stelle besetzt ist.

5. Einladung zu einem weiteren Gespräch

Wenn sich ein Bewerber im bisherigen Verlauf des Auswahlprozesses als prinzipiell geeignet herausgestellt hat und seine Erwartungen sich mit den angebotenen Konditionen des Unternehmens zumindest weitgehend decken, bietet sich ein Gespräch mit zukünftigen Vorgesetzen an. In diesem Gespräch soll festgestellt werden, ob der potenzielle Mitarbeiter auch „menschlich" ins Team bzw. in die Abteilung passt und ob davon ausgegangen werden kann, dass die „Chemie" zwischen Vorgesetzen und Mitarbeiter stimmt. In vielen Fällen ist die Reihenfolge der Gespräche auch umgekehrt, indem zunächst die Eignung überprüft wird und anschließend über Konditionen gesprochen wird. Bei der Einladung sollte beachtet werden, dass sie nicht schon eine Eignungsfeststellung enthält. So kann man vermeiden, dass ein Bewerber daraus Ansprüche ableitet. Wir geben nachstehend ein Beispiel für ein passendes Einladungsschreiben:

> Im weiteren Verlauf unseres Auswahlprozesses möchten wir Sie gern dem Leiter der Vertriebsabteilung und dem Geschäftsführer unseres Unternehmens vorstellen. Bitte kommen Sie am Mittwoch, dem 06.03.2013, um 9:00 Uhr in den 1. Stock unseres Gebäudes. Sie werden in Zimmer A erwartet. Sollten Sie den Termin nicht wahrnehmen können, bitten wir Sie um Benachrichtigung unter Tel. xxxx/yyyyyy.

6. Zusage mit Ankündigung des Vertrags und der Mitteilung über benötigte weitere Unterlagen

Die Kandidaten, die nach dem zweiten Gespräch nicht zum Zuge kommen, erhalten eine Absage nach dem o.g. Muster. Die Person, der die Stelle angeboten wird, sollte eine Zusage wie folgt bekommen

> Ihre im Verlauf unseres Auswahlverfahrens festgestellte fachliche, methodische und soziale Kompetenz entspricht sehr gut den Anforderungen unserer Stelle als Außendienstmitarbeiter. Wir bieten Ihnen deshalb den beigefügten Arbeitsvertrag mit den der Position entsprechenden Konditionen an. Bitte schicken Sie uns beide Exemplare unterschrieben bis zum xx.xx.xx zurück. Sie erhalten danach ein von uns gegengezeichnetes Exemplar zurück und Angaben zu den noch von uns benötigten Unterlagen sowie Details zu Ihrem Arbeitsbeginn. Wir freuen uns auf die Zusammenarbeit mit Ihnen.

Literatur

Anderson, N., and R. Schalk, The psychological contract in retrospect and prospect, in: Journal of Organizational Behavior 19 (1998), p. 637–647.

Antidiskriminierungsstelle des Bundes, Ausgewählte Entscheidungen deutscher Gerichte zum Antidiskriminierungsrecht, www.antidiskriminierungsstelle.de/SharedDocs/Downloads/DE/publikationen/rechtsprechungsübersicht_zum_antidiskriminierungsrecht.pdf, 2012, Abruf: 07.02.2013.

Barrick, M. R., B. W. Swider, and G. L. Stewart, Initial evaluations in the interview: Relationships with subsequent interviewer evaluations and employment offers, in: Journal of Applied Psychology 95 (2010), p. 1163–1172.

Barthel, T, und K. P. Karboul, Die Wunschbelegschaft – ein unerreichbarer Traum?, in: Arbeit & Arbeitsrecht 1 (2012), S. 12–15.

Batinic, B., und M. Appel, Nutzung von Online-Bewerbungen aus Sicht von Bewerbern und Unternehmen, in: Zeitschrift für Personalpsychologie 8 (2009), S. 14–23.

bdp (Berufsverband Deutscher Psychologinnen und Psychologen), DIN 33430 für Eignungsbeurteilung, 2002, http://www.bdp-verband.org/bdp/politik/din.shtml, Abruf: 04.02.2013.

Bechmann, S., V. Dahms, A. Fischer, M. Frei, U. Leber, und I. Möller, Beschäftigung, Arbeit und Unternehmertum in deutschen Kleinbetrieben, Ergebnisse aus dem IAB Betriebspanel 2010, IAB-Forschungsbericht 07/2011, http://www.doku.iab.de/forschungsbericht/2011/fb0711.pdf, Abruf: 10.12.2012.

Becker, F. G., und C. J. Brinkkötter, Realistische Rekrutierung, in: WiSt – Wirtschaftswissenschaftliches Studium 34 (2005), S. 662–667.

Becker, N., S. Höft, M. Holzenkamp, and F. M. Spinath, The predictive validity of Assessment Centers in German-Speaking regions – A meta-analysis, in: Journal of Personnel Psychology 10 (2011), p. 61–69.

Behrmann, M., Situational Judgment Tests, in: H. Schuler und K. Sonntag (Hrsg.), Handbuch der Arbeits- und Organisationspsychologie, Göttingen 2007, S. 483–489.

Bell, B.S., D. Wiechmann, and A. M. Ryan, Consequences of organizational justice expectations in a selection system, Journal of Applied Psychology 91 (2006), p. 455–466.

Bents, R., und R. Blank, Der M.B.T.I., 4. Aufl., München 2003.

Bergmann, C., und F. Eder, AIST-R – Allgemeiner Interessen-Struktur-Test mit Umwelt-Struktur-Test (UST-R) - Revision, Göttingen 2005.

BIBB (2010a), Beschäftigte und Auszubildende nach Betriebsgrößenklassen in Deutschland, http://www.bibb.de/dokumente/pdf/ausbildungsquote_d_1999-2010.pdf, Abruf: 10.12.2012.

BIBB (2010b), Ausbildungsquote nach Wirtschaftszweigen in Deutschland 2008, 2009 und 2010, http://www.bibb.de/dokumente/pdf/ausbildungsquote_wirtschaftszweige_d_2008-2010.pdf, Abruf: 11.12.2012.

Bildungsbericht 2012, Bielefeld 2012, Online-Version, Pdf-Dokument, Abruf: 10.12.2012.

Birri, R., und B. Naef, Wirkung und Nutzes des Assessment Center-Feedbacks im Entwicklungsverlauf von Nachwuchsführungskräften – Eine retrospektive Studie, in: Wirtschaftspsychologie 13 (2006), S. 58–67.

Blickle, G., Personalauswahl, in: F. W. Nerdinger, G. Blickle, und N. Schaper, Arbeits- und Organisationspsychologie, Berlin 2011a, S. 225–252.

Blickle, G., Anforderungsanalyse, in: F. W. Nerdinger, G. Blickle, und N. Schaper, Arbeits- und Organisationspsychologie, Berlin 2011b, S. 195–208.

Bordia, P., S. Restubog, and R. Tang, When employees strike back: Investigating mediating mechanisms between psychological contract breach and workplace deviance, in: Journal of Applied Psychology 93 (2008), p. 1104–1117.

Borkenau, P., und F. Ostendorf, NEO-FFI – NEO-Fünf-Faktoren-Inventar, 2. Aufl., Göttingen 2008.

Borman, W. C., and S. J. Motowidlo, Task performance and contextual performance: The meaning for personnel selection research, in: Human Performance 10 (1997), p. 99–109.

Bortz, J., und N. Döring, Forschungsmethoden und Evaluation für Human- und Sozialwissenschaftler, 4. Aufl., Berlin 2006.

Breaugh, J.A., Employee selection at the beginning of the 21st century, in: Human Resource Management Review 19 (2009a), p. 167–168.

Breaugh, J.A., The use of biodata for employee selection: Past research and future directions, in: Human Resource Management Review 19 (2009b), p. 219–231.

Bretz, R. D., and T. A. Judge, Realistic Job Previews: A Test of the Adverse Self-Selection Hypothesis, Journal of Applied Psychology 83 (1998), p. 330–337.

Brickenkamp, R., L. Schmidt-Atzert, und D. Liepmann, Test d2 – Revision, Aufmerksamkeits- und Konzentrationstest, Göttingen 2010.

Brussig, M., und S. Wojtkowski, Altersübergangsreport 2008-02, http://www.iaq.uni-due.de/auem-report/2008/2008-02/auem2008-02.pdf, Abruf: 10.12.2012.

Bundesagentur für Arbeit, Unsere Bewerber-Vorauswahl für Unternehmen, Informationen für Arbeitgeber, 2009, http://www.arbeitsagentur.de, Pdf-Dokument: bewerbervorauswahl-unternehmen-2009.pdf, Abruf: 10.12.2012.

Chapman, D. R., K. L. Uggerslev, and J. Webster, Applicant reactions to face-to-face and technology-mediated interviews: A field investigation, in: Journal of Applied Psychology 88 (2003), p. 944–953.

Christian, M. S., B. D. Edwards, and J. C. Bradley, Situational judgment tests: Constructs assessed and a meta-analysis of their criterion-related validities, in: Personnel Psychology 63 (2010), p. 83–117.

Collins, C. J., The interactive effects of recruitment practices and product awareness on job seekers' employer knowledge and application behaviors, in: Journal of Applied Psychology 92 (2007), p. 180–190.

DIHK, Demografischen Wandel gestalten, Engagement der IHK-Organisation, Berlin 2009, http://www.ihk-schleswig-holstein.de, Pdf-Dokument: broschuere_dihk-2009_demografischen_wandel_gestalten-data.pdf, Abruf: 10.12.2012.

DIHK, DIHK-Umfrage: Praktikum, http://www.ihk- nordwestfalen.de/wirtschaft/aus-und-weiterbildung/ausbildung/zielgruppen/ausbildungsbetriebe/bildungspolitik/dihk-umfrage-praktikum/ o.A., Abruf: 09.03.2013.

Dorsch, F., H. Häcker, und K. Stapf, Dorsch Psychologisches Wörterbuch, 11. Aufl., Bern 1987.

Earnest, D. R., D. G. Allen, and R. S. Landis, Mechanisms linking realistic job previews with turnover: A meta-analytic path analysis, in: Personnel Psychology 64 (2011), p. 865–897.

Eberz, L.-M., M. Baum, und R. Kabst, Der Einfluss von Rekrutiererverhaltensweisen auf den Bewerber: Ein mediierter Prozess, in: Zeitschrift für Personalforschung, 26 (2012), S. 5–29.

Elkins, T. J., and J. S. Phillips, Job context, selection decision outcome, and the perceived fairness of selection tests: Biodata as an illustrative case, in: Journal of Applied Psychology 85 (2000), p. 479–484.

Finanztipp, www.finanztip.de/recht/arbeitsrecht/ur20g01073.html, o. A., Abruf: 07.02.2013.

Fischer, J., und J. Wirtgen, Vom „AC" zum „CA": Das Competence Assessment (CA) als Auswahlverfahren für oberste Führungskräfte, in Wirtschaftspsychologie aktuell (2002), Heft 1, S. 28–32.

Flanagan, J. C., The critical incident technique, in: Psychological Bulletin 54 (1954), p. 327–358.

Frankfurter Allgemeine Zeitung vom 31.08.2012, http:// www.faz.net/frankfurter-allgemeine-zeitung/norbert-walter-11875042.html, Abruf: 13.12.2012. (2012a).

Frankfurter Allgemeine Zeitung, 17.12.2012, S. 13, S, 34 (2012b).

Frankfurter Allgemeine Zeitung vom 27.07.2012 (2012c).

Frieling, E., und C. Hoyos, Fragebogen zur Arbeitsanalyse (FAA). Deutsche Bearbeitung des Position Analysis Questionnaire (PAQ), Bern 1978.

Fuchs, J., D. Söhnlein, und B. Weber, Rückgang und Alterung sind nicht mehr aufzuhalten, Projektion des Arbeitskräfteangebots bis 2050, IAB-Kurzbericht 16/2011, http://www.doku.iab.de/kurzber/2011/kb1611.pdf, Abruf: 10.12.2012.

Fux, S. J., F. Stoll, C. Bergmann, B. Hell, und F. Eder, EXPLORIX® - Das Werkzeug zur Berufswahl und Laufbahnplanung – Deutschsprachige Adaptation und Weiterentwicklung des Self-Directed Search® (SDS) nach John Holland, Göttingen 2013.

Gilliland S.W, M. Groth, R.C. Baker, A.F. Dew, L.M. Polly, and J.C. Langdon, Improving applicants' reactions to rejection letters: an application of fairness theory, in: Personnel Psychology 54 (2001), p. 669–703.

Görlich, Y., Arbeitsproben, in: H. Schuler und K. Sonntag (Hrsg.), Handbuch der Arbeits- und Organisationspsychologie, Göttingen 2007, S. 468–474.

Görlich, Y., und H. Schuler, AZUBI-BK – Arbeitsprobe zur berufsbezogenen Intelligenz, Büro- und kaufmännische Tätigkeiten, 2. Aufl., Göttingen 2010.

Görlich, Y., und H. Schuler, AZUBI-TH – Arbeitsprobe zur berufsbezogenen Intelligenz, Technische und handwerkliche Tätigkeiten, Göttingen 2007.

Görlich, Y, und H. Schuler, Personalentscheidungen, Nutzen und Fairness, in: H. Schuler (Hrsg.), Lehrbuch der Personalpsychologie, 2. Aufl., Göttingen 2006, S. 797–840.

Gosslar, H., und S. Lindstam, Vorhersagekraft und monetärer Nutzen kombinierter eignungspsychologischer Verfahren, in: Personal 51 (1999), Heft 2, S. 86–91.

Habermann, W., und D. Lohaus, Wirtschaftswachstum schaffen – Demographiewandel gestalten, in: Personal 62 (2010), Heft 6, S. 6–8.

Hagemeister, C., Übung in Konzentrationstests erkennen: Nutzung von Merkmalskombinationen, in: Wirtschaftspsychologie 10 (2003), S. 173–176.

Hassel, V., Media round table zum AGG – erste praktische Erfahrungen, in: Arbeit & Arbeitsrecht (2007), Heft 1, S. 22–25.

Hausknecht, J.P., D.V. Day, and S.C. Thomas, Applicant reactions to selection procedures: an updated model and meta-analysis, in: Personnel Psychology 57 (2004), p. 639–683.

Hewstone, M., W. Stroebe, and K. Jonas, K., Introduction to social psychology – A European perspective, 4th ed., Malden (MA) 2008.

Highhouse, S., A. Broadfoot, J.E. Yugo, and S.A. Devendorf, Examining corporate reputation judgments with generalizability theory, in: Journal of Applied Psychology 94 (2009), p. 782–789.

Hinterer, H., Innerbetriebliche Prozesse der Stellenbeschreibung und Bewerberauswahl – eine empirische Studie zur Auswahlpraxis in Wirtschaftsunternehmen, in: Zeitschrift für Personalforschung 19 (2005), S. 368–371.

Höft, S., Validität und Validierung, in: H. Schuler und K. Sonntag (Hrsg.), Handbuch der Arbeits- und Organisationspsychologie, Göttingen 2007, S. 511–519.

Höft, S. und C. Bolz, Zwei Seiten derselben Medaille? Empirische Überlappungen zwischen Persönlichkeitseigenschaften und Assessment Center-Anforderungsdimensionen, in: Zeitschrift für Personalpsychologie 3 (2004), S. 6–23.

Höft, S., und U. Funke, Simulationsorientierte Verfahren der Personalauswahl, in: H. Schuler (Hrsg.), Lehrbuch der Personalpsychologie, 2. Aufl., Göttingen 2006, S. 145–188.

Höft, S., und B. Hell, Die Bindungswirkung von Unternehmenspraktika im Rahmen des Hochschulmarketings: Affektives Commitment als endogene und exogene Variable, in: Zeitschrift für Personalforschung 21 (2007), S. 5–21.

Höft, S., und K. G. Melchers, Training von AC-Beobachtern: Worauf kommt es an?, in: Wirtschaftspsychologie 17 (2010), S. 32–40.

Höft, S., und C. Obermann, Der Praxiseinsatz von Assessment Centern im deutschsprachigen Raum: Eine zeitliche Verlaufsanalyse basierend auf den Anwenderbefragungen des Arbeitskreises Assessment Center e.V. von 2001 und 2008, in: Wirtschaftspsychologie 17 (2010), S. 5–16.

Höft, S., M. Schümann-Sen, und P. Maschke, Peer-Urteile in einem Assessment Center zur Personalauswahl – Enthalten sie Informationen zum Beurteilten oder zum Beurteiler?, in: Zeitschrift für Personalpsychologie 4 (2005), S. 159–169.

Hoffman, B. J., K. G. Melchers, C. A. Blair, M. Kleinmann, and R. T. Ladd, Exercises and dimensions are the currency of assessment centers, in: Personnel Psychology 64 (2011), p. 351–395.

Holland, J. L., Making vocational choices: a theory of vocational personalities and work environments Psychological Assessment Research, 2008.

Holzenkamp, M., F. M. Spinath, und S. Höft, Wie valide sind Assessment Center im deutschsprachigen Raum? Eine Überblicksstudie mit Empfehlungen für die AC-Praxis, in: Wirtschaftspsychologie 17 (2010), S. 17–25.

Hosoda, M., E. F. Stone-Romero, and G. Coats, The effects of physical attractiveness on job-related outcomes: A meta-analysis of experimental studies, in: Personnel Psychology 56 (2003), p. 431–462.

Hossiep, R., und O. Mühlhaus, Personalauswahl und –entwicklung mit Persönlichkeitstests, Göttingen 2005.

Hossiep, R., M. Paschen, und O. Mühlhaus, Persönlichkeitstests im Personalmanagement, Göttingen 2000.

Hossiep, R., M. Paschen, und O. Mühlhaus, Bochumer Inventar zur berufsbezogenen Persönlichkeitsbeschreibung, 2. vollst. überarb. Aufl., Göttingen 2003.

Hossiep, R., und M. Schulte, Bochumer Wissenstest, Göttingen 2007.

Huffcutt, A I., An empirical review of the employment interview construct literature, in: International Journal of Selection and Assessment 19 (2011), p. 62–81.

Huke, K., und H.-P. Löw, Fallen im Einstellungsprozess – AGG: Hinweise für die betriebliche Praxis, in: Arbeit & Arbeitsrecht (2011), Heft 3, S. 136–140.

IHK Aachen, Fachkräfte sichern – jetzt!, Aachen 2011, http://www.aachen.ihk.de, Pdf-Dokument: fachkraefte_sichern_jetzt_broschuere-data.pdf, Abruf: 30.11.2012.

Jansen, A., C. J. König, E. H. Stadelmann, and M. Kleinmann, Applicants' self-presentational behavior. What do recruiters expect and what do they get? in: Journal of Personnel Psychology 11 (2012), p. 77–85.

Jensen, J., R. Obland, and A. Ryan, Psychological contracts and counterproductive work behaviors: Employee responses to transactional and relational breach, in: Journal of Business Psychology 25 (2010), p. 555–568.

Kanning, U. P., Standards der Personaldiagnostik, Göttingen 2004.

Kanning, U. P., Akzeptanz von Assessment Center-Übungen bei AC-Teilnehmern, in: Wirtschaftspsychologie 18 (2011), S. 89–101.

Kanning, U. P., J. Pöttker, und P. Gelléri, Assessment Center-Praxis in deutschen Großunternehmen – Ein Vergleich zwischen wissenschaftlichem Anspruch und Realität, in: Zeitschrift für Arbeits- und Organisationspsychologie 51 (2007), S. 155–167.

Kanning, U. P., J. Pöttker, und K. Klinge, Personalauswahl – Leitfaden für die Praxis, Stuttgart 2008.

Kantrowitz, T. M., C. R. Dawson, and M. S. Fetzer, Computer Adaptive Testing (CAT): A faster, smarter, and more secure approach to pre-employment testing, in: Journal of Business Psychology 26 (2011), p. 227–232.

Kelbetz, G., und H. Schuler, Verbessert Vorerfahrung die Leistung im Assessment Center?, in: Zeitschrift für Personalpsychologie 1 (2002), S. 4–18.

Kersting, M., und I. Püttner, Personalauswahl: Qualitätsstandards und rechtliche Aspekte, in: H. Schuler (Hrsg.), Lehrbuch der Personalpsychologie, 2. Aufl., Göttingen 2006, S. 841–861.

Klehe, U.-C., Biographische Fragebögen, in: H. Schuler und K. Sonntag (Hrsg.), Handbuch der Arbeits- und Organisationspsychologie, Göttingen 2007, S. 497–502.

Klehe, U.-C., und M. Kleinmann, Typische versus maximale Arbeitsleistung, in: H. Schuler und K. Sonntag (Hrsg.), Handbuch der Arbeits- und Organisationspsychologie, Göttingen 2007, S. 254–259.

Kleinmann, M., Assessment Center, Göttingen 2003.

Kleinmann, M., D. Manzey, S. Schumacher, und E.A. Fleishman, Fleishman – Job Analyse System für eigenschaftsbezogene Anforderungsanalysen (Deutschsprachige Bearbeitung des Fleishman Job Analysis Survey von E.A. Fleishman), Göttingen 2010.

König, C. J., E. Jöri, and P. Knüsel, The amazing diversity of thought: A qualitative study on how human resource practitioners perceive selection procedures, in: Journal of Business Psychology 26 (2011), p. 437–452.

Krause, D. E., und D. Gebert, Unterschiede in der Durchführung zwischen internen und externen Assessment Centern – Eine empirische Analyse, in: Zeitschrift für Arbeits- und Organisationspsychologie 47 (2003a), S. 87–94.

Krause, D. E., und D. Gebert, Personalauswahl und -entwicklung durch Assessment Center: Ein Vergleich der Entwicklung, Durchführung und Evaluation von Assessment Centern in der deutschsprachigen und U.S. amerikanischen Wirtschaft, in: Wirtschaftspsychologie 10 (2003b), S. 186–189.

Krumm, S., und L. Schmidt-Atzert, Leistungstests im Personalmanagement, Göttingen 2009.

Kultusministerkonferenz, Vorausberechnung der Schüler- und Absolventenzahlen 2010 – 2025, Statistische Veröffentlichungen der KMK, Dokumentation Nr. 192, Berlin 2011, Pdf-Dokument:
http://www.kmk.org/fileadmin/pdf/statistik/dokumentation_nr._192.pdf, Abruf: 30.11.2012.

Kultusministerkonferenz, Vorausberechnung der Studienanfängerzahlen 2012 – 2025 (Fortschreibung), Berlin 2012, Pdf-Dokument:
http://www.kmk.org/fileadmin/pdf/statistik/vorausberechnung_der_studienanfaengerzahlen_2012-2025_01.pdf, Abruf: 30.11.2012.

Kuncel, N.R., and S. A. Hezlett, Fact and fiction in cognitive ability testing for admissions and hiring decisions, in: Current Directions in Psychological Science 19 (2010), p. 339–345.

Langlois, J. H., L. Kalakanis, A. J., Rubenstein, M. Hallam, and M. Smoot, Maxims or myths of beauty? A meta-analytic and theoretical review, in: Psychological Bulletin 126 (2000), p. 390–423.

Lienert, G. A., Drahtbiegeprobe, 2. Aufl., Göttingen 1967.

Lienert, G. A., Mechanisch-Technischer Verständnistest, Göttingen 1958.

Lienert, G. A., und H. Schuler, Revidierter Allgemeiner Büroarbeitstest, 3. Aufl., Göttingen 1994.

Lienert, G. A., und U. Raatz, Testaufbau und Testanalyse, 5. Aufl., Weinheim 1994.

Liepmann, D., und A. Beauducel, Verkaufs- und Vertriebs-Kompetenz-Inventar – Deutsche Version des PASAT , Göttingen 2011.

Lievens, F., and P. R. Sackett, Video-based versus written situational judgment tests: A comparison in terms of predictive validity, in: Journal of Applied Psychology 91 (2006), p. 1181–1188.

Lohaus, D., Leistungsbeurteilung, Göttingen 2009.

Lohaus, D., und W. Habermann, Weiterbildung im Mittelstand, München 2011.

Lohaus, D., und H. Schuler, Leistungsbeurteilung, in: U. Kanning und H. Schuler (Hrsg.), Lehrbuch der Personalpsychologie, 3. Aufl., Göttingen 2013, (in Druck).

Macan, T., The employment interview: A review of current studies and directions for future research, in: Human Resource Management Review 19 (2009), p. 203–218.

Malsch, M., Personalmarketing im Mittelstand, www.mittelstandskarriere.de/content/personalmarketing, Stand: o.A., Abruf: 12.02.2013.

Marcus, B., Das Wunder sozialer Erwünschtheit in der Personalauswahl, in: Zeitschrift für Personalpsychologie 2 (2003), S. 129–132.

Marcus, B., IBES – Inventar berufsbezogener Einstellungen und Selbsteinschätzungen, Göttingen 2006.

Maulshagen, A., und M. Höner, Gegner der Leistungsförderung – Der Gleichbehandlungsgrundsatz, in: Arbeit & Arbeitsrecht (2008), Heft 3, S. 144–147.

Melchers, K. G., und M. Kleinmann, Beurteilungsakkuratheit und Beurteilertraining, in: H. Schuler und K. Sonntag (Hrsg.), Handbuch der Arbeits- und Organisationspsychologie, Göttingen 2007, S. 561–566.

Melchers, K. G., M. Kleinmann, G. M. Richter, C. J. König, und U.-C. Klehe, Messen Einstellungsinterviews das, was sie messen sollen? Zur Bedeutung der Bewerberkognitionen über bewertetes Verhalten, in: Zeitschrift für Personalpsychologie 3 (2004), S. 159–169.

Melchers, K. G., N. Lienhardt, M. v. Aarburg, and M. Kleinmann, Is more structure really better? A comparison of frame-of-reference training and descriptively anchored rating scales to improve interviewers' rating quality, in Personnel Psychology 64 (2011), p. 53–87.

Middendorf, C. H., and T. H. Macan, Note-taking in the employment interview: Effects on recall and judgments, in: Journal of Applied Psychology 87 (2002), p. 293–303.

Moosbrugger, H., und A. Kelava, Testtheorie und Fragebogenkonstruktion, 2. Aufl., Berlin 2012.

Moosbrugger, H., und J. Oehlschlägel, Frankfurter Aufmerksamkeits-Inventar (FAIR), Bern 1996.

Morse, B. J., und P. M. Popovich, Realistic recruitment practices in organizations: The potential benefits of generalized expectancy calibration, in: Human Resource Management Review 19 (2009) 1–8.

Moser, K., Organisationswahl, in: H. Schuler und K. Sonntag (Hrsg.), Handbuch der Arbeits- und Organisationspsychologie, Göttingen 2007, S. 422–428.

Müller, G. F., Fragebogen zur Diagnose unternehmerischer Potenziale, Landau 2003, http://personalityexperts.de/2010/12/06/f-dupn-in-kurzform/, Abruf: 05.03.2013.

Müllerschön, A., Bewerber professionell auswählen – Handbuch für Personalverantwortliche, 2. Aufl., Weinheim 2012.

Mussel, P., Einstellungsinterviews, in: H. Schuler und K. Sonntag (Hrsg.), Handbuch der Arbeits- und Organisationspsychologie, Göttingen 2007, S. 503–510.

Myers, D., J. Abell, A., Kolstad, and F. Sani, F., Social psychology – European edition, 4th ed., Berkshire 2010.

Ng, T. W. H., and D. C. Feldmann, The relationship of age to ten dimensions of job performance, in: Journal of Applied Psychology 93 (2008), p. 392–423.

Ng, T. W. H., D. C. Feldman, and S. Lam, Psychological contract breaches, organizational commitment, and innovation-related behaviors: A latent growth modeling approach, in: Journal of Applied Psychology 95 (2010), p. 744–751.

Nicolai, C., Personalmanagement, 2. Aufl., Stuttgart 2009.

Oesterreich, R., K. Leitner, und M. Resch, Analyse psychischer Anforderungen und Belastungen in der Produktionsarbeit – Das Verfahren RHIA/VERA – Produktion, Göttingen 2000.

Oliver, C., M. Shafiro, P. Bullard, and J. C. Thomas, Use of integrity tests may reduce workers' compensation losses, in: Journal of Business and Psychology, published online 08 April 2011.

Ones, D. S., and C. Viswesvaran, Labor market influences on personality scale scores among job applicants – four field studies in personnel selection settings, in: Zeitschrift für Personalpsychologie 6 (2007), p. 71–84.

Organ, D. W., Organizational Citizenship Behavior: The good soldier syndrome, Lexington 1988.

Orvis, K. A., N. M. Dudley, and J. M. Cortina, Conscientiousness and reactions to psychological contract breach: A longitudinal field study, in: Journal of Applied Psychology 93 (2008), p. 1183–1193.

Peeters, H., and F. Lievens, Nonverbal impression management tactics in behavior description and situational interviews, in: International Journal of Selection and Assessment 14 (2006), p. 206–222.

Pfeifer, H., G. Schönfeld, und F. Wenzelmann, Kosten und Nutzen der betrieblichen Ausbildung, Eine Analyse nach Ausbildungsberufen, Vortrag auf der BIBB/DIJ-Fachtagung „Neue Jungend? Neue Ausbildung? Beiträge aus der Jugend- und Bildungsforschung", 28./29.10.2009 in Bonn, Pdf-Dokument: www.bibb.de/dokumente/pdf/Tagung_Neue_Jugend_ohne_Animation.pdf, Abruf: 12.02.2013.

Pfeiffer, I., und S. Kaiser, Auswirkungen von demografischen Entwicklungen auf die berufliche Ausbildung, BMBF, Bonn, Berlin 2009, Pdf-Dokument: http://www.bmbf.de/pub/auswirkungen_demografische_entwicklung_berufliche_ausbildung.pdf, Abruf: 30.11.2012.

Phillips, J. M., Effects of realistic job previews on multiple organizational outcomes: A meta-analysis, in: Academy of Management Journal 41 (1998), p. 673–690.

Ployhart, R. E., J. A. Weekly, B. C. Holtz, and C. Kemp, web-based and paper-and-pencil testing of applicants in a proctored setting: Are personality, biodata, and situational judgment tests comparable? in: Personnel Psychology 56 (2003), p. 733–752.

Posthuma, R. A., F. P. Morgeson, and M. A. Campion, Beyond employment interview validity: A comprehensive narrative review of recent research and trends over time, in: Personnel Psychology 55 (2002), p. 1–81.

Preckel, D., und H. Schüpbach, Zusammenhänge zwischen rezeptiver Selbstdarstellungskompetenz und Leistung im Assessment Center, in: Zeitschrift für Personalpsychologie, 4 (2005), S. 151–158.

Proyer, R. T., Explojob – Das Werkzeug zur Beschreibung von Berufsanforderungen und –tätigkeiten (Deutschsprachige Adaption des Position Classification InventoryTM nach Gary D. Gottfredson und John L. Holland), in: Zeitschrift für Personalpsychologie 6 (2007), S. 174–178.

Raeder, S., Der psychologische Vertrag, in: H. Schuler und K. Sonntag (Hrsg.), Handbuch der Arbeits- und Organisationspsychologie, Göttingen 2007, S. 294–299.

Raeder, S., und G. Grote, Der psychologische Vertrag, Göttingen 2012.

Rolfs, H., Berufliche Interessen, Die Passung zwischen Person und Umwelt in Beruf und Studium, Göttingen 2001.

Rosenbladt, B. von, und F. Bilger, Weiterbildungsbeteiligung in Deutschland, TNS Infratest Sozialforschung München, 2008, Pdf-Dokument: http://www.bmbf.de/pubRD/weiterbildungsbeteiligung_in_deutschland.pdf, Abruf: 17.12.2010.

Roth, P. L., Bobko, P., and L. A. McFarland, A meta-analysis of work sample test validity: Updating and integrating some classic literature, in: Personnel Psychology 58 (2005), p. 1009–1037.

Rothstein, M. G., and R. D. Goffin, The use of personality measures in personnel selection: What does current research support? in: Human Resources Management Review 16 (2006), p. 155–180.

Roulin, N., A. Bangerter, and E. Yerly, The uniqueness effect in selection interviews, in: Journal of Personnel Psychology 10 (2011), p. 43–47.

Rousseau, D. M., New hire perceptions of their own and their employer's obligations: A study of psychological contracts, in: Journal of Organizational Behavior 11 (1990), p. 389–400.

Rousseau, D., M., Psychological contracts in the workplace: Understanding the ties that motivate, in: Academy of Management Executive 18 (2004), p. 120–127.

Rousseau, D. M., and S. A. Tijoriwala, Assessing psychological contracts: Issues, alternatives and measures, in: Journal of Organizational Behavior 19 (1998), p. 679–695.

Ryan, A.M., J.M. Sacco, L.A. McFarland, and S.D. Kriska, Applicant self-selection: Correlates of withdrawal from a multiple hurdle process, in: Journal of Applied Psychology 85 (2000), p. 163–179.

Sackett, P. R., and F. Lievens, Personnel Selection, in: Annual Review of Psychology 59 (2008), p. 419–450.

Sackett, P. R., and N. Schmitt, On reconciling conflicting meta-analytic findings regarding integrity test validity, in: Journal of Applied Psychology 97 (2012), p. 550–556.

Salgado, J. F., N. Anderson, S. Moscoso, C. Beruta, F. de Fruyt, and J. P. Rolland, A meta-analytic study of general mental ability validity for different occupations in the European Community, Journal of Applied Psychology 88 (2003), p. 1068–1081.

Sarges, W., Weiterentwicklungen der Assessment Center Methode, Göttingen 2001.

Schinkel, S., D. van Dierendonck, A. van Vianen, and A. M. Ryan, Applicant reactions to rejection, feedback, fairness, and attributional style effects, in: Journal of Personnel Psychology 10 (2011), p. 146–156.

Schleicher, D. J., V. Venkataramani, F.P. Morgeson, and M.A. Campion, So you didn't get the job. Now what do you think? Examining opportunity-to-perform fairness perceptions, in: Personnel Psychology 59 (2006), p. 559–590.

Schmidt, F. L., and J. E. Hunter, J. E., Meßbare Personenmerkmale: Stabilität, Variabilität und Validität zur Vorhersage zukünftiger Berufsleistung und berufsbezogenen Lernens, in: M. Kleinmann und B. Strauß (Hrsg.), Potentialfeststellung und Personalentwicklung, Göttingen 1998, S. 15–43.

Schmidt, F. L., and M. Rader, Exploring the boundary conditions for interview validity: meta-analytic validity findings for a new interview type, in Personnel Psychology 52 (1999), p. 445–464.

Schmidt, K.-H., und U. Kleinbeck, Leistung und Leistungsförderung, in H. Schuler (Hrsg.), Enzyklopädie der Psychologie – Wirtschaftspsychologie 3 – Grundlagen der Personalpsychologie, Göttingen 2004, S. 893–946.

Schuler, H., Arbeits- und Anforderungsanalyse, in: H. Schuler (Hrsg.), Lehrbuch der Personalpsychologie, 2. Aufl., Göttingen 2006, S. 45–68.

Schuler, H., Das Einstellungsinterview, Göttingen 2002.

Schuler, H., Psychologische Personalauswahl, 3. Aufl., Göttingen 2000.

Schuler, H., B. Hell, S. Trapmann, H. Schaar, und I. Boramir, Die Nutzung psychologischer Verfahren der externen Personalauswahl in deutschen Unternehmen – Ein Vergleich über 20 Jahre, in: Zeitschrift für Personalpsychologie 6 (2007), S. 60– 70.

Schuler, H., und B. Höft, Konstruktorientierte Verfahren der Personalauswahl, in: H. Schuler (Hrsg.), Lehrbuch der Personalpsychologie, 2. Aufl., Göttingen 2006, S. 101–144.

Schuler, H., und B. Marcus, Biografieorientierte Verfahren der Personalauswahl, in: H. Schuler (Hrsg.), Lehrbuch der Personalpsychologie, 2. Aufl., Göttingen 2006, S. 189–226.

Schuler, H., M. Prochaska, und A. Frintrup, Leistungsmotivationsinventar – Dimensionen berufsbezogener Leistungsorientierung, Göttingen 2001.

Silvester, J., N. Anderson, E. Haddleton, N. Snell-Cunningham, and A. Gibb, A cross-modal comparison of telephone and face-to-face selection interviews in graduate recruitment, in: International Journal of Selection and Assessment 8 (2000), p. 16–21.

Sonntag, K., Ermittlung tätigkeitsbezogener Merkmale: Qualifikationsanforderungen und Voraussetzungen menschlicher Aufgabenbewältigung, in: K. Sonntag (Hrsg.), Personalentwicklung in Organisationen – Psychologische Grundlagen, Methoden und Strategien, 3. Aufl., Göttingen 2006, S. 206–234.

Stangel-Meseke, M., H. Akli, und J. Schnelle, Lernförderliches Feedback im modifizierten Lernpotenzial-Assessment Center, Umsetzung der Forschungsergebnisse in einer betrieblichen Studie, in: Zeitschrift für Personalpsychologie 4 (2005), S. 187–194.

Stempfle, J., Y. Hagmayer, O. Hübner, C. Iwanoff, und S. Kaufmann, Weiterentwicklung und Dynamisierung des Assessment Centers auf der Basis eines komplexen computersimulierten Problemlöseszenarios: Das Challenge-AC der Thomas Cook AG, in: Wirtschaftspsychologie 11 (2004), S. 23–36.

Stephan, U., und K. Westhoff, Personalauswahlgespräche im Führungskräftebereich des deutsche Mittelstandes: Bestandsaufnahme und Einsparungspotenzial durch strukturierte Gespräche, in: Wirtschaftspsychologie 9 (2002), S. 3–17.

Stetz, T. A., S. B. Button, and J. Quist, Rethinking carelessness on job analysis surveys – Not all questions are created equal, in: Journal of Personnel Psychology 11 (2012), p. 103–106.

Stück, V., Man spricht deutsch – Sprachkenntnisse und Arbeitsrecht, in: Arbeit & Arbeitsrecht (2010), Heft 6, S. 332–335.

Süß, S., Diversity nutzen, in: Personal (2007), Heft 10, S. 34–36.

Süß, S., und M. Kleiner, Diversity Management – Konzept, Verbreitung, Perspektiven, in: Wirtschaftswissenschaftliches Studium (2006), Heft 10, S. 560–565.

Sumanth, J. J., and D. M. Cable, Status and organizational entry: How organizational and individual status affect justice perceptions of hiring systems, in: Personnel Psychology 64 (2011), p. 963–1000.

Tangenberg, J., Der Einsatz von Persönlichkeitstests in der Personalauswahl, in: Wirtschaftspsychologie aktuell 12 (2005), S. 60–64.

Thornton, G. C., and A. M. Gibbons, Validity of assessment centers for personnel selection, in: Human Resource Management Review 19 (2009), p. 169–187.

Truxillo, D. M, T. N. Bauer, M. A. Campion, and M. E. Paronto, Selection fairness information and applicant reactions: A longitudinal field study, in: Journal of Applied Psychology 87 (2002), p. 1020–1031.

Uggerslev, K. L., N. E. Fassina, and D. Kraichy, Recruiting through the stages: A meta-analytic test of predictors of applicant attraction at different stages of the recruiting process, in: Personnel Psychology 65 (2012), p. 597–660.

van Hooft, E. A., and M. P. Born, Intentional response distortion on personality tests: Using eye-tracking to understand response processes when faking, in: Journal of Applied Psychology 97 (2012), p. 301–316.

van Iddekinge, C. H., D. J. Putka, and J. P. Campbell, Reconsidering vocational interests for personnel selection: The validity of an interest-based selection test in relation to job knowledge, job performance, and continuance intentions, in: Journal of Applied Psychology 96 (2011), p. 13–33.

Vinchur, A. J., J.S. Schippmann, F. S. Switzer, and P. L. Roth, A meta-analytic review of predictors of job performance for salespeople, in: Journal of Applied Psychology 83 (1998), p. 586–597.

Wanous, J. P., Effects of a realistic job preview on job acceptance, job attitudes, and job survival, in: Journal of Applied Psychology 58 (1973), p. 327–332.

Weinert, A., Organisations- und Personalpsychologie, 5. Aufl., Weinheim 2004.

Weinrach, S. G., und D. J. Srebalus, Die Berufswahltheorie von Holland, in: D. Brown, und L. Brooks (Hrsg.), Karriere-Entwicklung, 2. Aufl., Stuttgart 1994, S. 43–74.

Weitzel. T., A. Eckhardt, C. Maier, S. Laumer, A. von Stetten, und E. Guhl, Recruiting Trends – Ein Rückblick auf 10 Jahre, http://www.mediaintown.de/fileadmin/medien/recruiting_trends/10Jahre_Recruiting_Trends_2012.pdf (Stand: Februar 2012, Abruf: 18.02.2013).

Weuster, A., Personalauswahl – Anforderungsprofil, Bewerbersuche, Vorauswahl und Vorstellungsgespräch, 2. Aufl., Wiesbaden 2008.

Whetzel, D. L., and M. A. McDaniel, Situational judgment tests: An overview of current research, in: Human Resource Management Review 19 (2009), p. 188–202.

Wick, A., Die Bewerberauswahl verbessern – Eine Verfahrensmodifikation für Assessment-Center, in: Zeitschrift Führung und Organisation 76 (2007), S. 167–171.

Zettler, I. und M. Solga, Das „Inventar berufsbezogener Einstellungen und Selbsteinschätzungen" (IBES) von Marcus (2006), in: Zeitschrift für Arbeits- und Organisationspsychologie 52 (2008) , S. 97–105.

Index

A

ABC-Analyse 99, 269
Ablehnungsgründe 29, 66
Abmahnung 107
Absage 61, 268, 269, 271, 273
  Absageschreiben 61, 100, 269
Abschlussarbeit 88, 110
adaptives Testen 153
Additionsmethode 237, 239
AGG 67, 68, 69, 259, 269, 278, 280
  AGG-Merkmale 67
Akademikerquote 25
Akademisierung 12
Akzeptanz 57, 58, 59, 60, 61, 98, 142, 145, 172, 202, 217, 218, 221, 222, 270, 280
Alkoholkonsum 166
Allgemeiner Büroarbeitstest 150
Allgemeiner Interessen-Struktur-Test 168
Allgemeines Gleichbehandlungsgesetz 67, 256
  Antidiskriminierungsgesetz 67
Alter 3, 23, 25, 67, 82, 83, 105, 251
Altersstruktur 7, 24, 25
Anforderung 67, 68, 107, 116, 121, 133, 268
Anforderungen 12, 32, 34, 43, 44, 63, 64, 67, 68, 70, 73, 75, 76, 77, 78, 80, 81, 82, 83, 84, 86, 88, 91, 92, 94, 102, 104, 109, 119, 121, 123, 130, 132, 144, 145, 156, 158, 175, 182, 183, 187, 200, 204, 207, 214, 224, 231, 232, 234, 235, 241, 247, 248, 250, 252, 254, 255, 256, 258, 259, 269, 270, 273, 283
  Befriedigungspotenzial 74
  tätigkeitsspezifische 73
  tätigkeitsübergreifende 74
Anforderungsanalyse 52, 73, 74, 75, 76, 77, 78, 79, 86, 87, 89, 90, 91, 117, 140, 178, 182, 204, 211, 227, 230, 276, 281
Anforderungsdimensionen 198, 204, 205, 208, 209, 210, 212, 213, 221, 222, 228, 279
Anforderungsprofil 37, 47, 49, 50, 67, 73, 74, 75, 80, 81, 83, 86, 87, 90, 91, 92, 100, 105, 106, 107, 109, 110, 158, 164, 201, 204, 209, 229, 231, 235, 237, 238, 240, 254, 270, 288
  Berufserfahrungsprofil 88, 89
  Bildungsprofil 88
  Höchstprofil 86
  Idealprofil 86
  Mindestprofil 86
  Persönlichkeitsprofil 89, 90
Anforderungs-Übungs-Matrix 205, 209, 219
Anpassungsfähigkeit 73
Anschreiben 45, 104, 133
Antidiskriminierungsstelle 69, 275
Arbeitgeberattraktivität 126
Arbeitgeberverbände 135
Arbeitgeberwechsel 107
Arbeitnehmervertreter 233

Arbeitnehmervertretung 69, 136
Arbeits- und Anforderungsanalyse 34, 50, 73, 75, 76, 78, 85, 278, 286
Arbeitsanweisungen 68
Arbeitsbedingungen V, 15, 27, 29, 32, 52, 53, 115, 123, 129, 166, 181
Arbeitshaltung 66, 195
Arbeitskräfteangebot 3, 4, 6, 7
Arbeitskräftebedarf 3
Arbeitskräftepotenzial 6
Arbeitslosengeld 1, 5
Arbeitsmarkt 20, 54, 58, 59, 109, 158, 203, 255
  Arbeitnehmermarkt 58
Arbeitsmarktsituation 55, 104, 254
Arbeitsnehmervertreter 202
Arbeitsplatz 39, 41, 43, 50, 76, 78, 79, 115, 119, 129, 166, 214
Arbeitsplatzbewertung 76
Arbeitsprobe 54, 64, 94, 96, 97, 98, 101, 144, 170, 178, 179, 180, 181, 182, 183, 184, 185, 187, 188, 190, 192, 194, 216, 278
Arbeitsprobe für technische und handwerkliche Tätigkeiten 183
Arbeitsprobe zur berufsbezogenen Intelligenz 183, 184
Arbeitssuchende 104
Arbeitstugenden 27, 103
Arbeitsvertrag 245, 246, 273
Arbeitszeit 1, 10, 66, 80, 91, 92, 107, 222
Arbeitszeitmodell 5, 6, 129
Arbeitszeugnis 94, 107, 108, 109, 176, 222, 238, 266
Assessment Center 94, 96, 113, 115, 144, 198, 199, 200, 201, 202, 203, 204, 205, 207, 212, 213, 216, 217, 218, 219, 220, 221, 222, 271, 276, 279, 280, 281, 284, 285
  dynamisches Assessment 202
Assimilationseffekt 211
Atmosphäre 47, 119, 120, 201
Attraktivitätseffekt 103, 104
Aufmerksamkeit 42, 56, 149, 263
Aufmerksamkeits- und Konzentrationstests 150, 151
Aufstiegschancen 10
Ausbildungsbetriebe 174
Ausbildungsniveau 63
Ausbildungsplatz 4, 8, 10, 11, 13, 40, 174, 234, 251, 253, 267
  Ausbildungsplätze 11, 28, 101, 236, 252, 253
Ausbildungsquote 20, 21, 22, 23
Ausbildungsverhalten 7
Ausbildungszeit 42, 226
Ausbildungszentren 249, 251, 252, 266, 267, 268
Auslandsaufenthalte 105
Auswahl-Assessment 199, 200, 209, 219, 242
Auswahlentscheidung 60, 61, 67, 175, 177, 209, 228, 242
Auswahlrichtlinien 70

B

Basisrate 54, 56
Bauchentscheidung 175, 239
Beautyful-is-good-Stereotyp 104
Befriedigungspotenzial 34, 80
Befugnisse 35
Begrüßung 47
behindertengerecht 68
Behinderung 67, 135
  Schwerbehinderung 132, 135
Beobachterkonferenz 209, 219
Beobachtertraining 207

Berliner Testinventar für Führungskompetenzen und –stile (BTF) 176
Beruflicher Motivationstest 176
Berufsabschluss 17, 18, 19, 20, 25, 29
Berufsanfänger 50, 180
Berufsausbildung 9, 17, 21, 22, 29, 41, 42, 93, 98, 142, 176, 247, 248, 250, 258
Berufsbild 70
Berufsbildungsbericht 42
Berufserfahrung 88, 104, 106, 249
Berufserfolg 37, 49, 57, 61, 64, 82, 95, 103, 106, 115, 117, 128, 139, 140, 141, 142, 155, 156, 164, 166, 174, 178, 179, 220, 221, 230, 266
Berufsleistung 51, 59, 285
Berufstest 270
Beschäftigungschancen 29, 34, 107
Beschäftigungsdauer 108, 141
Beschäftigungsverhältnis 22
  Beschäftigungsverhältnisse 20, 23
Besetzungstermin 263
Betreuungsgeld 5
Betriebsbesuch 252
Betriebsklima 129, 166
Betriebsblindheit 106
Betriebsrat 69, 70
Betriebsverfassungsgesetz 70, 136
Beurteilungskriterium 103
Beurteilungsmaßstab 127, 182, 210
Bewerbermangel 29
Bewerbung 98, 100, 102, 104, 121, 224, 236, 254, 255, 260, 261, 263, 268, 269, 270
  Standardbewerbung 121
Bewerbungsformular 133
Bewerbungsfrist 263
Bewerbungsmappe 102
Bewerbungsratgeber 104
Bewerbungsunterlagen 33, 45, 46, 47, 94, 96, 97, 98, 99, 100, 101, 110, 112, 113, 114, 121, 129, 130, 131, 132, 133, 194, 200, 225, 230, 232, 234, 236, 260, 263, 267, 268, 269, 270
Bewertungskriterien 200, 204
Bewertungsmaßstab 49, 117
Big Five Modell 90
Bildungsbericht 7, 9, 11
Bildungsprofil
  Berufsausbildungsprofil 88
  Kenntnis- und Weiterbildungsprofil 88
  Schulprofil 88
  Studienprofil 88
Bindung 62, 197, 246
Biodaten 82, 97, 138
Biografische Fragebogen 94, 96, 131, 138, 139, 140, 141, 142
biografische Fragen 119, 122, 123, 125, 126
biografischer Ansatz 93, 101
Bochumer Inventar zur berufsbezogenen Persönlichkeitsbeschreibung 160, 163, 177, 280
Bochumer Wissenstest 150, 280
Brillenträger 103
Bundesagentur für Arbeit 248, 250, 251, 277
Bundesinstitut für Berufsbildung 41

C

Charaktereigenschaften 56, 95
Checkliste 112, 130, 131
Chiffreanzeige 255, 263, 264
Critical Incident Technique 79
Critical Incidents 50, 123, 211
  erfolgskritische Ereignisse 193

D

Deckungsbeitrag 56
demografische Entwicklung 1, 4, 5, 12, 23
  demografischer Wandel 6
Diebstahl 166
DIN-Norm 64
  DIN 33430 64, 275
Direktansprache 105
DISG-Persönlichkeitsprofil 162
Diskriminierung 24, 66, 67, 68, 69, 264
Diversity Management 69
Dokumentation 127, 185, 188, 190, 281
Drahtbiegeprobe 150, 281
Durchschnittsnote 110

E

Effizienz 54, 57, 82
Ehrlichkeitstest 98, 166
Eigenschaftsansatz 95, 97
Eigentümer 20, 23, 90, 91
Eignung 38, 45, 46, 48, 54, 59, 70, 83, 84, 93, 101, 113, 114, 125, 134, 144, 147, 154, 182, 183, 193, 242, 250, 252, 270
Eignungsdiagnose 34, 54, 70, 95, 118, 143, 156, 260, 267, 272
Eignungsprüfung 55
Eignungstest 154
Eignungsvoraussetzungen 132, 163
Einarbeitung 32, 33, 40, 62, 110, 129, 187, 214
Einarbeitungskosten 41
Einarbeitungszeit 106
Eingangsbestätigung 266, 269
Einigungsstelle 70
Einkommen 15, 135
Einkommenschancen 8
Einladungsschreiben 270, 272
Einstellungsvoraussetzungen 99, 100
Einstiegsposition 63, 133
Eintrittstermin 86, 258, 260
Einzel-Assessment 198
Einzugsgebiet 3, 59
Employability 196
Entgelt 1, 5, 6, 33, 40, 66, 67
  Brutto-Jahresgehalt 249
  Bruttolohn 18, 19
  Durchschnittsverdienst 20
  Einkommenserwartungen 86
  Einstiegsgehalt 33
  Entgeltabrechnung 132
  Entgeltentwicklung 220, 245
  Gehälter 10, 24
  Gehaltsrahmen 33
  Gehaltsvorstellungen 260
  leistungsgerechtes Entgelt 250
  Pensionsprogramm 19
  Ruhestandsbezüge 5
  Sonderzahlungen 249
  Vergütung 114, 198
  Vergütungsniveau 129
Entwicklungs-Assessments 199, 201
Entwicklungsfähigkeit 76, 128
Entwicklungsgespräche 202
Entwicklungspotenzial 32, 37
E-Recruitment 261
Erfolgskriterien 82, 83
Ersatzeinstellung 23
Erwartungen 13, 29, 33, 36, 62, 63, 87, 114, 119, 127, 245, 260, 272
Erwerbslosigkeit 107
Erwerbspersonen 2, 4, 6
Erwerbspersonenpotenzial 1, 2, 3
Erwerbsquote 1
Experten 9, 10, 12, 13, 77, 79, 80, 81, 85, 171
Expertenbefragung 12
Expertenschätzung 9
EXPLOJOB 85
EXPLORIX 168, 278

externe Berater 200, 202, 222
Extrarollenverhalten 89

F

Fachabteilung 96, 100, 128, 129, 130
Fachkenntnisse 150, 174, 178, 185, 214
Fachkenntnistests 150
Fachkräftemangel 27, 28
  Fachkräftelücke 28
Fachwissen 115, 119, 120, 129, 170, 174
Fähigkeit 32, 53, 55
Falschaussage 136
Familienstand 69, 105, 135, 141
Feedback 65, 66, 285
Feedbackgespräche 209
Fehlbesetzung 40, 86
Fehler 38, 99, 151, 191
Fehlverhalten 246
Fehlzeiten 92, 107, 138, 239
Fleishman – Job Analyse System 78, 281
Fluktuation 15, 33, 63, 87
  Frühfluktuation 86
Forschungsergebnisse 109, 138, 286
Fragebogen 78, 139, 140, 141, 142, 164, 165, 177, 278, 283
Fragebogen zur Diagnose unternehmerischer Potenziale 164, 165, 177, 283
Fragebogenverfahren 143, 157
Frankfurter Aufmerksamkeitsinventar 150
Fremdbild 158
Fremdeinschätzung 158, 163
Führungserfahrung 106, 141
Führungsnachwuchskräfte 201, 213
Führungsposition 200, 201
Führungsverhalten 166, 170
Fürsorgepflicht 107, 108

G

Geburtenrate 5, 6, 7
Gefälligkeitseinstellung 40, 251
Generalisierung 179
Gerechtigkeit 60
  Fairness 59, 60, 277, 285, 287
  Gerechtigkeitserwartung 60
Geschlecht 67, 103, 251, 259
Gesprächsabschluss 119, 124
Gesprächsatmosphäre 118, 126
Gestik 46
Gesundheit 37, 74
  Gesundheitszustand 135, 156, 259
  Wohlbefinden 61
Gewerkschaften 135
Gewerkschaftszugehörigkeit 135
Gewinnbeteiligung 19
Gewinnmaximierung 15
Gewissenhaftigkeit 49, 90, 156, 165, 166, 169, 171
Globalisierung 76
Grafologie 98
Grafologisches Gutachten 96, 97
Grundgesetz 70
Gruppen-Assessment 199
Gültigkeit 49, 51, 56, 59

H

Halo- oder Überstrahlungseffekt 103, 210
Handwerkskammer 174, 249
Handwerkskammern 6, 13, 251, 253
Hartz-IV-Leistungen 1
Hauptschulabschluss 8, 42, 250
Hermann-Dominanz-Instrument 162
Hochschulabschluss 17, 19, 20
Hochschulart 88, 110
Hochschulreife 8, 9, 250
Hochschulzugangsberechtigung 10
Hogrefe Verlag 144, 183

Homepage 100, 133, 134, 246, 261
Hürdenmodell 239
Hybridverfahren 183

I

Imagegewinn 41
Imageprobleme 29
Industrie- und Handelskammern 6, 13, 249, 251, 253
Integritätstest 166, 167
Intelligenz 56, 82, 83, 90, 146, 147, 148, 166, 173, 183, 184, 222, 230
Intelligenztest 58, 59, 96, 97, 115, 142, 147, 148, 149, 151, 152, 156, 166, 169, 174, 179, 183, 222, 229, 233, 236
Interessen
  berufliche Interessen 84, 85, 115, 120, 284
  Interessentyp 84
  Studieninteressen 85
Interessentest 168
interkulturelle Erfahrung 105
Interview 28, 29, 33, 45, 47, 48, 53, 56, 57, 65, 66, 79, 94, 96, 97, 99, 100, 107, 111, 113, 114, 115, 116, 117, 118, 119, 120, 124, 127, 128, 129, 130, 131, 144, 172, 181, 213, 214, 216, 217, 218, 227, 230, 232, 233, 234, 246, 252, 263, 266, 267, 268, 270, 271
  Bewerbungsgespräch 233
  Einstellungsinterviews 223, 282, 283
Interviewertraining 126, 127
Intrarollenverhalten 89
Inventar berufsbezogener Einstellungen und Selbsteinschätzungen 167, 282

K

Kapitaleinsatz 4
Kinderbetreuung 5
kognitive Fähigkeiten 95
Kompetenzprofile 202
Kontrasteffekt 211
Kontrollierbarkeit 179
Konzentration 149, 255
Kosten 41, 54, 56, 68, 145, 167, 177, 200, 213, 214, 222, 224, 234, 261, 267, 284
  Bruttokosten 41
  Nettokosten 41
Kosteneffizienz 54
Kosten-Nutzen-Abwägung 200, 213, 214
Krankheit 35, 107, 136, 166
Kreativität 25, 82, 102, 148, 214
Krisenbetroffenheit 26
Kriterien
  Kann-Kriterien 86
  Muss-Kriterien 86
Kundenorientierung 51, 90
Kündigung 15, 105, 138
  Kündigungsabsichten 247
  Kündigungsfrist 263
  Kündigungsgrund 141

L

Learning by Doing 86
Lebenserfahrung 24
Lebenslauf 45, 94, 105, 106, 107, 133, 260
Leiharbeitskräfte 20, 93, 187
Leistung
  Leistungsmaximum 181
  Leistungsniveau 31, 40, 148, 153, 204, 208
  Leistungsobergrenze 52, 53, 122, 123, 146, 193
  maximale Leistung 52, 146
  typische Leistung 53, 123, 181
Leistungsbereitschaft 33, 90
Leistungsbeurteilung 76, 82
Leistungsdefizite 39

Leistungsfähigkeit 25, 31, 36, 50, 53, 60, 63, 69, 82, 94, 109, 110, 139, 146, 147, 152, 169, 172, 173
Leistungsfeedback 61
Leistungsindikator 83
Leistungsmotiv 82
Leistungsmotivationsinventar 168, 175, 176, 286
Leistungsorientierung 105, 110
Leistungsrückgang 247
Leistungstests 96, 97, 143, 146, 147, 149, 150, 151, 157, 173, 218, 281
Leistungsvoraussetzungen 73, 74
Leitfaden 47, 130
  Gesprächsleitfaden 118, 130
  Interviewleitfaden 49
Lernfähigkeit 55, 180, 202, 229
Lernpotenzial-Assessment 202, 286
Lichtbild 102, 103, 104
Loyalität 37, 83, 87, 245, 247

M
Messfehler 48
Meta-Analyse 58, 63, 82, 97, 142, 148, 166, 179, 220
Methode der kritischen Ereignisse 77, 79, 80, 81, 171, 178
Mimik 46
Minderleistung 40
Mobilität 90
Moderator 218
Motivation 32, 49, 52, 53, 124, 175, 233
  Motivationsobergrenze 53
  Wechselmotivation 107
Motivationstest 168
Myers-Briggs Typindikator 162

N
Nachzahlungsanspruch 67
Nationalität 69, 135, 155
Negativauslese 104
Nichtbesetzungsquote 27, 28
Normierung 154
Noten 88, 266
Notenniveau 109
Nutzen 41, 56, 73, 86, 141, 142, 278, 284

O
Objektivität 45, 46, 48, 49, 51, 118, 209
Online-Bewerbungen 101, 275
Online-Jobbörse 261, 262, 263
Organigramm 75
Organizational Citizenship Behavior 89

P
Papier-und-Bleistift-Test 172
Passung 32, 33, 105, 106, 113, 128, 158, 202, 208, 234, 284
Peer-Urteile 222, 279
Personalabteilung VI, 65, 96, 99, 100, 111, 113, 128, 130, 136, 202, 209, 219, 223, 225, 242, 265, 270
Personalbedarf 15, 25, 27, 29, 70, 93
  Ersatzbedarf 26
  Zusatzbedarf 26
Personalberater 108, 177, 264, 267
Personaldienstleister 264, 265, 267
Personaleinsatzplanung 132
Personalentwicklung 4, 147, 158, 163, 173, 199, 201, 285, 286
Personalfragebogen 70, 94, 96, 130, 131, 132, 133, 134, 135, 136, 137, 142
Personalinvestition 62
Personalkapazität 134
Personalkosten 41, 56
Personalmarketingmaßnahmen 197
Personalplanung 4, 131, 132

Personalpolitik 10
Personalstruktur 15, 16, 18, 20, 22, 23
Personalverwaltung 131, 132
Persönlichkeit 56, 84, 91, 92, 95, 118, 139, 154, 156, 159, 160, 161, 163, 164, 169, 173, 181
Persönlichkeitsmerkmal 166, 229
Persönlichkeitsmerkmale 82, 83, 90, 115, 124, 166, 173, 222, 250, 254
  Big Five 90, 159
  Gewissenhaftigkeit 82, 83
  Integrität 83
  Risikobereitschaft 82
Persönlichkeitsmodell 90
Persönlichkeitsprofil 158, 162
Persönlichkeitstest 53, 96, 97, 143, 144, 155, 156, 157, 158, 159, 162, 163, 164, 165, 168, 169, 171, 173, 174, 176, 177, 216, 217, 227, 270, 280, 287
  Einstellungstests 165, 173
  Interessentests 173
  Motivationstests 173, 176
Platzierungsentscheidungen 201
Positionsanalyse 106
Potenzialanalyse 199, 201
Potenzial-Assessments 201, 209, 219
Powertest 151, 152
Praktika 88, 110, 195, 196, 197, 250
Praktikabilität 54
Praktikanten 99, 195, 196, 197
Praktikum 178, 195, 196, 197, 240, 277
  Absolventenpraktikum 198
Primacy-Effekt 210
Printanzeige 248, 261
Printmedien 250, 251, 261, 263
Privatsphäre 65, 66
Probearbeiten 50, 178, 192, 193, 194, 196, 222
Probezeit 33, 40, 41, 194, 198
Produktivität 24, 25
  Produktivitätsfortschritte 4
  Umsatzproduktivität 18, 19
Protokollierung 117, 126
Prüfungsanspruch 110
Psychologen 64, 157, 174, 202, 267, 275
psychologischer Vertrag 245, 246, 247, 284

Q

Qualifikationsanforderungen 4, 286
Qualifikationsstruktur 17, 20, 25, 93, 247
Qualitätskontrolle 149

R

Rangfolge 169, 237, 242
Rasse 67
realistische Tätigkeitsvorschau 62, 63, 193, 195, 196, 214, 221
  realistic job preview 62, 287
  Realistische Tätigkeitsinformation 119
Realitätsschock 62
Recency-Effekt 210
Rechentests 150
Referenzen 94, 96, 97, 98, 107, 108, 239, 241, 266
Referenzgeber 108
Reisetätigkeit 107
Rekrutierungsaufwand 57
Rekrutierungskosten 41
Reliabilität 48
  Messwiederholungszuverlässigkeit 48
  Urteilerübereinstimmung 48, 49
Religionszugehörigkeit 67
Renommee 264

Rentabilität 62
Ressourceneinsatz 54
Rollenspieler 205, 211, 218
Rückmeldegespräch 209, 219

S
Sachbearbeiterposition 200
Schadenersatz 67, 68, 69
Schlüsselposition 90
Schnuppertag 175
Schulabgänger 7, 14, 15
Schulleistungen 110, 147
Schwangerschaft 135
Selbstbeschreibung 138, 158
Selbstdarstellung 115, 116, 121, 127, 165
Selbsteinschätzung 58, 110
Selbstpräsentation
  Selbstpräsentationsstrategien 127
Selbstselektion 57, 62, 98, 111, 179, 221
Selbstvorstellung 119
Selbstwertgefühl 61
Selektionsmodell 229
Selektionsquote 56
Selektionsverhältnis 55
Simulation 180, 181
Simulationsansatz 94, 95, 198, 216
Situational Judgment Tests 144, 169, 275, 277, 282, 284
Situationsbeurteilungstests 144, 169
situative Fragen 119, 123
Skala 97, 168, 210
Small Talk 47, 65
Sozialauswahl 105
Sozialkompetenz 95, 103, 109, 115, 156, 164, 273
Sozialversicherungsträger 132
Speedtest 151
Spezialkenntnisse 88, 106
Sprachkenntnisse
  Deutschkenntnisse 68
  Englischkenntnisse 48, 50
Sprachtests 150
Stammdaten 132
Standardisierung 46, 47, 104, 117, 143, 154, 182, 228
Standards 34, 63, 64, 65, 69, 203, 207, 227, 280
Stärken- und Schwächenprofil 220
Start-up 106
Status 10, 15, 58, 141, 287
Stellenanforderungen 37, 80, 120, 144
Stellenangebot 58, 60, 62, 63, 66, 115, 129, 209, 219, 242, 245, 253, 261, 262
Stellenanzeige 74, 104, 246, 250, 253, 254, 255, 256, 257, 262, 266, 268
Stellenausschreibung 39, 67, 254, 264
Stellenbeschreibung 75, 76, 279
  Aufgabenbild 75
  Besetzungsbild 75
  Instanzenbild 75
  Kommunikationsbild 75
Stellenbesetzung 34, 35, 36, 37, 91, 261, 263
  freie Stellenbesetzung 35
  personengebundene Stellenbesetzung 36
Stelleninhaber 35, 36, 73, 74, 75, 76, 77, 78, 79, 80, 81, 86, 155, 171, 200, 211, 214, 229, 258, 263
Stellenmarkt 262, 263
Stellenwechsel 229
Strukturierung 117, 118
  Strukturierungsgrad 111, 118
Studienabbruch 110
Studienfachwahl 110
Studienfachwechsel 110, 120
Studium 8, 9, 15, 36, 133, 140, 196, 275, 284, 287

Sympathie 45, 86, 115, 208

T

Teilzeitbeschäftigung 69, 248
Telefoninterview 96, 129, 130
Tendenz zu milden/ strengen Urteilen 211
Tendenz zu mittleren/ extremen Urteilen 211
Test 45, 47, 48, 49, 50, 56, 57, 64, 71, 85, 95, 98, 113, 143, 144, 145, 147, 150, 152, 153, 154, 155, 157, 160, 162, 163, 164, 166, 168, 170, 171, 172, 173, 174, 175, 179, 183, 216, 217, 233, 234, 236, 252, 263, 266, 267, 268, 270, 271, 272, 276
  Diktat 45, 179, 187, 192
  psychologische Tests 95
  Rechentest 45
Test d2 – Aufmerksamkeits-Belastungs-Test 150
Testverfahren 55, 60
Training 32, 39, 86
Transparenz 139, 157, 179
typische Leistung 53, 181, 193

U

Übergangsquote 8, 9, 10
Übungen 198, 199, 200, 202, 204, 205, 207, 208, 210, 214, 215, 216, 217, 218, 222, 223, 242, 280
Übungseffekte 48
Übungstypen 204, 211, 215, 216, 217
  Fallstudie 217
  Gruppendiskussion 51, 94, 96, 212, 213, 217, 218, 232, 236
  Konzentrationsübungen 215
  Organisationsaufgaben 215
  Postkorb 94, 214, 217
  Präsentation 94, 187, 213, 214, 217, 218, 247
  Rollenspiel 94, 205, 211, 212, 217, 218
  Selbstpräsentation 214, 217
  Selbstvorstellung 217, 218, 234
U-Form Verlag 174
Umbesetzung 39
Unfälle 167
Unternehmensbeschreibung 246
Unternehmenseigner 33, 45
Unternehmenshomepage 261, 263
Unternehmenskommunikation 34
Unternehmenskultur 33, 36, 114, 129, 200
Unternehmensnachfolge 164
Unternehmerverbände 28
Urlaub 35, 50, 135, 193
  Urlaubsanspruch 132, 135
Urteilsmaßstab 45
Urteilsskala 204, 209
Urteilstendenzen 210
  Urteilsfehler 210
  Urteilsverzerrungen 210

V

Validierung 141, 279
  Validierungsstichprobe 141
Validität 49, 138, 141, 149, 279, 285
  Augenscheinvalidität 61
  Inhaltsvalidität 51
  Konstruktvalidität 51
  Kriteriumsvalidität 51
Verbleibquote 22, 23
Verfälschung
  Manipulation 158
  verfälschen 164
  Verfälschungstendenzen 158, 168
Verhaltensbeispiele 121, 205
Verhaltensbeschreibungsfragen 115
verhaltensverankerte Skalen 119, 122, 123, 127
Verkaufs- und Vertriebs-Kompetenz-Inventar 165, 282

Verlag Hans Huber 144
Vertragsangebot 102, 113, 114
Vertragsauflösungsquote 42
Vertriebsmitarbeiter 211
Vollmachten 107
Vorauswahl 99, 100, 105, 251, 252, 277, 288
Vorhersage 8, 37, 38, 44, 49, 50, 51, 55, 57, 61, 83, 93, 95, 109, 110, 115, 117, 128, 138, 139, 142, 149, 156, 166, 178, 220, 285
Vorhersagekraft 117, 118, 148, 149, 221, 278
Vorruhestandsregelung 24
Vorstrafen 135

W

Wachstum 28
Wachstumshemmer 28
Weiterbildung 17, 18, 20, 76, 88, 132, 201, 242
Weltanschauung 67
Wertvorstellungen 33, 69, 74, 173, 199
Wettbewerbsverbot 135
Wettbewerbsvorteil 20
Wiederbesetzung 35
Windhundprinzip 236

Z

Zertifikat 94
Zeugnisnoten 135, 138, 175, 233, 236, 240
Zeugnisse 241, 260
  Ausbildungszeugnisse 94, 109
  Hochschulzeugnisse 109, 110
  Praktikumszeugnisse 241, 266
  Schul- und Hochschulzeugnisse 94
  Schulzeugnisse 109, 140, 194
Zusatzqualifikationen 105
Zuverlässigkeit 48, 49, 51, 55, 82, 92, 118, 124, 152, 241, 250, 259